中等职业教育国家规划教材
全国中等职业教育教材审定委员会审定
中等职业教育农业农村部"十三五"规划教材

猪 生 产

第三版

李和国 彭少忠 主编

中国农业出版社
北京

内容简介

本教材以现代养猪生产岗位所必需的知识和技能为主线,按照"项目导向,任务驱动"的教学方法,基于工作过程设定了猪场建设规划和猪舍建筑、猪的环境控制和设备配置、猪的饲料配合和供应计划、猪的选种选配和杂交繁殖、猪的饲养管理和兽医保健、猪的饲养规模和效益分析等内容。具体编写结构以工作项目为基础,分设学习目标、学习任务、学习评价、技能考核、案例分析和信息链接六个单元,并介绍了相关行业的技术规范或标准。这种编排设计既利于教师和学生按照"产教融合、校企合作"的人才培养机制,开展诸如集中讲授、岗位操练、考核评价和自学提高等灵活多样的教学方法,又便于教师和学生在养猪生产一线,开展"做中学、学中做"的专业技能训练活动,符合现代职业教育培养技术技能型人才的基本要求。

本教材图文并茂、通俗易懂,职教特色明显,既可作为教师和学生开展"工学结合"教学模式的特色教材,又可作为企业技术人员的培训教材,还可作为广大畜牧兽医工作者短期培训、技术服务和继续学习的参考用书。

第三版编审人员名单

主　编　李和国（甘肃畜牧工程职业技术学院）
　　　　彭少忠（广西水产畜牧学校）
副主编　鲍亚萍（扎兰屯职业学院）
编　者（按姓名笔画排序）
　　　　孙志峰（山西省畜牧兽医学校）
　　　　李和国（甘肃畜牧工程职业技术学院）
　　　　张建华（甘肃畜牧工程职业技术学院）
　　　　郭志明（甘肃畜牧工程职业技术学院）
　　　　黄永汉（广西钦州农业学校）
　　　　彭少忠（广西水产畜牧学校）
　　　　鲍亚萍（扎兰屯职业学院）
　　　　魏向阳（赤峰农牧学校）
审　稿　滚双宝（甘肃农业大学动物科学技术学院）
　　　　董　俊（甘肃省农业科学院畜草与绿色农业研究所）

第一版编审人员名单

主　　编　李和国（甘肃省畜牧学校）
编　　者　何森宏（广东省梅州农业学校）
　　　　　吴学军（黑龙江省畜牧兽医学校）
　　　　　樊继宏（江苏省泰兴职业高级中学）
审　　稿　梅克义（北京市农业局畜牧兽医管理处）
责任主审　汤生玲
审　　稿　沈　萍　高山林

第二版编审人员名单

主　　编　李和国（甘肃畜牧工程职业技术学院）
　　　　　彭少忠（广西柳州畜牧兽医学校）
副 主 编　鲍亚萍（内蒙古扎兰屯农牧学校）
编　　者　（按姓名笔画排序）
　　　　　乔令仙（山西省晋中职业技术学院）
　　　　　孙志峰（山西省畜牧兽医学校）
　　　　　李和国（甘肃畜牧工程职业技术学院）
　　　　　黄永汉（广西钦州农业学校）
　　　　　彭少忠（广西柳州畜牧兽医学校）
　　　　　鲍亚萍（内蒙古扎兰屯农牧学校）
　　　　　魏向阳（内蒙古赤峰学院农牧职业技术学院）
审　　稿　滚双宝（甘肃农业大学动物科学技术学院）
　　　　　李立山（辽宁医学院畜牧兽医学院）

中等职业教育国家规划教材
出版说明

为了贯彻《中共中央国务院关于深化教育改革全面推进素质教育的决定》精神，落实《面向21世纪教育振兴行动计划》中提出的职业教育课程改革和教材建设规划，根据教育部关于《中等职业教育国家规划教材申报、立项及管理意见》（教职成［2001］1号）的精神，我们组织力量对实现中等职业教育培养目标和保证基本教学规格起保障作用的德育课程、文化基础课程、专业技术基础课程和80个重点建设专业主干课程的教材进行了规划和编写，从2001年秋季开学起，国家规划教材将陆续提供给各类中等职业学校选用。

国家规划教材是根据教育部最新颁布的德育课程、文化基础课程、专业技术基础课程和80个重点建设专业主干课程的教学大纲（课程教学基本要求）编写，并经全国中等职业教育教材审定委员会审定。新教材全面贯彻素质教育思想，从社会发展对高素质劳动者和中初级专门人才需要的实际出发，注重对学生的创新精神和实践能力的培养。新教材在理论体系、组织结构和阐述方法等方面均作了一些新的尝试。新教材实行一纲多本，努力为教材选用提供比较和选择，满足不同学制、不同专业和不同办学条件的教学需要。

希望各地、各部门积极推广和选用国家规划教材，并在使用过程中，注意总结经验，及时提出修改意见和建议，使之不断完善和提高。

教育部职业教育与成人教育司
2001年10月

第三版前言

为了认真贯彻落实《国家中长期教育改革和发展规划纲要（2010—2020年）》、教职成〔2012〕9号《教育部关于"十二五"职业教育教材建设的若干意见》等政策文件精神，完善现代职业教育"产教融合、校企合作、工学结合、知行合一"的人才培养机制，发挥教材建设在提高人才培养质量中的基础性作用，切实做到专业建设与产业需求对接、课程内容与职业标准对接、教学过程与生产过程对接，我们在认真调研分析的基础上，按照系统培养技术技能人才的目标要求，确定开发基于"工作过程和职业标准"的中职教育特色教材，以更好地适应现代职业教育培养技术技能人才的要求。

为了更好地体现现代职业教育"产教融合、校企合作、工学结合、知行合一"的人才培养模式，强化教学过程的实践性、开放性和职业性，本教材基于"工作过程和职业岗位"设定教学内容，基于"项目导向和任务驱动"设计教学方法，并在项目指导下以学习目标、学习任务、学习评价、技能考核、案例分析和信息链接为主要内容设计教学情境，进而提出任职岗位所需要的知识和技能，充分体现了以学生为主体，以能力为本位的人才培养特色，利于学生职业能力的培养。

本教材由李和国和彭少忠任主编，鲍亚萍任副主编。其中项目一由孙志峰编写，项目二由郭志明编写，项目三由鲍亚萍编写，项目四由魏向阳和黄永汉编写，项目五由彭少忠和李和国编写，项目六由张建华编写。李和国、彭少忠统稿。甘肃农业大学动物科学技术学院滚双宝教授和甘肃省农业科学院畜草与绿色农业研究所董俊研究员审稿，对书稿提出了许多宝贵的意见和建议，在此谨致谢意。

由于时间仓促，编者水平有限，书中错误和不足之处恳请广大读者给予指正。

编　者
2016年3月

第一版前言

我国是世界养猪大国,随着养猪生产的规模化、集约化和商品化,农户养猪头数不断增加,大中型猪场不断涌现,这为改变我国人民食品结构和提高生活水平,发挥了积极的作用。但养猪生产水平与世界先进水平相比,还存在一定差距。为推动我国养猪业的发展,提高生产水平,应加快科技型养猪人才的培养。改革开放以来,我国中等职业教育改革和发展取得了很大的成就,但随着社会主义市场经济体制的建立和科技进步及产业结构的调整,传统的教育教学方法已不能适应培养高素质劳动者和中、初级专门人才的需要。为适应新形势下职业教育对人才的培养要求,根据教育部农业职业教育教学指导委员会的安排,我们编写了《猪的生产与经营》一书。愿本书的刊行,能对养猪技术人才的培养和新技术的推广应用有所裨益。

本教材在编写过程中,参阅了大量的专著和资料,调研了众多养猪生产单位对人才需求的意见。由于我国目前的养猪生产已由过去分散型的家庭副业生产逐步走向专业化、规模化、集约化、商品化生产,为适应现代科技型养猪业的发展,本书中不但有养猪生产实用技术,而且对猪场的经营管理和现代工厂化养猪新技术也作了必要的介绍。内容以模块形式安排,形成单元、分单元和课题三级结构,每一课题以目标、资料单、技能单、评估单的形式展开,便于教师开展灵活多样的教学,突出职教特色和学生能力培养。由于编写时间仓促,编者水平有限,书中错误难免,恳请读者批评指正。

本教材承蒙梅克义先生审阅书稿,提出宝贵意见,并得到全国中等农业学校重点建设专业学科组和甘肃省畜牧学校的大力支持和帮助,在此一并致谢。

编 者
2001 年 7 月

第 二 版 前 言

近年来，由于我国养殖业向质量型、规模化发展，一些新技术、新方法也不断涌现。本教材的编写紧紧围绕中等职业教育培养目标，引导教师按照实际工作任务、工作过程组织教学，以任务引领学生自主学习。

本教材遵循了第一版的编写格式，将大纲中的知识、技能、评估三部分内容融合、配套，加以综合，形成了单元、课题、课主题三级结构，并将每一个课题的内容以目标、资料单、技能单、评估单和阅读材料的形式展开，便于教师开展灵活多样的教学活动，突出职业教育特色。内容安排主要以如何依靠养猪创业和生产技术服务为线索，以创业性人才培养作为出发点，按照学生专业综合能力的培养，将经营管理和疾病防治部分贯穿在不同类别猪群的饲养管理中，重点突出养猪生产实用技术的介绍。内容布局按照猪的外貌与生物学特性、猪的品种与杂交利用、猪场建设与环境控制、猪的饲料与常用设备、各类猪群的饲养管理、规模化养猪生产技术进行编写。这种结构不但有利于学生对养猪技术的掌握，而且更适合学生将学到的养猪技术尽快转入到创业实践当中。

本教材由李和国和彭少忠任主编，鲍亚萍任副主编。其中绪论和单元6由李和国编写；单元1由孙志峰编写；单元2由魏向阳编写；单元3由鲍亚萍编写；单元4由彭少忠编写；单元5由黄永汉和乔令仙编写。全书由李和国、彭少忠统稿。

辽宁医学院畜牧兽医学院李立山教授和甘肃农业大学动物科学技术学院滚双宝教授担任了本教材的主审工作，甘肃畜牧工程职业技术学院康程周、张玺、关红民、王璐菊老师对文稿、图片进行了认真的校对，对书稿提出了许多宝贵的意见和建议，在此一并表示感谢。

由于时间仓促，编者水平有限，书中错误和不足之处恳请广大读者批评指正。

编 者

2008年11月

目 录

中等职业教育国家规划教材出版说明
第三版前言
第一版前言
第二版前言

项目一　猪场建设规划和猪舍建筑 ……………………………………………… 1
　任务1　猪场建设选址与规划布局 ……………………………………………… 1
　任务2　猪舍建筑类型与结构设计 ……………………………………………… 5

项目二　猪舍环境控制和设备配置 ……………………………………………… 14
　任务1　猪舍环境控制 ……………………………………………………………… 14
　任务2　猪舍设备配置 ……………………………………………………………… 18

项目三　猪的饲料配合和供应计划 ……………………………………………… 32
　任务1　猪的饲料组成及加工调制 ……………………………………………… 32
　任务2　猪的饲料配合及生产应用 ……………………………………………… 35
　任务3　猪场的饲料供应计划制订 ……………………………………………… 38

项目四　猪的选种选配和杂交繁殖 ……………………………………………… 44
　任务1　猪的生活习性及品种 ……………………………………………………… 44
　任务2　猪的选种方法及引入 ……………………………………………………… 58
　任务3　猪的选配方法及杂交 ……………………………………………………… 66
　任务4　猪的一般繁殖规律 ………………………………………………………… 72
　任务5　猪的发情鉴定及适配 ……………………………………………………… 74
　任务6　猪的人工授精技术 ………………………………………………………… 76
　任务7　母猪的妊娠及接产 ………………………………………………………… 79

项目五　猪的饲养管理和兽医保健 ……………………………………………… 87
　任务1　猪的兽医卫生保健 ………………………………………………………… 87
　任务2　哺乳仔猪和保育仔猪的饲养管理 ……………………………………… 93
　任务3　后备猪和育肥猪的饲养管理 …………………………………………… 100
　任务4　种公猪和繁殖母猪的饲养管理 ………………………………………… 108
　任务5　猪常见传染病的防治 …………………………………………………… 119

任务 6　猪常见寄生虫病的防治 ·· 129
任务 7　猪常见普通病的防治 ·· 132
任务 8　工厂化养猪生产 ··· 139
任务 9　无公害猪肉生产 ··· 143

项目六　猪场的饲养规模和效益分析 ·· 150

任务 1　猪场的饲养规模和周转管理 ·· 150
任务 2　猪场的成本核算和效益分析 ·· 155

主要参考文献 ··· 163

项目一　猪场建设规划和猪舍建筑

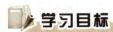

学习目标

了解猪场建设选址与规划布局的基本原则；知道猪舍的建筑类型和特点；掌握猪舍结构设计的基本方法。

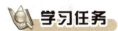

学习任务

任务1　猪场建设选址与规划布局

正确确定猪场建设位置，合理规划布局猪场，有利于提高养猪生产水平，增加养猪经济效益。

一、建设选址

猪场选址应结合当地政府的畜禽养殖规划，依据猪场性质、生产特点、生产规模、饲养方式及生产集约化程度等因素，对其地理、气候、水源、土质、交通、电力、防疫等条件进行全面考察。当诸多方面条件无法同时满足时，首先应当考虑两个问题：一是哪个因素更重要；二是能否用可接受的投资对不利因素加以改善。例如，一个地势低洼的地方是不宜建场的，如果该地方在气候、水源、土质、交通、电力、防疫等方面优势明显，应考虑额外投资解决地势低洼的问题，再确定是否可以建场。通常情况下，猪场选址应考察以下条件：

1. 地理条件　主要考察猪场所处位置的地形和地势。地势主要涉及位置的高低、走势等问题；地形主要涉及位置的开阔与否、面积大小等问题。较高的地势有利于污水、雨水排放，场区内的湿度也相对较低，病原微生物、寄生虫及蚊蝇等有害生物的繁殖和生存亦受到限制，猪舍环境易控制，排水设施投资减少；开阔的地形则有利于猪场的布局、通风、采光、运输、管理和绿化；除此之外，场地面积往往也很重要，多数设计者首先会考虑场地面积的大小，有些设计者还通过缩小生产区建筑物之间的间距，增加猪舍内猪群饲养密度来提高其利用率，这会导致猪场扩大再生产和环境控制出现问题。因此，养猪生产中应将多种条件综合起来加以考虑。猪场占地面积应依据猪场的饲养规模、生产任务和场地总体特点而定，一般情况下，可按每头繁殖母猪占地 40～50 m² 或每头出栏商品猪 3～4 m² 计算。规模猪场建设占地面积如表1-1所示。

表1-1　规模猪场建设占地面积估算

单位：m²

规模	100头基础母猪规模	300头基础母猪规模	600头基础母猪规模
建设用地面积	5 333	13 333	26 667

2. 水源条件 主要考察猪场所处位置的水源、水量和水质，应符合无公害水质的要求，便于取用和卫生防护，并易于净化和消毒。猪场选择的水源主要有两种，即地下水和地面水，不管以何种水源作为猪场的生产用水，贮水位置都要与水源条件相适应，并设计在猪场最高处。同时还要满足两个条件，水量充足和水质符合卫生要求。不管哪种水源，必须与当地政府协调好及时供应和长远利用的问题，并切实做好水源的净化消毒和水质检测工作。另外，还要依据猪场建设规模，科学计算供水量，确定是否满足猪场生产、生活及绿化等方面的需要，进而对其投资和维护费用进行分析。防止水源受到周围环境污染，同时也要避免猪场污染源对水源的污染。各种猪群的日需水量和规模猪场的日供水量如表 1-2 和表 1-3 所示。

表 1-2 每头猪日需水量与饮用量需求

单位：L/d

类别	种公猪	空怀及妊娠母猪	泌乳母猪	断奶仔猪	生长猪	育肥猪
总需水量	40	40	75	5	15	25
饮用量	10	20	20	2	6	6

表 1-3 规模猪场日供水量需求

单位：t/d

类别	100 头基础母猪规模	300 头基础母猪规模	600 头基础母猪规模
猪场供水总量	20	60	120
猪群饮水总量	5	15	30

注：炎热和干燥地区的供水量可增加 25%。

3. 土壤条件 主要考察猪场所处位置的土壤特性和土质结构。在很多地方土质一般都不是猪场建筑要考虑的主要因素，因为其性质和特点在一定的地方相对比较稳定，而且容易在施工中对其缺陷进行弥补，但是缺乏长远考虑而忽视土壤潜在的危险，则会导致严重的后果，如场地土壤的膨胀性、承压能力对猪场建筑物利用寿命的影响及可能存在的恶性传染病原，如果考虑不周，可能对猪群的健康带来致命的危险。因此，猪场选址时，对当地土壤状况做细致调查是很有必要的。如果其他条件差异不大，选择沙壤土比选择黏土有较大的好处，透气性好，自净能力强，污水或雨水容易渗透，场区地面易保持干燥。

4. 交通条件 主要考察猪场所处位置与其道路的远近。大规模猪场因其饲料、产品、废弃物和其他物料的运输量很大，要求具有良好的交通条件，但是出于防疫卫生安全和环境保护的考虑，又要求猪场建在相对僻静的地方。一个万头猪场每天进出的物料包括饲料、粪便、出栏生猪等有 20～30t，为了减少运输成本，在防疫条件许可的情况下，场址应选择在交通便利的地方。因此，猪场选址要求合理确定建设点与交通道路的距离。一般情况下，根据猪场防疫和生产经验，应距离交通主干道 1km 以上，乡村公路 0.5km 以上，居民点 1km 以上，屠宰场、牲畜交易市场、畜产品加工厂或工矿企业 2km 以上。对于中、小猪场来说，上述距离可以近一些。如果利用防疫沟、隔离林或围墙将猪场与周围环境分隔开，也可适当缩短这种间距，以方便运输和对外联系。

5. 电力条件　　主要考察猪场所处位置的供电负荷。规模化猪场需要采用成套的机电设备来进行饲料加工、供水供料、照明保温、通风换气、消毒冲洗等环节的操作。因此，猪场应有方便充足的电源条件。一个万头猪场装机容量可达 70～100kW，为应对临时停电，猪场应备小型发电机组。

6. 防疫条件　　主要考察猪场所处位置的生物污染隔离和对粪污的容纳能力。养猪受疫病的威胁很大，四周须有一定的空间区域设置防疫隔离带。所以，场址选择应远离市区、工矿企业和村镇生活密集区，以便搞好卫生防疫和保持安静环境。现代规模化猪场产生粪污量大且集中，一个万头猪场猪群每天排除的粪便大约 15t，还有大量的有害气体和尿液污水等，对周围环境易造成污染。因此，要充分考虑粪便处理和环境的合理利用。如果猪场周围有足够的农田、果园、鱼塘等消纳猪场粪污，不仅能提高养猪综合效益，而且可以保护周围环境，这是一种既养猪、又保护环境的良性生态养殖模式。

二、规划布局

猪场规划布局时，应依据有利于生产、防疫、运输与管理的原则，根据当地全年主风向和场址地势顺序，合理安排生活区、管理区、生产区和隔离区 4 个功能区，各功能区之间的距离不小于 30m，并设防疫隔离带或隔离墙，同时设计好绿化区域。绿化不仅美化环境，净化空气，也可以防暑、防寒，改善猪场的小气候，利于猪群健康生产。因此，猪场总体布局时，一定要考虑和安排好绿化。

一般而言，猪场四周应建围墙或防疫沟，以防兽害或避免闲杂人员进入场区。场内的办公室、接待室、财务室、食堂、宿舍等，属于生活区和管理区的主体设施，是职工工作和生活最频繁的地方，与场外联系密切，应单独设立，并布局在生产区的上风向，或与风向平行的一侧。为确保猪群防疫安全，猪场门口应设车辆消毒池、行人消毒道和值班室等，消毒池与门口等宽，长度不小于出入车轮周长的 1.5 倍，深度 15～20cm。猪场内各种类型的猪舍及附属设施等，属于生产区的主体部分，建筑面积占全场总建筑面积的 70%～80%，应布局在生活区与管理区的下风向，生产区门口要建专用的更衣室、紫外线消毒间及消毒池等。生产区内各猪舍的位置依据配种、转群、卫生、防疫等方面的要求确定，猪舍与猪舍之间的距离为猪舍檐高的 3～5 倍，依次排列配种舍、妊娠舍、分娩舍、保育舍、育肥舍。靠近育肥舍的围墙内侧设装猪台，运输车辆停在墙外装猪，生产区内的种猪舍与其他猪舍、净道与污道相互分开。生产区四周应通过隔离围墙与生活区、管理区和隔离区相互分开，附属设施如饲料加工车间、饲料仓库、修理车间、配电室、锅炉房、水泵房等与其毗邻而建。场内的兽医室、解剖室、病猪隔离舍和粪污处理区是隔离区的主体设施，应设在生产区的下风向，与生产区保持 50m 以上的距离。现代规模化猪场规划布局如图 1-1 所示。

拓展知识

规模化猪场展示厅

规模化猪场展示厅的设立是猪场重要的防疫隔离设施，一般在生产区墙的边缘建立（靠近办公区），其基本结构是一栋猪舍，在猪舍内部走道与猪栏之间设计一玻璃屏障，以方便顾客参观或选购猪只。

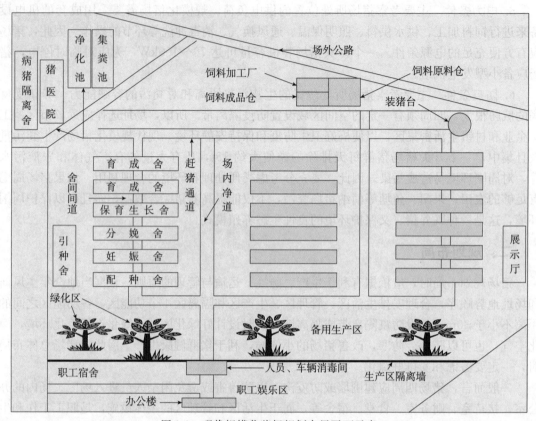

图1-1 现代规模化猪场规划布局平面示意

猪场的粪污主要包括粪便、尿液和污水,应在隔离区安装除污设施对其净化处理,以免影响猪群健康生产,通常先对粪尿进行收集和分离,之后再进行粪便和污水的生态利用。病死猪可在隔离区设置焚尸坑进行无害化处理。各种类型猪舍的建筑面积、各类猪群平均日排泄粪尿量和适宜的饲养密度如表1-4、表1-5、表1-6所示。

表1-4 规模猪场各猪舍的建筑面积

单位:m²

猪舍类型	100头基础母猪规模	300头基础母猪规模	600头基础母猪规模
种公猪舍	64	192	384
后备公猪舍	12	24	48
后备母猪舍	24	72	144
空怀妊娠母猪舍	420	1 260	2 520
哺乳母猪舍	226	679	1 358
保育猪舍	160	480	960
生长育肥猪舍	768	2 304	4 608
合计	1 674	5 011	10 022

注:该数据以猪舍建筑跨度8.0m为例。

表 1-5　各类猪群平均日排泄粪尿量

类别	种猪	后备猪	哺乳母猪	保育仔猪	生长猪	育肥猪
粪尿混合（L/头）	10	9	14	1.5	3	6
粪（kg/头）	3	3	2.5	1	1	2.5

表 1-6　各类猪群适宜的饲养密度

单位：m^2/头

类别	后备公猪	种公猪	后备母猪	空怀及妊娠母猪	哺乳母猪	保育仔猪	育肥肉猪
饲养密度	4.0~5.0	9~12	1~1.5	2.5~3.0	4.2~5.0	0.3~0.5	0.8~1.2

拓展知识

规模化猪场设计建设的福利化

动物福利的概念最早源于英国，国外提出动物福利问题已有100多年的历史。目前，国际上通认的动物福利基本原则包括：让动物享有免受饥渴的自由、生活舒适的自由、免受痛苦伤害的自由、生活无恐惧感和悲伤感的自由以及表达天性的自由。

猪场是猪只生活、生长和繁衍后代的场所，对猪而言就如同我们人类的劳作、办公场所和住宅一样重要。因此，从事现代规模化猪场生产经营者在进行猪场的设计和建设时，应坚持以猪为主体、体现动物福利，为健康养殖营造一个舒适的外部环境条件。

所谓以猪为主体，就是指在整个养猪生产过程中都要以猪为基础来考虑问题，掌握猪的生物学特性，顺应猪性的基本规律，把猪性规律作为贯穿整个养猪生产过程的基石和出发点。要保证及时供给猪只量足质优的饲料，保持猪只正常的健康体况和活力；设计建造的圈栏环境宽敞舒适，保证猪只有足够的幸福感，能充分表达其所需要的强烈愿望和动机的行为；配备的设施设备和采用的饲养方式，应将猪只可能受到损伤和感染疾病的风险降至最低限度，发现猪只受到损伤和感染疾病应迅速进行诊断、治疗；尽量减少猪只因外界的不适而产生惧怕和不良的应激反应。猪只的健康生存不仅仅局限于满足自身的需要，更重要的是能满足我们人类生存的需要，间接促进了社会进步。因此，在整个养猪生产过程中以猪为主体、尊重猪权、满足猪只的需要，就能够生产出符合人类需要的产品，也就是满足了人类需要和社会发展的需要。

任务2　猪舍建筑类型与结构设计

合理的猪舍建筑设计要尽可能为不同生理阶段的猪群提供一个最佳或者较适宜的生长或生产环境。要求猪舍具有良好的保温隔热性能，地面和墙壁便于清洗消毒，温度、湿度适宜，舍内有害气体含量符合国家规范标准，通风良好。此外，全进全出的养猪生产工艺要求将各个生产阶段的猪舍设计成独立的单元，每个单元既相互联系又相互分开，各个单元间便于饲养管理。所以，猪舍建造时，一定要根据猪的生物学特性和生产工艺，遵循先进、适用、经济、合理的原则，综合考虑土地、人力、水电、材料、气候、经济、生产工艺和饲养模式等因素，科学设计，做到方便管理、冬暖夏凉、通风透光、卫生清洁、牢固耐用和环保适用。

一、建筑类型

猪舍的建筑类型多种多样，按舍内猪栏排列形式，可分为单列式、双列式和多列式；按外围结构设计，可分为开放式、半开放式和封闭式；按屋顶建筑类型，可分为平顶式、单坡式、双坡式等，常见的为单坡式和双坡式。各地可根据气候条件、饲养规模、生产工艺和实际需要选择适合的类型设计。常见猪舍建筑类型如图1-2所示。

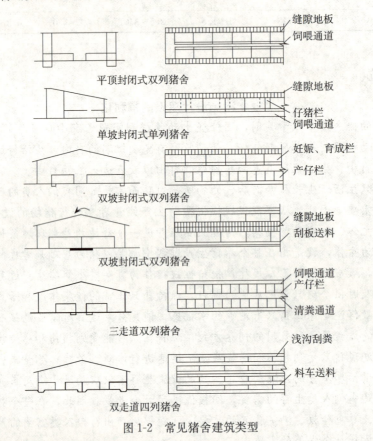

图1-2 常见猪舍建筑类型

（一）根据猪舍外围结构划分

1. 开放式 由两侧山墙、后墙（开窗）、支柱和屋顶组成。结构简单，投资少，通风透光，排水好，但受自然条件影响较大。

2. 半开放式 两侧山墙砌到屋顶，前、后方多为1.3m高的半截墙，或者三面有墙、阳面半截矮墙，通风透光好，保温差，造价低，冬季挂上防风帘，起到防寒的作用。结构简单，投资少，受自然条件影响较大。

3. 封闭式 四面墙体完整，人工控制采光、供暖、降温、通风、换气等环境因子，保温性能好，便于科学饲养和管理。又可分为有窗式和无窗式两种类型。

（二）根据舍内猪栏排列划分

1. 单列式 舍内猪栏排成一列，基本规格为长30～50m，宽5～7m，中高2.5～3.0m，开间 3m×3m 或 3m×4m，靠北墙设一走廊，与两侧大门相通，利于采光、通风、保温和防潮，空气新鲜，结构简单，便于维修。

2. 双列式 猪栏排成两列，中间设一通道，与两侧大门相通，基本规格为长 50~70m，宽 8~10m，中高 3~3.5m，开间 3m×3m 或 3m×4m。双列式猪舍保温良好，管理方便，能有效控制环境条件和提高劳动效率，猪舍利用率高。

3. 多列式 猪栏排成三列或四列，中间设多个通道，猪舍长、宽、高依规模、气候、地形等因素而定，一般大于单列式或双列式。多列式猪舍适合配置现代化的设施设备，饲养密度大，工作效率高，但结构复杂，建筑材料和环境控制条件要求较高。

（三）根据屋顶结构形式划分

1. 平顶式 一般跨度小，结构简单，造价较高，光照和通风好，多为传统家庭养猪用。

2. 单坡式 一般跨度小，结构简单，通风透光，排水好，投资少，节省建筑材料，适合小规模猪场。

3. 双坡式 一般跨度大，双列和多列猪舍常用该形式，保温效果好，但投资较多。

二、结构设计

1. 地基 猪舍地基的主要作用是承载猪舍自身的重量，其埋置的深度应根据猪舍基础下面承受荷载的土层、地下水位及气候条件等确定。地基受潮会引起墙壁及舍内潮湿，为防止地下水通过毛细管作用浸湿墙体，基础墙的底部应设防潮层。

2. 地面 猪舍地面是猪只活动、采食、躺卧和排粪尿的地方，对猪舍的保温性能及猪只的生产性能有很大影响。要求保温、坚实、不透水、平整、防滑、便于清扫和清洗消毒。一般应保持 2%~3% 的坡度，以利排污和保持地面干燥。目前，猪舍地面多采用水泥实面或漏缝地板设计，为克服水泥地面传热快的缺点，可在地表下层铺设孔隙较大的材料（如炉灰渣、膨胀珍珠岩、空心砖等），增强地面的保温性能。

3. 墙体 猪舍墙体的主要作用是承重受力和保温隔热，一般要求坚固、承重、保温和耐用。根据不同地区的地理环境要求，可选用土木、砖混、板材等建筑材料砌设，要求表面光滑平整，便于清洗和消毒。厚度可根据当地气候条件和所用材料特性来确定，寒冷地区应加设保温层或增大墙体厚度。

4. 门窗 猪舍圈门的主要作用是满足人员出入、猪只转栏的需要；窗户的主要作用是满足采光与通风换气的需要。门窗的大小应根据劳力型养猪或机械化养猪程度的高低来设计，舍门大多设计在两侧山墙上，规格一般为：主门 120cm×200cm，其他门 100cm×200cm；窗户大多设计在猪舍前后纵墙上，其面积大小取决于采光和通风换气的需要，应综合各方面因素合理设计。

5. 屋顶 屋顶主要起挡风遮雨和保温隔热的作用，要求坚固，有一定的承重能力，不漏水、不透风，冬季防寒，夏季防暑。猪舍的屋顶最好采用"人"字梁吊顶结构，三层封顶，上面用瓦，瓦下垫一层油毡，油毡下垫一层木板，最下面吊顶，中间设空气层，以利保温隔热。

6. 采光 猪舍的采光应充分考虑当地太阳光的照射角度而设计，要求窗户的大小和上、下缘位置要合理，方位一般是坐北朝南或略偏东 10°~15° 为宜。如果猪舍附近有高大建筑物或树木，会遮挡太阳的直射光和散射光，影响舍内的光照。因此，要求猪舍与周围建筑物的距离不应小于建筑物本身高度的 2 倍。猪舍的采光要求如表 1-7 所示。

表 1-7 各类猪舍的采光要求

类别	种猪舍	分娩猪舍	仔猪舍	生长猪舍	育肥猪舍
光照度（lx）	110	110	110	80	80
采光系数	1/10	1/10	1/10	1/10~1/12	1/12~1/15

猪舍采光效果常用采光系数、入射角和透光角来衡量。种猪舍采光系数一般为 1:（10~12），肥猪舍为 1:（12~15）。入射角越大，越有利于采光，为保证猪舍获得充足的光照，入射角一般不小于 25°。从防暑和防寒角度考虑，我国大多数地区猪场夏季不应有大量的直射阳光投射进舍内，冬季最好能最大限度地照射到猪床上，可通过合理设计窗户上缘和屋檐的高度来实现。当窗户上缘外侧与窗台内侧所引直线同地面水平线之间的夹角小于当地夏至时的太阳高度角时，就可防止夏季的直射阳光进入舍内；当猪床后缘与窗户上缘所引直线同地面水平线之间的夹角等于当地冬至时的太阳高度角时，就可使太阳光在冬至前后直射到猪床上。透光角越大，越有利于光线进入，为了保证舍内的适宜光照强度，透光角一般不应小于 5°。

7. 保温 对猪舍进行合理的保温设计，可以解决低温寒冷天气对养猪的不利影响。因此，猪舍修建时应设计好方位和外围护结构，并尽可能采用导热系数小的建材作为屋面、墙体和地面的材料，以利保温和防暑。其一是采用坐北朝南、东西走向的方位；其二是墙体采用空心双层结构，中间填充塑料泡沫、碎纸屑等保温材料。单列式猪舍可在前坡采光部分使用双层结构模式，里层为永久性铝合金架玻璃采光层，外层为无滴漏塑料薄膜，夜间加草帘等覆盖物；其三是棚顶多使用土木结构，多层材料覆顶，最好上面用瓦，瓦下垫一层油毡，油毡下面垫上一层木板，"人"字梁吊顶结构，以利于保温防漏。

8. 通风 设计良好的通风系统，可使猪舍经常保持冷暖适宜、干燥清洁，不但能及时排除舍内的臭味或有害气体，而且还能防止疾风对猪只的侵袭。

自然通风情况下，猪舍应合理的设计其朝向、间距、窗户的面积及屋面结构。通常情况下，单栋建筑物的朝向与当地夏季主导风向垂直，猪舍间距大于 5 倍猪舍的高度，通风情况良好。目前兴建的规模化养猪场都是一个建筑群，要获得良好的自然通风，一般将猪舍的朝向与夏季主导风向成 30°左右布置，舍间距约为猪舍檐高的 3 倍即可。有窗户的猪舍其面积大小可根据采光要求和猪舍面积而定。

自然通风主要靠热压通风，要求在猪舍顶部设置排气管，墙的底部设置进气管。可在计算出通风管总面积后，根据所确定的每个排气管的横断面积，求得一栋舍内需要安装的排气管数。风管总面积的计算公式为：

$$A=L/V$$

式中：A 为风管总面积；L 为确定的通风换气量；V 为空气在排管中的流速。

机械通风的情况下，应根据猪舍的建筑特点合理设计其通风方式（负压通风、正压通风和联合通风）。现代规模化养猪饲养密度大，舍内环境常随猪只数量、体重及室外气温而改变，应根据舍内空气交换量的大小，选用适宜功率的进风机和排风机定时送风和排风，从而调节猪舍内的空气环境。目前常用的方式有三种：一是山墙一侧安装进风机，另一侧安装排风机；二是前墙上安装进风机，屋顶上安装排风机；三是屋顶上安装进风机，山墙下端内侧或地下粪沟两侧安装排风机。例如，大型封闭式猪舍可在屋顶正中设计垂直通风道并安装蒸发式冷风机，把风送入设置在屋架下弦的水平风道，经水平风道两侧面的送风口均匀的送到舍内，再经山墙下端的排风机将接近地面的气体抽出。这种方式空气交换彻底，舍内空气新鲜，是一种良好的机械通风方式。

9. 降温 对猪舍进行合理的降温设计，可以解决高温炎热天气对养猪的不利影响。除合理设计猪舍外围护结构和加强通风换气外，可在猪舍的一侧山墙安装湿帘-风机降温系统，此系统由独特的泡沫状水介质及水循环管路组成，介质板底部的循环管将流经介质的循环水聚集起来，通过再循环使更多的水和空气混合，达到快速降温的目的。必要时，还可在舍内安装喷雾降温或滴水降温系统。

10. 排污 粪沟是猪舍重要的排污设施，主要有人工拣粪粪沟、自动冲水粪沟和刮粪机清粪粪沟。为了保证猪舍排污彻底且通畅，设计的粪沟应保证足够的宽度、坡度及一定的表面光滑度。粪沟设计的基本要求：人工拣粪粪沟宽度为25～30cm、始深5cm、坡度0.2%～0.3%，主要用来排泄尿液和清洗水，粪便则由人工拣起运走；自动冲水粪沟宽度为60～80cm、始深30cm、坡度1.0%～1.5%，将猪粪尿收集在粪沟内，然后由粪沟始端的自动虹吸式冲水器定时放水冲走；刮粪机清粪的粪沟宽度为100～200cm，坡度0.1%～0.3%，利用机械化的牵引刮粪机将粪沟内的粪污清走即可。一般情况下，一个万头猪场总粪沟宽度80cm左右，坡度1.0%～1.5%，自动化清粪可将各猪舍的粪尿通过入粪口，再经埋置在地下的粪污管送至舍外的粪污总管进入净化处理池。

【学习评价】

一、填空题

1. 猪场建设选址应考虑_____、_____、_____、_____、_____和_____等条件。

2. 猪场规划布局时，应依据有利于生产、防疫、运输与管理的原则，根据当地全年主风向和场址地势顺序，合理安排_____、_____、_____和_____四个功能区。

3. 猪舍的建筑类型按舍内猪栏排列形式，可分为_____、_____和_____；按外围结构设计，可分为_____、_____和_____；按屋顶建筑类型，可分为_____、_____、_____等。

4. 一般情况下，根据猪场防疫和生产经验，应距离交通主干道_____km以上，乡村公路_____km以上，居民点_____km以上，屠宰场、牲畜交易市场、畜产品加工厂或工矿企业_____km以上。

5. 猪场水源条件必须满足_____和_____两个条件。

6. 目前，猪舍常用的通风方式有_____、_____和_____。

7. 种猪舍采光系数一般为_____，分娩猪舍为_____，仔猪舍为_____，肥猪舍为_____。

8. 粪沟是猪舍重要的排污设施，主要有＿＿＿＿＿、＿＿＿＿＿和＿＿＿＿＿。

二、简答题

1. 设计猪舍应遵循的原则是什么？
2. 猪场选择水源时，应考虑哪些基本条件和因素？
3. 规模化猪场在规划过程中，应重点考虑哪些因素？
4. 猪舍的基本结构和建筑要求有哪些？
5. 根据本地实际，应采用哪种猪舍形式？为什么？
6. 猪舍设计过程中，应采取哪些保温措施？
7. 猪场的排污处理应如何设计？

【技能考核】

仔猪保育舍剖面图的绘制

一、考核题目

甘肃省张掖地区某猪场仔猪保育舍呈现双坡双列封闭样式，隔热保温吊顶。其规格为：跨度 750cm，平顶高度 330～350cm，长度依据规模而定；舍内保育栏按双列单通道布局，中央通道 110cm，通道两侧设置活动式保育栏，长 300cm，宽 300cm，支架高 50cm，栅栏高 60cm，保育栏与墙体之间间隔 20cm，前、后墙下端设通风地窗，仔猪保育床排泄区下设排污沟。根据以上参数绘制仔猪保育舍剖面图。

二、评价标准

保育仔猪的饲养一般采用网床培育技术，保育舍的设计应充分满足这一要求。根据前提条件，甘肃省张掖地区某猪场仔猪保育舍剖面图如图 1-3 所示。

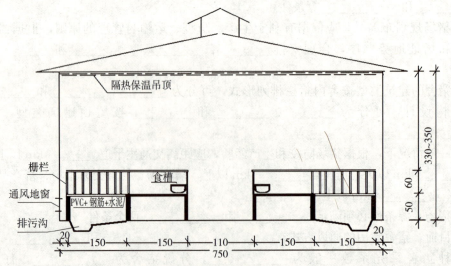

图 1-3　甘肃省张掖地区某猪场仔猪保育舍剖面（单位：cm）

【案例与分析】

山西省临汾市某规模化猪场猪舍内部结构的布局

一、案例简介

山西省临汾市某规模化猪场,采取自繁自养方式,年出栏商品猪10 000头。各类猪舍朝向为坐北朝南,内部结构布局充分考虑了工厂化养猪"全进全出、流水生产"的饲养工艺,其配种舍、分娩舍、妊娠舍、保育舍和育肥舍内部结构的布局如图1-4、图1-5、图1-6、图1-7、图1-8所示。请结合项目一"猪场建设规划和猪舍建筑"的相关知识和要求,认真分析案例资料,指出各类猪舍内部结构的布局特点。

二、案例分析

1. 配种舍 从图1-4可以看出,该猪场配种舍内部结构的布局采用双列三通道设计,配有种公猪栏8个,可饲养种公猪8头;采精栏1个,输精栏18个;空怀母猪栏14个,可饲养空怀配种母猪42~70头。这种布局将种公猪和空怀母猪同舍饲养,具备了在舍内开展猪人工授精的基本条件,有利于母猪的发情和配种。

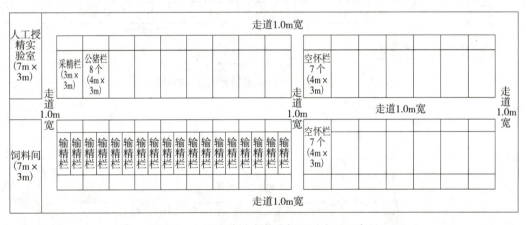

图1-4 山西省临汾市某猪场配种舍平面布局

2. 妊娠舍 从图1-5可以看出,该猪场妊娠舍内部结构的布局采用四列五通道设计,饲养规模大,每列90个定位栏(2.35m×0.60m),共计360个,即可以饲养妊娠母猪360头,这种布局适合于母猪的限位饲养。

3. 分娩舍 从图1-6可以看出,该猪场分娩舍内部结构布局采用单元型单列式布局,共分6个单元,72张产床;每个单元内采用双列三通道设计,共配备12张产床(2.35m×1.80m)。每个单元内的母猪同时进入,同时转出,待母猪和断乳仔猪转出后,对单元进行彻底消毒后再转入下一批待产母猪。这种布局适合于现代化养猪"全进全出、流水作业"的饲养工艺。

4. 保育舍 从图1-7可以看出,该猪场每个单元保育舍共有12张保育栏(2.4m×2.0m),采用双列三通道设计。每个保育栏饲养断奶后的同窝仔猪,水泥高床、地暖供热、

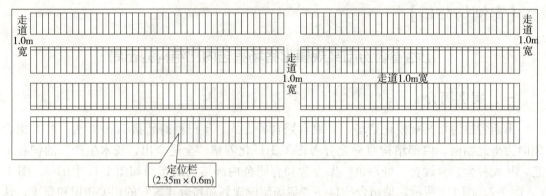

图1-5 山西省临汾市某猪场妊娠舍平面布局

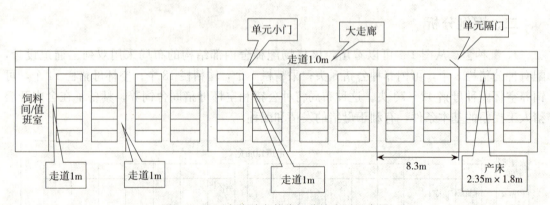

图1-6 山西省临汾市某猪场分娩舍平面布局

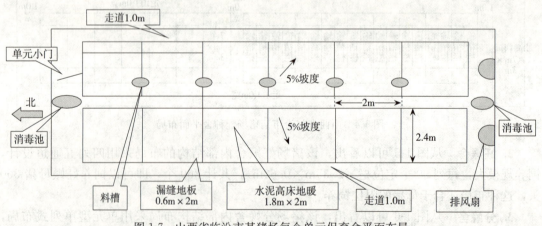

图1-7 山西省临汾市某猪场每个单元保育舍平面布局

漏缝地板饲养，自动料箱饲喂。这种布局保证了断奶仔猪"脱离地面"饲养，可以最大限度地预防仔猪下痢。

5. 育肥舍 从图1-8可以看出，该猪场育肥舍内部结构的布局采用双列三通道设计，每栏（4m×3m）饲养从一个保育栏转入的生长育肥猪8～10头。全漏缝地板饲养，自动料箱饲喂。这种布局适合于"直线育肥方式"饲养肉猪。

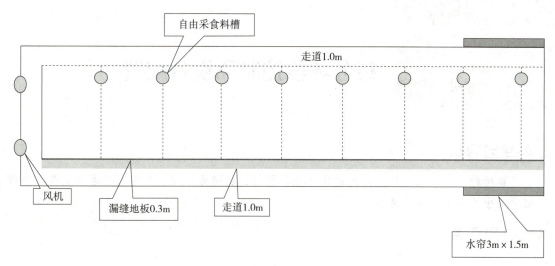

图 1-8　山西省临汾市某猪场育肥猪舍平面布局
注：本育肥舍设计为双列式，本图仅画出一半。

通过以上分析可以初步判定：一个规模化猪场各类猪舍的内部结构布局，与猪场的生产工艺流程、饲养工艺模式、猪的饲养规模、猪舍建筑面积和配套的设施设备密切相关。猪舍内部应合理布局猪栏、通道、粪尿沟、食槽及附属设施等，同时还要充分考虑养猪作业的机械化，特别是"全进全出、流水作业"的生产管理模式。只有这样，才能有效提高养猪生产的劳动效率和猪只的生产效益。

【信息链接】

（1）NY/T 682—2003《畜禽场场地设计技术规范》。
（2）NY/T 1568—2007《标准化规模养猪场建设规范》。
（3）GB/T 17824.1—2008《规模猪场建设》。
（4）NY 5027—2008《无公害食品　畜禽饮用水水质》。

项目二　猪舍环境控制和设备配置

学习目标

了解猪的环境要求，掌握猪的适宜环境条件及控制措施；知道养猪生产常用设备，掌握养猪常用生产设备的合理使用。

学习任务

任务1　猪舍环境控制

养猪环境是指影响猪群繁殖、生长、发育等方面的生产条件，它是由猪舍内温度、湿度、光照、空气的组成和流动、声音、微生物、设施、设备等因素组成的特定环境。在养猪生产过程中需要人为进行调节和控制，使猪群生活在符合其生理要求和便于发挥生产潜力的小气候环境内，从而达到高产目的。

一、猪的适宜生产环境

（一）温、湿度

猪是恒温动物，在正常情况下，体温为 38.7～39.1℃。由于猪的汗腺不发达，皮下脂肪厚，热量散发困难，导致猪的耐热性很差。猪对环境温、湿度的要求较高，在环境温度适宜或稍微偏高的情况下，湿度稍高有助于舍内粉尘下沉，使空气变得清洁，对防止和控制猪的呼吸道疾病有利。猪舍内如果出现高温高湿、高温低湿、低温高湿、低温低湿等环境，对猪群健康和生产力都有不利影响。为了保证猪群正常的生长发育和生产性能，需要给猪群提供适宜的温、湿度。猪舍适宜的空气温度和相对湿度如表 2-1 所示。

表 2-1　猪舍适宜的空气温度和相对湿度

猪舍类别	空气温度（℃）			相对湿度（%）		
	舒适范围	高临界	低临界	舒适范围	高临界	低临界
种公猪舍	15～20	25	13	60～70	85	50
空怀妊娠母猪舍	15～20	27	13	60～70	85	50
哺乳母猪舍	18～22	27	16	60～70	80	50
保育猪舍	20～25	28	16	60～70	80	50
生长育肥猪舍	15～23	27	13	65～75	85	50

（二）空气卫生

造成猪舍空气污浊的主要原因有两个方面：一是猪呼出的二氧化碳、水蒸气，再加上粪尿分解产生的氨气、硫化氢等有害气体超标所致；二是猪群的日常饲养管理不当，如猪舍粪污不及时清理、消毒措施不到位、采用干粉料喂猪或水冲式清粪等。如果猪舍空气污浊严重，往往会造成空气中含氧量不足，不但影响猪的身体健康，而且还会造成猪群的生产性能普遍下降。因此，在密闭的猪舍内，一定要科学饲养管理，合理通风换气，及时清理粪尿，尽量降低有害气体、尘埃和微生物的浓度。猪舍适宜的空气卫生指标如表2-2所示。

表2-2 猪舍适宜的空气卫生指标

猪舍类别	氨（mg/m³）	硫化氢(mg/m³)	二氧化碳(mg/m³)	细菌总数(万个/m³)	粉尘(mg/m³)
种公猪舍	25	10	1 500	6	1.5
空怀妊娠母猪舍	25	10	1 500	6	1.5
哺乳母猪舍	20	8	1 300	4	1.2
保育猪舍	20	8	1 300	4	1.2
生长育肥猪舍	25	10	1 500	6	1.5

（三）通风换气

猪舍内空气的流动是由于不同部位的空气温度差异造成的，空气受热，比重轻而上升，留出的空间被周围冷空气填补而形成了气流。在高温时，只要气温低于猪的体温，气流有助于猪体的散热，对其有利；在低温时，气流会增加猪体的散热，对其不利。因此，猪舍内应保持适当的气流和换气量，不仅能使猪舍内的温度、湿度、空气化学组成均匀一致，并且有利于舍内污浊气体的排出。猪舍适宜的通风量与风速如表2-3所示。

表2-3 猪舍适宜的通风量与风速

猪舍类别	通风量[m³/(h·kg)]			风速（m/s）	
	冬季	春、秋季	夏季	冬季	夏季
种公猪舍	0.35	0.55	0.70	0.30	1.00
空怀妊娠母猪舍	0.30	0.45	0.60	0.30	1.00
哺乳猪舍	0.30	0.45	0.60	0.15	0.40
保育猪舍	0.30	0.45	0.60	0.20	0.60
生长育肥猪舍	0.35	0.50	0.65	0.30	1.00

（四）噪声和光照

1. 噪声 猪舍噪声主要来源于三个方面：一是外界传入；二是舍内机械设备生产运行产生；三是生产管理人员操作和猪本身活动产生。噪声对猪的影响主要表现为应激危害，会对猪各器官和系统的正常功能产生不良影响。各类猪舍的生产噪声和外界传入的噪声强度，不能超过80dB。

2. 光照 适量的光照对猪舍消毒灭菌，提高猪抗病力和预防佝偻病等具有很好的作用。此外，光照时间和光照强度对猪的繁殖性能也有一定的影响。适宜的光照时间和光照强度，可增强母猪的性欲，促进发情，利于排卵；过量的光照时间和光照强度，会使猪的体热调节发生障碍，加剧猪的热应激反应，影响猪的健康。光照时间对育肥猪的影响不太明显，一般认为适当缩短光照时间可使生长育肥猪多吃、多睡、少运动，从而提高猪的日增重。各类猪舍适宜的采光要求如表2-4所示。

表 2-4 猪舍适宜的采光要求

猪群类别	自然光照		人工照明	
	采光系数	辅助照明（lx）	光照强度（lx）	光照时间（h）
种公猪	1：（10～12）	50～75	50～100	14～18
成年母猪	1：（12～15）	50～75	50～100	14～18
哺乳母猪	1：（10～12）	50～75	0～100	14～18
哺乳仔猪	1：（10～12）	50～75	50～100	14～18
保育仔猪	1：10	50～75	50～100	14～18
育肥猪	1：（12～15）	50～75	30～50	8～12

二、猪的环境调控措施

猪的生产潜力，只有在适宜的环境条件下才能充分发挥。生产实践中，采取有效的环境调控措施，给猪创造适宜的环境条件，可显著提高其生产力。

（一）控制饲养密度

猪饲养密度受猪的类型、品种、年龄、体重、猪舍、气候和饲养方式等因素的影响，对猪舍空气环境影响较大。饲养密度过大，猪的采食时间延长，睡眠时间缩短，猪之间的争斗频繁，影响采食量和休息，同时舍内的有害气体、水汽、灰尘和微生物含量增高，造成猪的应激增加和生产力降低，免疫力下降，发病率上升；饲养密度过小，使猪舍的建筑面积增加，成本升高，不利于提高养猪效益。因此，各类猪群应按照合理的饲养密度进行生产管理。各类猪群适宜的饲养密度如表 2-5 所示。

表 2-5 各类猪群适宜的饲养密度

猪群类别	每栏饲养猪头数	每头猪占地面积（m²）
种公猪	1	9.0～12.0
后备母猪	5～6	1.0～1.5
后备公猪	1～2	4.0～4.5
空怀妊娠母猪	4～5	2.5～3.0
哺乳母猪	1	4.2～5.0
保育仔猪	9～11	0.3～0.5
生长育肥猪	9～10	0.8～1.2

（二）防寒

（1）合理设计猪舍方位、防潮、采光和通风，提高屋顶和墙壁的保温性能。

（2）适时采取堵塞猪舍缝隙，控制门窗开启，加大饲养密度，猪舍门窗和采光面加设覆盖物等日常保温措施。

（3）日常保温措施仍达不到舍温要求时，可采用集中供暖保温，即利用锅炉等热源，将热水、蒸汽或预热后的空气，通过管道输送到舍内或舍内的散热器，或利用阳光板、玻璃钢窗、塑料暖棚、火炕、火墙等设施来保温。初生仔猪温度要求达到 30～32℃，可采用红外线灯或电热板局部采暖保温。

(三) 防暑

1. 建筑设计措施　合理设计猪舍的隔热层，周围栽植树木，绿化遮阳。

2. 饲养管理措施　降低饲养密度，猪舍地面洒水，安排猪"洗澡冲凉"或"水池打滚"。

3. 通风降温　养猪生产实际中，无论自然通通风还是机械通风，都要保证通风换气彻底，无通风死角。通风设计合理，通风量和风速符合规定。规模化养猪可采用顶上进风和排风、顶上进风和地面排风等降温方式。

4. 加湿降温

（1）湿帘降温。湿帘风机降温系统由特种纸质多孔湿帘、低压大流量轴流风机、水循环系统及控制装置组成。湿帘风机一般安装在猪舍的山墙上，风机抽风时，造成室内负压，迫使室外未饱和的空气流经湿帘，引起水分蒸发而吸收大量热量，进而降低空气的自身温度。湿帘风机降温系统具有设备简单、成本低廉、耗能小、降温效果好、运行可靠等优点，是一种良好的降温系统。

（2）滴水降温。它是一种靠水汽蒸发，从空气中或猪的体表（包括猪体）带走热量，从而使猪舍降温的方法。在猪的颈部上方安装滴水降温水嘴，水滴间歇性地滴到猪的颈部、背部，在风的作业下，带走热量，起到降温的作用。

（3）喷雾降温。它是一种用高压喷嘴将水喷成雾状以降低空气温度的办法。喷雾降温使水滴吸收空气中的热量，导致水的蒸发，通过蒸发冷却，降低气温。喷雾冷却会增加舍内湿度，应间歇性使用。当舍内温度高于30℃、湿度低于70%时，降温效果理想。

（四）防潮

湿度过大对猪群的危害明显。高温低湿使猪舍空气干燥，猪皮肤和外露黏膜发绀，易患呼吸道病和疥癣病。高温高湿使猪体水分蒸发受阻，导致猪的食欲降低，甚至厌食，猪的生长减缓；还可使饲料、垫草等霉变而滋生细菌和寄生虫，诱发猪群患病。低温高湿使猪体散发的热量增多，寒冷加剧，降低猪的增重和饲料利用率，使猪产生风湿、瘫痪、水肿、下痢和流感等疾病。养猪生产中，猪舍内湿度过大可采取以下防止措施：

（1）加强通风换气，尽量减少舍内水汽来源。

（2）及时清理粪污，保持猪舍的干燥和卫生。

（3）合理设计猪舍，保证舍内防潮和排污良好。

（4）提高屋顶和墙壁的保温性能，防止水汽凝结。

（五）减少尘埃

1. 科学饲养管理　为了减少猪舍空气中的尘埃和微生物，生产中应采取生湿拌料喂猪、增大舍内湿度、与饲料区保持距离、猪舍周围绿化、保持猪群安静、减少外来人员参观等措施，改善猪舍空气质量，保证猪群健康。

2. 加强卫生消毒　卫生消毒是净化猪舍空气环境、消除病原污染的重要措施。养猪场应建立规范严格的卫生消毒制度，合理采取清粪工艺和消毒方法，及时清除粪便和污水，定期清扫舍内外区域，严格执行猪场生活区、管理区、生产区、隔离区及各猪舍的消毒安排。

（六）合理光照

实践证明，光照时间和光照强度在一定条件下不仅影响猪的健康和生产力，而且影响管理人员的工作环境。猪舍光照应尽量保证均匀，符合采光要求。开放式、半开放式猪舍以自然光照为主，辅以人工光照；密闭式猪舍宜执行人工光照制度。仔猪光照较长，成年种猪光照适中,育肥猪光照较短。

(七) 控制噪声

重复的噪声不会对猪的食欲、采食量、生长、增重等产生明显影响,突然发出的噪声会使猪受到惊吓而猛然起立、狂奔,发生撞伤、跌伤或损坏设备。舍内噪声在 80dB 以上,会引起母猪受胎率下降,妊娠母猪流产、早产,甚至会导致猪的死亡。此外,强烈的噪声会影响工作人员的健康,使其工作效率下降。降低猪场噪声可采取以下措施:

(1) 猪场应远离工矿企业、避免交通干线的干扰。

(2) 猪舍内机械化作业时,安装和操作设备时应尽量降低噪声,舍内应避免大声喧哗。

(3) 猪舍周围大量植树。好的绿化条件,可使外界噪声降低 10dB 以上。

> **拓展知识**
>
> **养猪与生态环境**
>
> 养猪业的发展,不能以牺牲动物福利、人类健康和生态保护为前提,必须面对养猪业造成环境污染的现实。在养猪生产中,我们必须遵守国家相关产品质量法和行业卫生标准,在动物遗传育种、动物营养与疫病防治、高品质饲料原料的研发和使用、饲料加工工艺、饲料配方设计、饲养技术等方面,不但要利用好现有条件和技术,更要不断加大研发力度,通过更科学的技术手段,促进养猪与生态环境的和谐、健康、可持续发展。

任务 2　猪舍设备配置

正确合理的选用猪的生产设备,不仅有利于猪群饲养管理条件的改善和生产性能的发挥,而且能在很大程度上有效地提高劳动生产效率,这是现代化养猪生产开展的重要保障。

一、猪栏

(一) 猪栏结构

猪栏是养猪场的基本生产设备,它可将猪限制在特定的范围内活动,以便对其管理。猪栏的基本结构如图 2-1 所示。

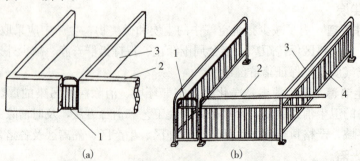

图 2-1　猪栏结构
(a) 实体式:1. 栏门　2. 前墙　3. 隔墙
(b) 栅栏式:1. 栏门　2. 前栏　3. 隔栏　4. 隔条

根据使用材料可分为实体猪栏、栅栏式猪栏和综合式猪栏三种类型。实体猪栏采用砖砌结构（厚12cm、高100～120cm），外抹水泥，或采用水泥预制构件（厚5cm）组装而成；栅栏式猪栏采用金属材料焊接成栅栏状再固定装配而成；综合式猪栏是以上两种形式的猪栏组装而成，两猪栏相邻的隔栏采用实体结构，喂饲通道的正面采用栅栏式结构。

（二）猪栏类型

根据猪栏内饲养猪只种类的不同，猪栏可分为公猪栏、母猪栏、分娩栏、保育栏、生长栏和育肥栏。猪栏的面积大小，可依据猪的数量多少和饲养密度而定。栅栏式猪栏的隔离间距：成年猪≤10cm，哺乳仔猪≤3.5cm，保育猪≤5.5cm，生长猪≤8cm，育肥猪≤9cm。

1. 公猪栏　饲养种公猪的猪栏，每栏饲养1头，栏高1.2m，占地面积7～8m²。与舍内公猪栏对应的舍外要设置运动场。目前工厂化猪场一般不设专用配种栏，公猪栏兼作配种栏，其配置大多采用以下两种方式：第一种是待配母猪栏与公猪栏紧密配置，3～4个母猪栏对应一个公猪栏，公猪栏同时也是配种栏；第二种是待配母猪栏与公猪栏隔通道相结合配置，公猪栏同时也是配种栏，配种时把母猪赶至公猪栏内配种，公猪虽不能直接接触母猪，但如隔通道相互观望，有利于母猪发情。公猪栏和母猪栏的配置方式如图2-2所示。

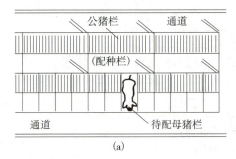 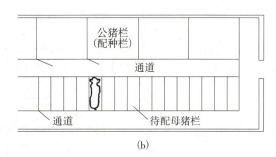

图 2-2　配种栏配置方式
（a）公猪栏　（b）采精栏

2. 母猪栏　饲养后备母猪、空怀母猪和妊娠母猪的猪栏，可分为群养母猪栏、单体母猪限位栏和产仔母猪分娩栏三种。

（1）群养母猪栏。通常3～5头母猪占用一个猪栏，栏长2.0～2.3m，栏高1.0m，每头母猪所需面积1.2～1.6m²。主要用于饲养后备母猪和空怀母猪，也可饲养妊娠母猪，但要注意防止抢食而引起流产。群养母猪栏如图2-3所示。

（2）单体母猪限位栏。每个栏中饲养1头母猪，栏长2.0～2.3m，栏高1.0m，栏宽0.6～0.7m。主要用于饲养空怀母猪。单体母猪限位栏如图2-4所示。

图 2-3　群养母猪栏　　　　　　　　　图 2-4　单体母猪限位栏

(3) 产仔母猪分娩栏。饲养分娩哺乳母猪的猪栏,由母猪限位区、仔猪活动区、仔猪保温区三部分组成。母猪限位架长2.0~2.3m,宽0.6~0.7m,高1.0m;仔猪活动区的围栏长度与母猪限位架相同,宽0.4~0.5m,高0.5~0.6m;仔猪保温箱用水泥预制板、玻璃钢或其他具有高强度的保温材料制成,在仔猪围栏区特定位置分隔而成。母猪分娩栏如图2-5所示。

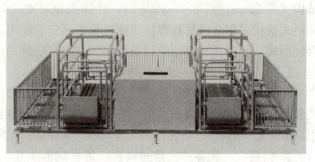

图2-5 产仔母猪分娩栏

现代养猪采用全进全出的工艺流程,母猪分娩舍被分割成若干个单元,每个单元饲养6~24头哺乳母猪,分娩栏采用双列三通道形式排列,单元内的母猪同时进入,同时转出,待母猪和断乳仔猪转出后,对单元进行彻底消毒后再转入下一批待产母猪。采用全进全出工艺流程的分娩舍内部单元型平面布局如图2-6所示。

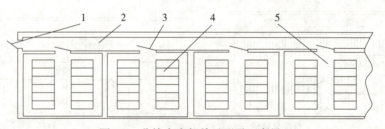

图2-6 分娩舍内部单元型平面布局
1. 走廊门 2. 走廊 3. 猪舍门 4. 分娩猪栏 5. 通道

3. 仔猪保育栏 饲养保育猪的猪栏,主要由围栏、自动食槽和网床三部分组成。按每头保育仔猪所需网床面积0.30~0.35m² 设计,栏高0.7m。仔猪保育栏如图2-7所示。

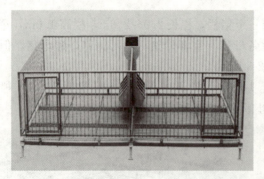

图2-7 仔猪保育栏

4. 生长栏和育肥栏 饲养生长猪和育肥猪的猪栏。猪只通常在地面上饲养,栏内排泄区铺设水泥漏缝地板或金属漏缝地板,栏架有金属栅栏式和实体式两种结构。生长栏高0.8~0.9m,育肥栏高0.9~1.0m,生长猪栏按每头占地面积0.5~0.6m² 计,育肥栏按每头0.8~1.0m² 计。生长育肥猪栏如图2-8所示。

二、漏缝地板

规模化养猪为了便于清理粪便,保持栏内卫生清洁,改善环境条件,通常会在猪栏底网或粪尿沟上铺设漏缝地板。依据材料不同分为钢筋混凝土板条、钢筋编织网、钢筋焊接网、塑料板块、陶瓷板块等。漏缝地板要求耐腐蚀、不变形、表面平整不滑、导热性小、坚固耐用、漏粪效果好、易冲洗消毒,适合不同日龄猪的站立行走,不卡猪蹄。

图 2-8 生长育肥猪栏

1. 金属漏缝地板 金属漏缝地板是由直径为 5mm 的冷拔圆钢编织成 10mm×40mm、10mm×50mm 的缝隙片与角钢、扁钢焊合,再经防腐处理而成。具有漏粪效果好、易冲洗、栏内清洁、干燥、猪只行走不打滑、使用效果好等特点,适合分娩母猪和保育猪使用。

2. 塑料漏缝地板 塑料漏缝地板采用工程塑料模压制而成。具有易冲洗消毒、保温好、防腐蚀、防滑、坚固耐用、漏粪效果好等特点,适用于分娩母猪栏和保育猪栏。

3. 钢筋混凝土地板 钢筋混凝土地板有板块、板条两种类型,其规格可依据猪栏及粪沟设计要求而定,漏缝断面呈梯形,上宽下窄,便于漏粪。

猪漏缝地板的主要设计参数及结构如表 2-6 和图 2-9 所示。

表 2-6 不同猪栏漏缝地板间隙宽度

单位:mm

成年种猪栏	分娩栏	保育猪栏	生长育肥猪栏
20~25	10	15	20~25

图 2-9 漏缝地板

三、供料饲喂设备

猪场饲料的输送、贮存和喂饲,不仅花费大量的劳力,而且对饲料的利用、清洁卫生有很大影响。猪场饲料供给和饲喂的最好办法是:饲料厂加工好的全价配合饲料,由专用车运输到猪场,送入饲料塔中,后用螺旋输送机将饲料输入猪舍内的自动落料饲槽内进行饲喂。

这种工艺流程不仅能使饲料保持新鲜，不受污染，减少包装、装卸和散漏损失，而且还可以实现机械化、自动化作业，节省劳动力，提高劳动生产率。由于这种供料饲喂设备投资大，用电多，目前只在少数有条件猪场应用。我国大多数猪场还是采用袋装，汽车运送到猪场，卸入饲料库，再用饲料车人工运送到猪舍，进行人工喂饲。尽管人工运送饲喂劳动强度大，劳动生产率低，饲料装卸、运送损失大，又易污染，但这种方式机动性强、设备简单、投资少、故障少，不需要电力，任何地方都可采用。

1. 饲料运输车 根据卸料的工作部件不同，饲料车可分为机械式和气流输送式两种。机械式卸料运输车，是在载重车上加装饲料罐组成，罐底有一条纵向搅龙，罐尾有一立式搅龙，其上有一条与之相连的悬臂龙，饲料通过搅龙的输送即可卸入 7m 高的饲料塔中。气流输送式卸料运输车，也是在载重车上加装料罐组成，罐底有一条或两条纵向搅龙，不同的是在搅龙出口处设有鼓风机，通过鼓风机产生的气流将饲料输送进 15m 以内的贮料仓中，这种运输车适宜装运颗粒料。

2. 贮料仓（塔） 贮料仓用 1.5～3.0mm 镀锌钢板压型组装而成，4 根钢管作支腿。仓体由进料口、上锥体、柱体和下锥体构成，进料口多位于顶端，也有在锥体侧面开口的，贮料仓直径约 2m，高度多在 7m 以下，容量有 2t、4t、5t、6t、8t、10t 等多种。生产实际中，贮料仓出口处易起拱，为防止起拱，设计下锥体夹角不能大于 45°，或将下锥体做成斜锥体形，必要时加机械振动器装置。贮料仓应密封，避免漏进雨、雪水。一个完善的贮料仓，应设有出气孔和料位指示器。

3. 饲料输送机 饲料输送机种类较多，以前多采用卧式搅龙输送机和链式输送机，近年来使用较多的是螺旋弹簧输送机和塞管式输送机。

4. 加料车 加料车将饲料由饲料仓出口装送至食槽。分为手推机动加料车和手推人工加料车两种。

5. 食槽 猪食槽主要用于盛放饲料和供猪采食，根据喂饲方式的不同可分为自动食槽和限量食槽两种形式。食槽的形状有长方形和圆形等，要求坚固耐用，减少饲料浪费，保证饲料清洁，不被污染，便于猪只采食、加料和清洗。猪食槽的规格如表 2-7 所示。

表 2-7 猪食槽基本参数

单位：mm

类　　型	适用猪群	高度	采食间隙	前缘高度
水泥定量饲喂食槽	公猪、妊娠母猪	350	300	250
铸铁半圆弧食槽	分娩母猪	500	310	250
长方体金属食槽	哺乳仔猪	100	100	70
长方体金属自动落料食槽	保育猪	700	140～150	100～120
长方体金属自动落料食槽	生长育肥猪	900	220～250	160～190

（1）自动食槽。自动食槽供自由采食喂饲方式的猪群使用。食槽的顶部装有饲料贮存箱，随着猪只的采食，饲料在重力的作用下不断落入食槽内，可以间隔较长时间加料，大大减少了饲喂工作量。常见自动食槽有钢板或聚乙烯塑料两种，也可用水泥预制板拼装而成，有长方形、圆形等多种形状。按采食面划分，长方形自动食槽分为单面和双面两种。前者供一个猪栏使用，后者供两个猪栏使用。猪自动食槽如图 2-10 所示。

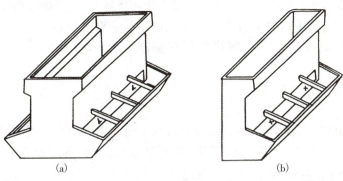

图 2-10　自动食槽
(a) 双面　　(b) 单面

(2) 限量食槽。限量食槽供限量喂饲方式的猪群使用。常用水泥、金属等材料制成。高床网上饲养的母猪栏内常配备金属材料制造的限量食槽。猪限量食槽如图 2-11 所示。

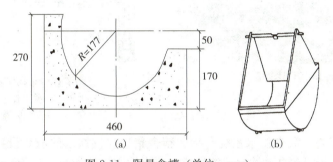

图 2-11　限量食槽（单位：mm）
(a) 水泥限量食槽断面结构　　(b) 铸铁限量食槽

(3) 仔猪补料食槽。仔猪补料食槽供仔猪哺乳期诱导补饲使用。放置在母猪分娩栏的仔猪活动区内，让仔猪自由采食。有长方形、圆形等多种形式。仔猪补料食槽如图 2-12 所示。

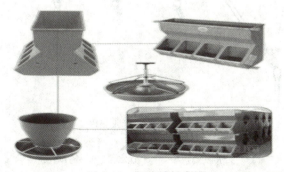

图 2-12　仔猪补料食槽

(4) 干湿食槽。干湿食槽是为满足猪群自由采食而提供湿料的自动食槽。食槽上部的贮料箱存有干饲料，下部安装有乳头式自动饮水器和放料装置。猪吃食时，拱动下料开关，饲料从贮料箱流到食槽中，再咬动饮水器，水即流入食槽中，使干料成为湿料，供猪采食。

干湿食槽喂猪可提高饲料的适口性，增加采食量，避免猪吃干饲料时造成饲料飞扬，不仅节省饲料,减少舍内灰尘产生,有利于改善猪舍的环境卫生,同时为猪只选择喜爱的采食方式提供便利。与喂饲干饲料的自动食槽相比,干湿食槽可使猪的平均日增重提高7%～13%,日采食量提高4%～7%,饲料利用率提高2.5%～5.0%。猪干湿食槽如图2-13所示。

四、供水饮水设备

1. 猪场供水系统 猪场供水系统是指为猪场生活和生产用水所需的成套设备。猪场完整的供水系统由贮水装置、水泵、水管网及用水设备组成。猪场供水系统如图2-14所示。

图2-13 干湿食槽

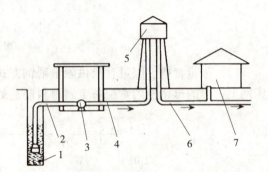

图2-14 猪场供水系统
1. 水源 2. 吸水管 3. 抽水站
4. 扬水管 5. 水塔 6. 配水管 7. 猪舍

2. 猪舍供水系统 猪舍供水系统是指为猪舍猪群提供饮水的成套设备。猪舍饮水系统由管路、活接头、阀门和自动饮水器等组成。猪舍饮水系统如图2-15所示。

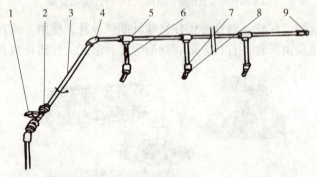

图2-15 猪舍供水系统
1. 阀门 2. 接头 3. 水管 4. 弯头 5. 三通
6. 支水管 7. 弯头 8. 饮水器 9. 外方堵头

3. 自动饮水器 现代养猪生产猪只的饮水方式全部采用了自动饮水器自由饮水。猪常用自动饮水器有鸭嘴式、乳头式和杯式三种。群养猪栏中,每个饮水器可负担15头猪饮用。猪鸭嘴式饮水器如图2-16所示。

猪栏内安装自动饮水器应充分考虑饲养猪只的数量和安装高度,确保每头猪饮水充足且饮用方便,安装太高或太低都会造成猪只饮水不便,损坏饮水器。自动饮水器的水流速度和安装高度如表2-8所示。

图 2-16　猪鸭嘴式饮水器

表 2-8　自动饮水器的水流速度和安装高度

适用猪群	水流速度（mL/min）	安装高度（mm）
成年公猪、空怀妊娠母猪、哺乳母猪	2 000～2 500	600
哺乳仔猪	300～800	120
保育猪	800～1 300	280
生长育肥猪	1 300～2 000	380

五、通风降温设备

通风降温系统可排除舍内的有害气体，降低舍内的温度和控制舍内适宜的湿度等。常用设备有离心式变速风机、屋面通风机、湿帘降温系统、喷雾降温系统、滴水降温系统等。

1. 通风设备　通风机是猪舍换气和降温常用的设备，风机的安装应充分考虑猪舍环境所需要的换气量、换气要求和各地的气候条件。猪舍通风机配置方式如图 2-17 所示。

(a)　　　　　　　　　　　　　　(b)

图 2-17　猪舍通风机配置方式
(a) 离心式变速风机　(b) 机械进风与排风

2. 降温设备

（1）湿帘-风机降温系统。是指利用水蒸发降温原理为猪舍进行降温的系统，由湿帘、风机、循环水路和控制装置组成。湿帘是用白杨木刨花、棕丝布或波纹状的纤维制成的能使空气通过的蜂窝状板，使用时安装在猪舍的进气口，与负压机械通风系统联合为猪舍加湿降温。猪舍湿帘-风机降温系统如图 2-18 所示。

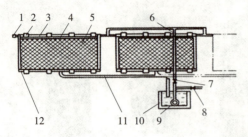 

图 2-18 猪舍湿帘-风机降温系统
1. 管堵 2. 框架固定板 3. 框架 4. 夹板 5. 湿帘 6. 上水管
7. 上水阀门 8. 排放阀门 9. 潜水泵 10. 水箱 11. 回水管 12. 隔板

（2）喷雾降温系统。是指利用水雾吸收空气热量从而降低舍温的系统，主要由水箱、压力泵、过滤器、喷头、管路及自动控制装置组成。猪舍喷雾降温系统如图 2-19、图 2-20 所示所示。

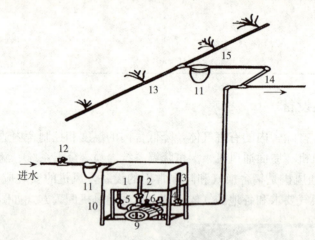

图 2-19 猪舍喷雾降温系统示意
1. 水箱 2. 回水管 3. 溢水管 4. 出水阀 5. 阀门 6. 压力表 7. 压力阀 8. 电动机
9. 水泵 10. 水箱架 11. 过滤器 12. 进水阀 13. 喷头 14. 水管 15. 喷管

图 2-20 猪舍喷雾降温系统

（3）喷淋或滴水降温系统。一种将水喷淋在猪身上为其降温的系统，由时间继电器、恒温器、电磁水阀、降温喷头和水管等组成。降温喷头是一种将压力水雾化成小水滴的装置。滴水降温系统是一种通过在猪身上滴水而降温的系统，其组成与喷淋降温系统基本相同，只是用滴水器代替了喷淋降温系统的降温喷头。猪舍喷淋降温系统如图 2-21 所示。

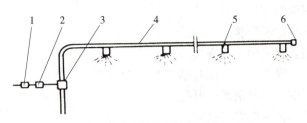

图 2-21 电磁水阀控制的喷淋降温系统
1. 时间继电器　2. 恒温器　3. 电磁水阀　4. 水管　5. 降温喷头　6. 管堵头

六、供暖保温设备

猪舍供暖保温系统可以采用暖气、加热地板、火墙、火炕、火炉、红外线灯等设备，进行集中供暖或局部供暖。集中供暖主要利用锅炉、送暖管道、散热器、回水管及水泵等来完成；局部供暖主要通过火炉、火炕、电热灯、电热板等来完成。

七、其他生产设备

1. 饲料机械设备　主要包括粉碎机、搅拌机、混合机、制粒机、打包机等组成的饲料加工机组和饲料收购、分析检验、贮存运输等方面的设备。

2. 粪污处理设备　主要包括粪便运输车、高压清洗机、刮板清粪机、粪水分离机、螺旋压榨机、生物曝气机、沼气池、腐尸坑、焚化炉等设备。

3. 配种接产设备　主要包括假台猪、采精器械、输精器械、精液品质检查仪器、超声波测孕仪、接产用具等设备。

4. 环境监测设备　主要包括温度计、湿度计、有害气体测定仪、风速测定仪、照度计、粉尘检测仪等设备。

5. 兽医保健设备　主要包括喷雾器、紫外线灯、消毒车、诊疗仪器、手术器械、防疫用具等设备。

6. 日常管理设备　主要包括抓猪器、称重栏、体尺测量工具、耳号钳、耳号牌、剪牙钳、断尾钳、活体测膘仪、屠宰器械、运猪车等设备。

7. 其他辅助设备　主要包括办公、财务、后勤、销售等方面的设备。

【学习评价】

一、填空题

1. 根据猪栏内饲养猪只种类的不同，猪栏可分为_____、_____、_____、_____和_____。
2. 猪舍内常见的有害气体有_____、_____和_____。
3. 猪常用自动饮水器有_____、_____和_____三种。
4. 猪舍噪声主要来源于_____和_____。

二、简答题

1. 复述各类猪舍的主要环境指标。

2. 简述猪舍的保温防寒措施。
3. 简述猪舍的隔热防暑措施。
4. 如何预防和消除猪舍中的有害气体？
5. 减少猪舍空气中微生物的措施有哪些？
6. 减少猪舍空气中尘埃的措施有哪些？
7. 如何预防和控制猪舍内湿度过大？
8. 采用漏缝地板养猪有哪些好处？在猪的不同生长期如何配置？

【技能考核】

规模化猪场各类猪舍的饲养环境指标评价

一、考核题目

甘肃省武威地区某种猪场地处我国西北地区，2013年4月技术人员对猪场各类猪舍的环境参数进行了检测，发现猪舍的温度、相对湿度、空气卫生指标和风速均不太合理，如表2-9、表2-10、表2-11所示。请予以修改完善。

（1）某猪场猪舍的空气温度和相对湿度如表2-9所示。

表2-9 甘肃省武威地区某种猪场猪舍的空气温度和相对湿度

猪舍类别	空气温度（℃）			相对湿度（%）		
	舒适范围	高临界	低临界	舒适范围	高临界	低临界
种公猪舍	16～18	25	13	40～50	85	50
空怀妊娠母猪舍	13～22	27	13	60～70	85	50
哺乳母猪舍	23～25	27	16	60～70	80	50
保育猪舍	20～25	28	16	40～70	80	50
生长育肥猪舍	15～23	27	13	40～75	85	50

（2）某猪场猪舍的空气卫生指标如表2-10所示。

表2-10 甘肃省武威地区某猪场猪舍的空气卫生指标

猪舍类别	氨（mg/m³）	硫化氢（mg/m³）	二氧化碳（mg/m³）	细菌总数（万个/m³）	粉尘（mg/m³）
种公猪舍	35	10	1 500	6	1.5
空怀妊娠母猪舍	25	10	1 800	6	2.5
哺乳母猪舍	20	15	1 300	4	1.2
保育猪舍	20	13	1 300	4	1.2
生长育肥猪舍	40	10	1 500	6	2.5

（3）某猪场猪舍的通风量与风速如表2-11所示。

表 2-11　甘肃省武威地区某猪场猪舍的通风量与风速

猪舍类别	通风量 [m³/(h·kg)]			风速（m/s）	
	冬季	春、秋季	夏季	冬季	夏季
种公猪舍	0.85	0.55	0.70	0.30	2.00
空怀妊娠母猪舍	0.30	1.45	0.60	0.60	1.00
哺乳猪舍	0.60	0.45	1.60	0.15	1.40
保育猪舍	0.30	0.45	0.60	0.50	0.60
生长育肥猪舍	0.35	0.50	1.65	0.30	1.00

二、评价标准

依据 GB/T 17824.1—2008《规模猪场建设》规范要求，对甘肃武威地区某种猪场各类猪舍的环境参数进行校正，修改后适宜的各项环境参数值如表 2-12、表 2-13、表 2-14 所示。

（1）某猪场猪舍适宜的空气温度和相对湿度如表 2-12 所示。

表 2-12　甘肃省武威地区某猪场猪舍内适宜的空气温度和相对湿度

猪舍类别	空气温度（℃）			相对湿度（%）		
	舒适范围	高临界	低临界	舒适范围	高临界	低临界
种公猪舍	16~18	25	13	60~70	85	50
空怀妊娠母猪舍	15~20	27	13	60~70	85	50
哺乳母猪舍	18~22	27	16	60~70	80	50
保育猪舍	20~25	28	16	60~70	80	50
生长育肥猪舍	15~23	27	13	65~75	85	50

（2）某猪场猪舍适宜的空气卫生指标如表 2-13 所示。

表 2-13　甘肃省武威地区某猪场猪舍的空气卫生指标

猪舍类别	氨（mg/m³）	硫化氢（mg/m³）	二氧化碳（mg/m³）	细菌总数（万个/m³）	粉尘（mg/m³）
种公猪舍	25	10	1 500	6	1.5
空怀妊娠母猪舍	25	10	1 500	6	1.5
哺乳母猪舍	20	8	1 300	4	1.2
保育猪舍	20	8	1 300	4	1.2
生长育肥猪舍	25	10	1 500	6	1.5

（3）某猪场猪舍适宜的通风量与风速如表 2-14 所示。

表 2-14　甘肃省武威地区某猪场猪舍的通风量与风速

猪舍类别	通风量 [m³/(h·kg)]			风速（m/s）	
	冬季	春、秋季	夏季	冬季	夏季
种公猪舍	0.35	0.55	0.70	0.30	1.00
空怀妊娠母猪舍	0.30	0.45	0.60	0.30	1.00
哺乳猪舍	0.30	0.45	0.60	0.15	0.40
保育猪舍	0.30	0.45	0.60	0.20	0.60
生长育肥猪舍	0.35	0.50	0.65	0.30	1.00

【案例与分析】

规模化猪场各类猪群的栏位数设计

一、案例简介

宁夏中卫地区某养猪场年出栏育肥猪 5 000 头。猪群的生产工艺执行以周为单位、全进全出、批量生产的饲养流程。各类猪群的生产时段依次为：空怀母猪 5 周、妊娠母猪 12 周、泌乳母猪 6 周、哺乳仔猪 5 周、保育仔猪 5 周、生长育肥猪 13 周，后备母猪 8 周、后备公猪 12 周，种公猪常年均衡配种；单个猪栏的饲养密度分别为：种公猪 1 头、后备公猪 3~4 头，保育仔猪 8~12 头、生长育肥猪 8~12 头、后备母猪 4~6 头、空怀待配母猪 4~5 头、妊娠母猪 3~4 头、泌乳母猪分娩床限位饲养；每组猪群周转的头数分别为：空怀母猪 13.4 头、妊娠母猪 12.1 头、泌乳母猪 11.5 头、后备母猪 8 头、哺乳仔猪 115 头、保育仔猪 103.5 头，生长肥育猪 98.3 头；种公猪和后备公猪不转群，常年均衡饲养；猪舍空圈消毒 1 周，母猪年更新率 30%，后备猪留种率 50%。

猪场猪群周转安排和常年存栏数如表 2-15 所示。

表 2-15　宁夏中卫地区某养猪场猪群周转安排和常年存栏数

猪群种类	饲养周数	猪群组数	每组头数	存栏头数	备注
空怀母猪群	5	5	13.4	67	配种后观察 21d
妊娠母猪群	12	12	12.1	145.2	
泌乳母猪群	6	6	11.5	69	
哺乳仔猪群	5	5	115	575	按出生头数计算
保育仔猪群	5	5	103.5	517.5	按转入的头数计算
生长肥育猪群	13	13	98.3	1 277.9	按转入的头数计算
后备母猪群	8	8	3.6	28.8	8 个月配种
公猪群	52			11.3	不转群
后备公猪群	12			3.8	9 个月使用
总存栏数				2 695.5	最大存栏头数

请结合项目二"猪的环境控制和设备配置"的相关知识和要求，认真分析案例资料，设计该猪场栏位数配置方案。

二、案例分析

（一）猪场猪群周转安排和常年存栏数计算分析

由于该猪场每组猪按照设定的生产工艺时段，全进全出，故猪群的饲养周数等于猪群的组数。据此可以推算出各类猪群的存栏数，即：各类猪群的存栏数＝猪群的组数×每组猪群的头数。通过计算可以得知：

（1）生产母猪。5×13.4＋12×12.1＋6×11.5＝67＋145.2＋69＝281.2 头。

(2) 后备母猪。8×3.6＝28.8 头。

(3) 种公猪。281.2÷25＝11.2 头（公、母比例 1∶25）。

(4) 后备公猪。11.2÷3＝3.8 头（年更新率 30%）。

(5) 哺乳仔猪。5×115＝575 头。

(6) 保育仔猪。5×103.5＝517.5 头。

(7) 生长育肥猪。13×98.3＝1277.9 头。

（二）猪场各类猪群栏位数计算分析

(1) 各类猪群猪栏组数＝猪群组数＋清毒空舍时间（d）/生产节律（周）。

(2) 每组栏位数＝每组猪群头数/每栏饲养量＋机动栏位数。

(3) 各类猪群栏位数＝每组栏位数×猪栏组数。

猪场各类猪群的栏位数如表 2-16 所示。

表 2-16 宁夏中卫地区某养猪场各类猪群的栏位数

猪群种类	猪群组数	每组头数	每栏饲养头数	猪栏组数	每组栏位数	栏位数
空怀母猪群	5	13	4～5	6	4	24
妊娠母猪群	12	12	3～4	13	4	52
泌乳母猪群	6	12	1	7	13	91
保育仔猪群	5	104	8～12	6	10	60
生长育肥猪群	13	98	8～12	14	9	126
公猪群（含后备）	—	—	1	—	—	14
后备母猪群	8	4	4～6	9	2	18

猪场内配置多少数量的栏位数，既关系到猪场饲养规模和猪舍建筑，又关系到猪的饲养密度、生产工艺、周转组织和生产技术等。由此可见，合理设计猪舍的栏位数，既是猪群周转管理的关键条件，又是确定修建猪舍幢数的重要依据，对提高猪舍的利用效率具有重要的指导意义。

【信息链接】

(1) NY/T 1168—2006《畜禽粪便无害化处理技术规范》。

(2) GB/T 17824.3—2008《规模猪场环境参数及环境管理》。

(3) NY/T 1755—2009《畜禽舍通风系统技术规程》。

(4) GB/T 23491—2009《饲料企业生产工艺及设备验收指南》。

(5) GB/T 27522—2011《畜禽养殖污水采样技术规范》。

项目三　猪的饲料配合和供应计划

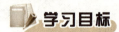

知道猪的饲料组成及加工调制；懂得猪的配合饲料及生产实际应用；会为猪场编制饲料供应计划。

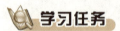

任务1　猪的饲料组成及加工调制

依据各种饲料原料的营养特性，猪常用饲料可划分为粗饲料、青饲料、能量饲料、蛋白质饲料、矿物质饲料及饲料添加剂六大类；按照其配合程度又可划分为添加剂预混料、浓缩饲料和全价配合饲料三大类。猪常用饲料组成如图3-1所示。

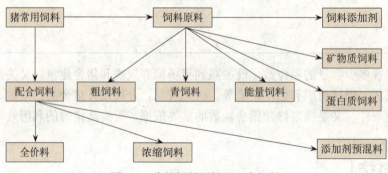

图3-1　猪的饲料原料及配合饲料

一、饲料原料

猪的饲料原料按营养特性可分为粗饲料、青饲料、能量饲料、蛋白质饲料、矿物质饲料及饲料添加剂六类。

1. 粗饲料　粗饲料指干物质中粗纤维含量达到或超过18%，粗蛋白质含量小于14%，有机物消化率在70%以下，每千克饲料干物质的消化能在10.46MJ以下的饲料。如（苜蓿）草粉、酒糟等。粗饲料由于容积大、适口性差、难消化等特点，在猪的日粮中一般作为填充料。在日粮中所占比例随猪的品种、类型和年龄不同而不同，一般为4%～20%。过量添加会降低其他饲料的利用率，影响猪的生长和发育。

2. 青饲料　包括天然野草、人工栽培牧草、青刈作物和可利用的新鲜树叶等，这类饲料分布很广，养分比较完全，而且适口性好，消化利用率较高。养猪生产中，给妊娠母猪饲喂青绿饲料可节约精料，保持母猪体况，提高繁殖性能；给种公猪饲喂一些优质青绿多汁饲料，如胡萝卜能提高性欲，增加射精量、精子密度与活力；给生长育肥猪饲喂适当的青绿饲料，可以起到节省饲料成本，平衡饲料营养，改善猪肉品质，提高经济效益等作用。

3. 能量饲料　　能量饲料指在干物质中粗纤维含量小于18%，粗蛋白质含量低于20%，每千克含消化能在10.46MJ以上的饲料。包括禾本科植物籽实及其副产品（玉米、大麦、米糠、小麦麸等）、块根块茎瓜果类（甘薯、马铃薯、胡萝卜、南瓜等）和其他加工副产品（如油脂、糖蜜、乳清粉、草籽等）。

玉米是养猪的主要能量饲料，适口性好，但饲用过多会使肉猪、种猪背膘增加，降低肉猪瘦肉率和种猪的繁殖能力。玉米在我国瘦肉型生长育肥猪日粮中的使用比例为40%～80%。玉米中赖氨酸、蛋氨酸和色氨酸含量较低，配制猪饲料时应注意添加以上三种氨基酸。

米糠是能值较高的糠麸类饲料，新鲜米糠适口性好，若用量过多，可使猪背膘变软，胴体品质变差，用量宜控制在15%以下。小麦麸质地松散，容积大，适口性好，含有轻泻性的镁盐，有助于胃肠蠕动和通便润肠，是妊娠后期和哺乳母猪的良好饲料。幼猪不宜过多，育肥猪用量以不超过15%为宜。

4. 蛋白质饲料　　蛋白质饲料指干物质中粗纤维含量小于18%，粗蛋白质含量大于20%的饲料。蛋白质饲料包括植物性蛋白质饲料（豆类籽实、饼粕类）和动物性蛋白质饲料（鱼粉、肉骨粉等）。

豆饼、豆粕等饼粕类饲料，蛋白质含量丰富，粗纤维含量较低，能量含量也比较高，是猪饲料配合时良好的蛋白质补充料。

大豆一般很少直接用作饲料。饼粕类在猪的日粮配合中较为常用，其价格相对较高。一些饼粕类饲料中含有毒素及抗营养因子，在配合日粮时，必须进行处理。饼粕类饲料在猪日粮中一般不超过20%。

常用的动物性蛋白质饲料有鱼粉、肉骨粉、血粉、蚕蛹和乳类。此类饲料体积小、不含纤维素，蛋白质含量高（如鱼粉含粗蛋白质55%～75%），氨基酸较平衡，钙、磷多且全部为有效磷，含有丰富的维生素，营养价值高，是喂猪很好的蛋白质补充料。由于价格较高，猪日粮中动物性饲料用量一般在10%以下。

5. 矿物质饲料　　矿物质饲料包括天然和工业合成的为猪提供常量元素的饲料，如食盐、石粉、贝壳粉、骨粉、蛋壳粉等。矿物质饲料营养物质单纯、用量较小，但不可缺少。配合饲料中常用的矿物质饲料以补充钙、磷、钠、氯等常量元素为主。矿物质饲料的添加量随猪的年龄大小及生理阶段的不同而不同，一般在猪日粮中的添加量不超过2%。

6. 饲料添加剂　　饲料添加剂包括补充微量元素（主要有铁、铜、锌、锰、碘、钴和硒等）、维生素（B族维生素和维生素D等）和氨基酸（如赖氨酸、蛋氨酸和色氨酸）的营养性添加剂和保证饲料使用效果的非营养性添加剂，如防腐剂、防霉剂、抗氧化剂、着色剂、调味剂、药物保健剂及生长促进剂等。添加剂在猪日粮中所占比例很小，但作用很大，使用时应严格按照使用说明掌握其用法用量。添加剂化学稳定性差，相互之间容易发生化学反应，多数猪场不宜自行生产和配制添加剂，可从生产厂家和经销单位选购符合标准的添加剂产品。

二、加工调制

猪饲料的消化利用率高低，不仅取决于饲料本身的营养含量和品质，而且还与饲料的加工调制和科学利用有关。猪饲料常用的加工调制方法有以下几种：

1. 粉碎 饲料粉碎后便于采食，可改善饲料适口性，增加采食量，同时也加大与消化液的接触面积，有利于饲料的消化吸收。粉碎是籽实类饲料常见的加工方法，粉碎粒度大小适中，以颗粒直径1.2～1.8mm的中等粉碎程度为宜，过粗不利于消化利用，过细易患溃疡病。另外，饲料粉碎后，含脂量高的玉米、燕麦等不宜长期保存，应尽快使用。在农区小规模养猪场，青饲料、块根块茎饲料可以切碎或打浆，然后再与混合精料拌匀饲喂。豆科作物和油类作物的秸秆、花生秧等粗饲料必须粉碎。

2. 制粒 制粒是颗粒饲料生产的主要工艺过程。颗粒饲料通常是圆柱形，根据猪的年龄不同而有不同规格。颗粒饲料的生产首先将所需的饲料原料按要求粉碎到一定细度，按比例混合，制成全价粉状的配合饲料，然后与蒸汽混合均匀，送入制粒机内，加压处理制成。乳猪料、保育仔猪料多为颗粒料，适口性好，易于消化。

3. 湿润 湿润是指在干粉料中加入一定量的水，调制成湿拌料的过程。小规模养猪户常采用湿拌料或稀料喂猪。粉料进行湿润处理时，料水比例以1∶(0.5～2.0)为好，料水比例超过1∶2.5，猪体消化液分泌减少，消化酶活性降低，饲料的消化吸收率降低，会影响猪的增重效果。规模化养猪场为了提高劳动效率一般采用干粉料或颗粒料，将其装入自动饲槽内，任其自由采食。如果用湿拌料或稀料喂猪，饲料中不宜加过多的水。喂颗粒料、干粉料，能提高劳动效率，冷不冻结，热不酸败，减少了饲料的损耗。

4. 蒸煮 蒸煮是饲料的熟制过程。饲料中的豆类籽实、豆饼、豆粕等煮熟后喂猪，可提高蛋白质的利用率，马铃薯及其粉渣煮熟后可明显提高利用率，并减少腹泻的发生，剩菜、剩饭及泔水经煮沸后能杀灭一些病原微生物，猪的多数饲料不适合蒸煮熟喂。玉米、高粱、糠麸等禾本科籽实类饲料，煮熟后饲喂，会有10%左右的营养损失；青饲料经过焖煮，不仅破坏了饲料中的维生素，引起蛋白质变性，降低其营养价值，而且还易引起亚硝酸盐中毒。规模化养猪多采用干食生喂，生喂节省燃料，安全省工，保证营养成分不受损失，可提高养猪效益。

5. 焙炒 禾本科籽实经焙炒后，一部分淀粉转变成糊精，可提高淀粉的利用率。一些饲料经焙炒处理，还可消除有毒物质、杂菌和病虫，降低抗营养因子的活性。饲料焙炒后变得香脆、适口，可用作仔猪开食料。

6. 发酵 为了扩大饲料资源，降低养猪成本，在猪的粗饲料或特种饲料中加入一些菌剂使饲料发酵，发酵后的饲料质地变软，适口性变好，消化率提高。鸡粪发酵后喂猪，可去除臭味，杀灭病原微生物，有利于保护环境和资源的循环利用。

拓展知识
饲料原料豆粕和麸皮掺假的简易识别方法

1. 掺假豆粕的识别

（1）感官识别。

①看。正常的豆粕颜色呈浅黄褐色或淡黄色，光泽明显，整齐一致，而掺假的豆粕颜

色灰暗，整齐光泽度降低，特别是"豆粕料"基本没有光泽。

②闻。优质豆粕具有豆香味，掺有"豆粕料"的豆粕气味由浓香变为淡淡的香或根本没有香味。

③尝。真豆粕具有豆香味。掺假豆粕无味（掺玉米面、石粉等）或有泥土味（掺黄土或泥沙等）。

（2）加水识别。取适量豆粕放入玻璃烧杯中，用清水泡2～3h，然后用玻璃棒轻轻搅动，若出现分层现象，则表明掺假。

（3）碘酊识别。取少量豆粕放在干净的瓷盘中，在上面滴几滴碘酊，6min后若有物质变为蓝黑色，说明掺有玉米、麸皮或稻皮等。

2. 掺假麸皮的识别 麸皮中常见的掺假杂物有稻糠、锯末、玉米芯、滑石粉、钙粉等，其识别方法为：用手轻轻敲打装有麸皮的包装，若有细小白色粉末弹出来，则说明掺有滑石粉或钙粉；把手插入麸皮中，再抽出，若手上沾有白色粉末，容易抖落的是残余面粉，不容易抖落的是滑石粉、钙粉；用手抓一把麸皮使劲捏，若成团状，则为麸皮，若手捏有胀的感觉，则说明有稻糠、锯末或玉米芯等。

任务2 猪的饲料配合及生产应用

猪的配合饲料按其营养成分和用途可分为添加剂预混料、浓缩饲料和全价配合饲料。添加剂预混料和浓缩饲料是半成品，不能直接喂猪，只有全价配合料可以直接喂猪。以上三种配合饲料之间的相互关系如图3-2所示。

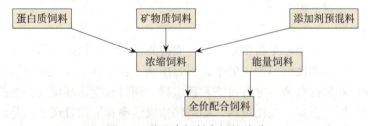

图3-2 猪配合饲料之间的关系

一、配合饲料种类

（一）添加剂预混料

添加剂预混料是由同一类型的多种添加剂或不同类型的多种添加剂按一定比例配制而成的均质混合物。添加剂预混料是一种添加量少但作用大的饲料产品，是全价配合饲料的核心，具有补充营养，促进生长和繁殖，预防疾病，提高饲料品质，改善猪的产品质量等作用。添加剂预混料按组成可分为单一型预混料、同类复合预混料和综合复合预混料。

1. 单一型预混料 指以一种活性成分为原料的均质混合物，如维生素E制剂、微量元素硒制剂、植酸酶制剂、吉他霉素制剂等。

2. 同类复合预混料 指由一类添加剂组成的预混料，如多种维生素预混料、多种微量元素预混料。

3. 综合复合预混料 指由两类或两类以上的添加剂组成的预混料，如由维生素、微量元素、抗生素、药物等组成的复合预混料。

（二）浓缩饲料

浓缩饲料是由蛋白质饲料和复合预混料等组成的饲料产品。猪的浓缩料要求含粗蛋白质30%以上，矿物质和维生素的含量也高于配合饲料标准的3倍以上。浓缩料不能直接喂猪，应按照说明与一定比例的能量饲料搭配后使用。

（三）全价配合饲料

全价配合饲料是指能够满足猪全部营养需要的混合饲料。按照不同类型猪的饲养标准配制，能充分满足猪的营养需要，可以直接饲喂。一些猪场直接从厂家购买全价饲料喂猪，省工省时，但饲料成本较高。

二、配合饲料应用

猪在不同生长或生产阶段，其营养需要和饲养标准不同。根据饲喂对象可将猪的配合饲料分为乳猪料、保育料、生长育肥料、后备料、妊娠料、泌乳料、配种料等种类。

（一）乳猪料

乳猪料一般用于饲喂哺乳阶段的仔猪。为促进仔猪消化器官的发育和消化机能的完善，逐渐适应植物性饲料并减轻母猪的泌乳负担，有利于早期断奶，哺乳仔猪一般在生后6～7日龄开始补料。

哺乳仔猪生长发育快、代谢机能旺盛，消化器官不发达、容积小、消化机能不完善，乳猪料应具有营养丰富、容易消化、适口性强等特点。配制乳猪料时能量浓度为每千克饲料14.02MJ，蛋白质含量为21%，粗纤维含量不超过4%，此外还要充分考虑氨基酸、矿物质、维生素和微量元素的需要。

（二）保育料

断奶仔猪（也称保育猪）是指生后4～10周龄的仔猪。仔猪断奶后，营养来源由液体母乳或代乳料变成了以植物性饲料为主的干饲料，生活上由依赖母猪变成了完全独立的生活，生活环境由产房转移到保育舍，并有可能重新组群。饲料和生活环境的突然改变会引起仔猪腹泻。因此，做好饲料供应，控制腹泻、提高仔猪成活率和平均日增重，是此阶段饲养管理的首要任务。

一般情况下，断奶仔猪日粮要求适口性好、易消化、营养丰富，确保能量、蛋白质、矿物质和维生素的需要，以促进仔猪骨骼和肌肉的迅速生长。断奶仔猪日粮的消化能应控制在每千克饲料13.6MJ左右，粗蛋白质含量19%，粗纤维含量4%；此外，在日粮中添加适宜的植物油、酸化剂、甜味剂、酶制剂、香味剂等，可有效提高仔猪的平均日增重和饲料利用率。

（三）生长育肥料

生长育肥猪也称肉猪，一般指71～180日龄的商品猪。20～60kg的瘦肉型猪，其蛋白质水平为16.4%～17.8%，消化能为每千克饲料13.4～13.6MJ，粗纤维水平不宜超过6%，粗脂肪含量不要超过8%；体重60～100kg的瘦肉型猪，蛋白质水平为14.5%，消化能为每千克饲料13.39MJ，粗纤维水平应低于15%，粗脂肪的含量不超过10%。生长育肥猪饲料配制方法有多种。

1. 利用浓缩饲料配制 生长育肥猪在不同发育阶段，对消化能、蛋白质、氨基酸、矿物质、维生素等营养物质的需要量不同，通常以 60kg 体重为界限，将其分为生长育肥前期和生长育肥后期两个阶段。饲养规模较小的养猪户，可以直接从饲料公司购买全价商品料饲喂，以保证饲料的质量，但成本较高。规模化养猪场可从饲料公司购买浓缩饲料，再添加自产或购买的玉米、米糠等谷物饲料及其副产品，配制全价饲料，自己配制的饲料质量有保证且成本较低。现提供几种参考配方如表 3-1 所示。

表 3-1 利用浓缩饲料配制不同蛋白质水平猪饲料的参考配方（%）

配方成分		配合饲料中粗蛋白质含量								
		11%	12%	13%	14%	15%	16%	17%	18%	19%
含粗蛋白质38%的浓缩料	浓缩料	4.6	8.1	11.6	15.2	18.7	22.3	25.6	29.3	32.8
	玉米+麦麸	95.4	91.9	88.4	84.8	81.3	77.7	74.4	70.7	67.2
含粗蛋白质36%的浓缩料	浓缩料	4.9	8.7	12.5	16.3	20.2	24.0	27.7	31.5	35.4
	玉米+麦麸	95.1	91.3	87.5	83.7	79.8	76.0	72.3	68.5	64.6

2. 利用添加剂预混料配制 拥有饲料加工与分析检验设备的规模化猪场，可以自己购买玉米、豆粕等饲料原料，再添加矿物质、维生素、微量元素等添加剂预混料，配制生长育肥猪饲料。

（四）后备料

为防止后备猪增重过快、过肥，一般采取前高后低的营养水平饲养。60kg 以前每千克饲料消化能 12.4～12.6MJ，蛋白质 17.4%～18.8%；60kg 以后消化能每千克饲料 12.39MJ，蛋白质 15.5%。后备猪料可购买全价成品料，也可自行配制。

（五）妊娠料

妊娠母猪除了维持自身体能，还需满足胎儿正常发育的营养需要。妊娠母猪日粮消化能每千克饲料 12.55MJ，粗蛋白质为 12%～14%。妊娠母猪料可购买浓缩饲料加上玉米、麸皮等能量饲料配制，或购买添加剂预混料，再配以玉米、豆粕等饲料来配制。为防止妊娠母猪便秘，饲料中最好加入 15%～25%的麦麸。为缓解母猪便秘，促进胎儿发育，提高产仔率，在母猪妊娠后期，每天可饲喂少量青绿多汁饲料或煮熟的甘薯。

（六）泌乳料

泌乳母猪因泌乳哺喂仔猪而需要大量营养物质。因此，泌乳母猪料应保证较高的蛋白质与能量水平。养猪户大多购买蛋白质浓缩料，再加上玉米、麦麸、米糠等能量饲料而配制泌乳母猪料；规模化猪场一般利用添加剂预混料搭配能量饲料、蛋白质饲料来配制泌乳母猪料。

泌乳母猪料能量值不应低于每千克饲料 13.80MJ，蛋白质水平不低于 17.5%，粗纤维含量不超过 20%，脂肪含量不超过 8%。为了促进泌乳，建议在日粮中添加 3%～5%的进口鱼粉。泌乳母猪不宜饲喂菜籽粕。

（七）配种料

种公猪射精量大、精子数目多、交配时间长，在配种季节需要较多的营养物质。种公猪料中所用的蛋白质饲料最好是富含氨基酸的动物性蛋白质饲料（如鱼粉、肉骨粉等）。种公猪料应以精料为主，多种饲料搭配。有条件的猪场，公猪每天应喂少量青绿多汁饲料，有利于保持良好的食欲和旺盛的性欲。日粮中消化能水平不低于每千克饲料 12.95MJ，粗蛋白质水平不低于13.50%。种公猪料多自行配制。

任务3 猪场的饲料供应计划制订

饲料供应计划是养猪场生产计划中最重要的内容之一，主要是饲料生产与供给计划，它是猪场正常生产经营的保证。现以某猪场的饲料供应计划为例，说明其制订编制方法。

一、确定猪场各类猪群的存栏数

甘肃省嘉峪关市某猪场常年的存栏数及日粮定额如表3-2所示。

表3-2 某规模化养猪场常年存栏数及日粮定额

猪群	日粮定额（kg）	常年存栏猪群头数（头）
空怀母猪群	2.0	67
妊娠母猪群	2.32	145.2
泌乳母猪群	5.0～6.0	69
哺乳仔猪群	0.18	575
保育仔猪群	0.8	517.5
生长肥育猪群	2.1	1 277.9
后备母猪群	2.3～2.5	28.8
公猪群	2.5～3.0	11.2
后备公猪群	2.3～2.5	3.7
总存栏数		2 695.3

二、计算各类猪群的饲料需要量

根据公式，饲料需要量＝猪群头数×日粮定额×饲养天数，按表3-2提供的数据计算，各类猪群每天、每周、每季（计13周）及每年（计52周）的饲料需要量，如表3-3所示。

表3-3 某猪场饲粮需要量计算结果

单位：kg

猪群	饲粮需要量（取下限）			
	每天	每周	每季	全年
空怀母猪				
妊娠母猪				
后备母猪				
后备公猪				
种公猪				
哺乳母猪				
哺乳仔猪（0～28日龄）				
断奶仔猪（29～70日龄）				
育肥猪（71～170日龄）				
总计				

三、计算各类猪群的饲料供应量

饲料损耗率按0.5‰计算,猪场各种配合饲料季度供应计划如表3-4所示。

表3-4 某猪场_____季度饲料损耗量与供应量

单位:kg

饲料名称	日均用量	季需要量	损耗量	季供应量
空怀母猪				
妊娠母猪				
后备母猪				
后备公猪				
种公猪				
哺乳母猪				
哺乳仔猪(0～28日龄)				
断奶仔猪(29～70日龄)				
育肥猪(71～170日龄)				
总计				

四、填写年度饲料供应计划

调查各种饲料的规格与单价,填写某猪场的年度饲料供应计划。如表3-5所示。

表3-5 _____年度饲料供应计划

序号	饲料名称	计量单位(kg)	日均用量(kg)	单价(元/kg)	金额(元/d)	每季供应量(kg)				备注
						一季度	二季度	三季度	四季度	
1	玉米									
2	豆粕									
3	麸皮									
4	菜粕									
5	棉粕									

【学习评价】

一、填空题

1. 依据各种饲料原料的营养特性,猪常用饲料可划分为_____、_____、_____、_____、_____和_____六大类。
2. 猪的配合饲料按其营养成分和用途可分为_____、_____和_____。
3. 粗饲料指干物质中粗纤维含量达到或超过_____%,粗蛋白质含量小于

_____%，有机物消化率在_____以下，每千克饲料干物质的消化能在_____MJ以下的饲料。

4. 玉米严重发霉变质，会产生_____，造成母猪假发情等现象。
5. 玉米在猪日粮中的适宜比例为_____%。

二、名词解释

1. 添加剂预混料　　2. 浓缩料　　3. 全价配合饲料

三、简答题

1. 选择猪饲料原料时应考虑哪些因素？
2. 猪饲料常用的加工调制方法有哪几种？
3. 简述添加剂预混料、浓缩料和全价配合饲料三者之间的区别。

【技能考核】

猪场饲料供应计划的制订

一、考核题目

青海省格尔木市某规模化猪场各类猪群常年存栏量为：种公猪 26 头，后备公猪 10 头，青年母猪 180 头，空怀配种母猪 76 头，妊娠母猪 256 头，泌乳母猪 125 头，哺乳仔猪 1 175 头，保育仔猪 1 060 头，生长育肥猪 3 312 头。各类猪群的数量及日粮定额如表 3-6 所示，饲料损耗率按 0.5% 计算。试根据当地的饲料规格与单价，做出本场下一年度的饲料供应计划。

表 3-6　青海省格尔木市某规模化猪场各类猪群常年存栏数及日粮定额

猪群	日粮定额（kg）	常年存栏猪群头数（头）
种公猪	2.5	26
后备公猪	2.2	10
青年母猪	2.1	180
空怀配种母猪	2.0	76
妊娠期母猪	2.2	256
哺乳期母猪	5.0	125
15～35 日龄仔猪	0.3	1 175
36～70 日龄小猪	0.9	1 060
71～180 日龄肉猪	1.75	3 312
总计		6 220

二、评价标准

第一步：根据公式，饲料需要量＝猪群头数×日粮定额×饲养天数，代入表 3-6 提供的数据，计算出各类猪群的每天、每周、每季（计13周）、每年（计52周）的饲料需要量，并填入表3-7中。

表 3-7　青海省格尔木市某规模化猪场各类猪群饲料需要量计算结果

单位：kg

猪群	饲粮需要量			
	每天	每周	每季（13周）	全年（52周）
种公猪	65.0	455.0	5 915.0	307 580.0
后备公猪	22.0	154.0	2 002.0	104 104.0
青年母猪	378.0	2 646.0	34 398.0	1 788 696.0
空怀配种母猪	152.0	1 064.0	13 832.0	719 264.0
妊娠期母猪	563.2	3 942.4	51 251.2	2 665 062.4
哺乳期母猪	625.0	4 375.0	56 875.0	2 957 500.0
15～35日龄仔猪	3 52.5	2 467.5	32 077.5	1 668 030.0
36～70日龄小猪	954.0	6 678.0	86 814.0	4 514 328.0
71～180日龄肉猪	5 796.0	40 572.0	527 436.0	27 426 672.0
总计	8 907.7	62 353.9	810 600.7	42 151 236.4

第二步：根据计算结果，饲料损耗率按0.5%计，制订各种配合饲料的季度供应量计划，并填入表3-8中。

表 3-8　青海省格尔木市某规模化猪场各类猪群季度饲料损耗量与供应量

单位：kg

饲料名称	日均用量	季需要量	损耗量	季供应量
种公猪料	65.0	5 915.0	295.8	6 210.8
后备公猪料	22.0	2 002.0	100.1	2 102.1
青年母猪料	378.0	34 398.0	1 719.9	36 117.9
空怀配种母猪料	152.0	13 832.0	691.6	14 523.6
妊娠期母猪料	563.2	51 251.2	2 562.6	53 813.8
哺乳期母猪料	625.0	56 875.0	2 843.8	59 718.8
15～35日龄仔猪料	352.5	32 077.5	1 603.9	33 681.4
36～70日龄小猪料	954.0	86 814.0	4 340.7	91 154.7
71～180日龄肉猪料	5 796.0	527 436.0	26 371.8	553 807.8
总计	8 907.7	810 600.7	40 530.2	851 130.9

第三步：经市场调查或问询猪场，了解饲料单价，计算金额后填入饲料供应计划表3-9。

表 3-9 青海省格尔木市某规模化猪场年度饲料供应计划

序号	饲料名称	计量单位(kg)	日均用量(kg)	单价(元/kg)	金额(元/d)	每季供应量（kg）				备注
						一季度	二季度	三季度	四季度	
1	仔猪料									
2	玉米									
3	豆粕									
4	菜粕									

【案例与分析】

生长育肥猪不同阶段的饲料报酬分析

一、案例简介

广西柳州某规模化养猪场是一个年出栏 7 000 头生长育肥猪的规模化养猪场。据调查，该猪场将生长育肥猪的饲养阶段划分为哺乳、保育、小猪、中猪和大猪五个阶段，2010—2012 年的生产资料统计显示：生长育肥猪 28 日龄、49 日龄、79 日龄、119 日龄、160 日龄的期末平均体重分别为 7kg、21kg、30kg、60kg、90kg，各阶段的日平均耗料量分别为 0.31kg、0.55kg、1.12kg、1.94kg、1.85kg，整个育肥期的平均总耗料量为 207.3kg。结果表明，生长育肥猪在体重 80～119kg 时耗料量达到最大，之前耗料量随日龄的增加呈上升态势，之后呈下降态势。请结合项目三"猪的饲料配合与供应计划"的相关知识和要求，认真分析案例资料，指出生长育肥猪各阶段的平均日增重、料肉比及耗料量变化规律。

二、案例分析

1. 猪的平均日增重、料肉比及耗料量分析 生长育肥猪各阶段的平均日增重、料肉比及耗料量分析如表 3-10 所示。

表 3-10 生长育肥猪各阶段的平均日增重、料肉比及耗料量

日龄阶段	饲养日(d)	期末平均体重(kg)	平均日增重(g)	平均日采食量(g)	料肉比	阶段耗料(kg)	所占比例(%)
1～28	28	7	250	313	1.25	8.7	4
29～49	21	14	333	546	1.64	11.5	6
50～79	30	30	533	1 125	2.11	33.8	16
80～119	40	60	750	1 935	2.58	77.4	37
120～160	41	90	732	1 851	2.53	75.9	37
合计						207.3	100

2. 猪的日采食量与耗料量的变化 通过分析表 3-10 可以看出：生长育肥猪的日采食量、耗料量随着日龄的增大而增大，其中哺乳仔猪、保育仔猪、小猪阶段的耗料量只占到总

耗料量的 26%，而中猪、大猪阶段的耗料量占到总耗料量的 74%。由此可见，降低生长育肥猪的饲料成本，中猪和大猪阶段是关键。

3. 猪的平均日增重与料肉比的变化 通过分析表 3-10 可看出：生长育肥猪的平均日增重、料肉比随着日龄的增大而增大，并在体重 80～119kg 时达到最高峰，但就单位体重的相对增重来看，日龄越小，相对增重越快，饲料报酬（料肉比）也越高。由此可见，在生产中降低生长育肥猪的饲料成本，虽然中猪和大猪阶段是关键，但乳猪和保育猪阶段的充分饲养也至关重要。

> **小贴士**
>
> **提高生长育肥猪的生产效益**
>
> 生长育肥猪是猪场的主要产品，其生长发育的快慢、饲料报酬的高低和出栏时间的早晚与养猪生产效益有着密切关系。生长育肥猪日龄小，耗料少，但相对生长快，饲料报酬高；生长育肥猪日龄大，耗料多，但绝对增重快，饲料报酬低。根据这一规律，在养猪生产实践中，应充分利用猪的耗料量、平均日增重和饲料报酬的变化规律，在不同的阶段采取科学的饲养方法，切实提高生长育肥猪的生产效益。

【信息链接】

(1) NY/T 119—1989《饲料用小麦麸》。

(2) GB/T 19164—2003《鱼粉》。

(3) GB/T 19541—2004《饲料用大豆粕》。

(4) NY/T 65—2004《猪饲养标准》。

(5) NY/T 1029—2006《仔猪、生长育肥猪维生素预混合料》。

(6) GB/T 20193—2006《饲料用骨粉及肉骨粉》。

(7) NY 5032—2006《无公害食品　畜禽饲料和饲料添加剂使用准则》。

(8) GB/T 23184—2008《饲料企业 HACCP 安全管理体系指南》。

(9) GB/T 17890—2008《饲料用玉米》。

(10) GB/T 5915—2008《仔猪、生长猪配合饲料》。

(11) NY/T 471—2010《绿色食品　畜禽饲料及饲料添加剂使用准则》。

(12)《饲料和饲料添加剂管理条例》。

(13)《中国饲料成分及营养价值表》。

项目四　猪的选种选配和杂交繁殖

学习目标

了解猪的生物学特性；记住常用猪品种的特征；知道猪的选种、选配、引种和杂交利用方法；懂得猪的繁殖规律和适时配种；掌握猪的人工授精、妊娠诊断和接产护仔技术。

学习任务

任务1　猪的生活习性及品种

一、猪的生物学特性

猪在进化过程中形成了多种生物学特性，不同的猪种，既有其种属的共性，又有它们各自的特性。在生产实践中，应不断认识和掌握猪的生物学特性，并按适当的条件加以利用和改造，实行科学养猪，达到高产、优质、高效的目的。猪的生物学特性如下：

1. 性成熟早，多胎高产　猪的性成熟早，一般4~5月龄达到性成熟，6~8月龄即可初次配种。我国地方猪种性成熟早于国外猪种。

猪是常年发情的多胎动物，妊娠期短，平均114d，1岁时或更早的时间便可第一次产仔。一年能产2~2.5胎。经产母猪平均一胎产仔10~12头。我国太湖猪产仔数高于其他地方猪种和国外引入猪种，窝产活仔数平均超过14头，个别高产母猪一胎产仔超过22头，曾有一胎产仔42头的最高纪录。

生产实践中，可对繁殖母猪实行产后激素处理，提前断奶等措施，减少母猪空怀期，缩短产仔间隔，力争达到母猪两年产五胎或一年产三胎；也可利用激素对母猪进行超数排卵和通过育种手段提高母猪窝产仔数。后备种猪公母混养或圈栏不牢，易出现早配，影响后备猪的培育和利用年限。

2. 食性广泛，饲料来源广　猪是杂食动物，有发达的臼齿、切齿和犬齿。猪胃是肉食动物的简单胃与反刍动物的复杂胃之间的中间类型，既具有草食兽的特征，又具备肉食兽的特点。此外，猪具有坚强的鼻吻，嘴筒突出有力，吻突发达，能有力地掘食地下块根、块茎饲料。因而，采食饲料种类多，来源广泛，能充分利用各种动、植物饲料和矿物质饲料。由于猪胃内没有分解粗纤维的微生物，几乎全靠大肠内微生物分解，因此，对饲料中粗纤维的消化利用能力较差，仅为3%~25%。

生产实践中，一是广辟饲料资源，利用广大农村丰富的农副产品作为饲料原料；二是在配合饲料生产中，根据猪的年龄合理确定日粮中粗饲料的用量，乳猪料中粗饲料用量在4%以内，50kg以下生长猪用量在6%以内，50kg以上生长猪用量在15%以内，母猪粗饲料在20%以内；三是建造牢固的猪舍，猪舍地面用水泥抹光，防止猪拱墙拱地引起猪舍倒塌和损坏，造成不必要的经济损失。

3. 生长快，发育迅速，经济成熟早 在肉用家畜中，猪和马、牛、羊相比，无论是胚胎期还是生后生长期都是最短的，但生长强度最大。各种家畜的生长强度比较如表 4-1 所示。

表 4-1 各种家畜的生长强度比较

畜别	合子重(mg)	初生重(kg)	成年重(kg)	怀孕月数	体重加倍数			生长期(月)
					胚胎期	生长期	整个生长期	
猪	0.40	1	200	3.8	21.25	7.64	28.89	36
牛	0.50	35	500	9.5	26.06	3.84	30.00	48～60
羊	0.50	3	60	5.0	22.52	4.32	26.84	24～56
马	0.60	50	500	11.3	26.30	3.44	29.75	60

猪在生后两个月内生长发育最快，一月龄体重为初生重的 5～6 倍，2 月龄体重为 1 月龄的 2～3 倍，断奶后至 8 月龄前，生长仍很迅速，后备母猪在 8～10 月龄，体重可达成年体重的 50%～70%，体长可达成年体长的 70%～80%。瘦肉型猪生长发育快是其突出的特性，160～170 日龄体重可达到 90～100kg，即可出栏上市，相当于初生重的 90～100 倍。

生产实践中，一是充分发挥其生长快的特点，生长期提供全价平衡日粮，创造适宜的生活环境，促使其以最少的饲料生产出最多的猪肉；二是做好出生仔猪的护理，因猪的胚胎期短，同窝个体多，初生重小，发育不充分，对外界抵抗力差，如果护理不当，常引起发病或死亡。

4. 嗅觉和听觉灵敏，视觉不发达 猪的鼻子嗅区广阔，分布在嗅区的嗅神经密集。因此，猪的嗅觉非常灵敏。据测定，猪对气味的识别能力强于狗 1 倍，比人强 7～8 倍。仔猪生后几小时便能鉴别气味，依靠嗅觉寻找乳头，3d 内即可固定乳头，在任何情况下，不会弄错；母猪能用嗅觉识别自己产下的仔猪，排斥别的母猪所生仔猪；猪灵敏的嗅觉在公、母性联系中也发挥很大作用，例如发情母猪闻到公猪特有的气味后，即使公猪不在场，也会表现"呆立"反应，同样，公猪能敏锐地闻到发情母猪的气味，即使距离很远也能准确辨别出母猪所在方位。猪能用嗅觉区别排粪尿处和睡卧处，有的猪进圈后调教不当，第一次在圈内某处排泄粪尿，以后常在该处排泄粪尿。

猪的耳大，外耳腔深而广，听觉发达，即使很微弱的声响，也能敏锐地觉察到。猪的头部转动灵活，可以迅速判断声源方向和声音的强度、音调和节律。生产实践中，通过呼名和口令的训练，可使猪只建立起条件反射。仔猪生后几小时，就对声音有反应，3～4 月龄能辨别出不同声音刺激物。猪对意外声响敏感，尤其是与吃喝有关的声响特别敏感，听到喂猪的铁桶等用具声响时，立即起立望食，发出饥饿叫声。

猪的视觉很弱，视距、视野范围小，缺乏精确的辨别能力。对光刺激的条件反射比声刺激慢，对光的强弱和物体形态的分辨能力较弱，辨色能力较差。

生产实践中，一是并窝合群或"寄养"时，为防止相互咬斗，母猪咬伤、咬死寄养仔猪，寄养前应在仔猪身上涂抹所寄母猪尿液、胎水、奶汁等。母猪不能区分真伪，便不会攻击寄养仔猪。二是防止母猪压伤、压死仔猪。由于母猪视觉差，躺卧时常会压住仔猪，造成仔猪伤亡，可在母猪躺卧区的围墙或围栏上设置一些突出物，母猪躺卧时不能直接卧到围栏或围墙根基，以便仔猪逃跑，减少压伤、压死事故，有条件的可采用母猪限位栏。三是保持猪舍环境安静，减少猪群骚动，提高饲料转化和营养沉积，促进猪只生长，可采用定时定次集中给料的方法饲喂，尽量减少非生产人员进入猪舍，谢绝外来人员参观。四是防止母猪偷配，母猪发情后常依靠嗅觉寻找公猪配种，管理不善易造成偷配，影响配种计划。五是利用各种口令等声音刺激，对猪进行采食、卧息和排粪尿的定位调教，使其尽快建立条件反射。六是利用猪视觉差的特点，用假母猪对公猪进行采精训练。

5. 对环境温度敏感 猪对环境温度很敏感，天气的冷热变化会影响猪的健康和生长。仔猪因个体小、皮薄、毛稀、皮下脂肪少、体温调节能力差而怕冷；成年猪因汗腺不发达、皮下脂肪层厚，阻碍大量体热散发而怕热。成年猪适宜温度为 18~24℃，超过适宜温度食欲减退，甚至中暑死亡。新生仔猪适宜的温度在 30℃ 以上。

生产实践中，夏季炎热应降温，冬季寒冷应保温。工厂化养猪生产应提供密闭环境全控式饲养方式，为生长猪提供一个适宜的生产环境，以减少疾病的发生，提高饲料利用率，促进生长，增加养猪效益。仔猪舍和仔猪栏内应设置供暖设备，如红外线灯或电热板。

6. 群体位次明显，爱好清洁 猪合群性较强，且有排位次的习性。同窝猪群居时，彼此相安无事，不同窝并群时，开始时会激烈咬斗，直至排出各自位次，之后才能正常生活。实践证明，猪群头数过多，难以建立位次且咬斗频繁，应注意合理组群。猪有爱好清洁的习惯，不在吃、睡地方排泄粪尿，喜欢在墙角、潮湿、隐蔽、有粪便气味处排泄。将新入圈的猪调教 3d，并不断强化，以后就会在规定的地点躺卧、采食和排便，有利于保持圈舍清洁卫生。

生产实践中，一是猪合群并窝时，群体不宜太大，个体大小不能相差悬殊，以免长时间排不出位次，增加咬斗次数和伤亡事故；二是不宜经常调群合群，以免猪群咬斗；三是仔猪出生后及时固定乳头，以免仔猪之间弱肉强食，相互争斗，造成伤亡；四是训练猪在固定位置采食、排泄和躺卧，以便搞好舍内的清洁卫生工作。

二、猪的行为学特性

猪和其他动物一样，对其生活环境、气候和饲养管理等条件的反应都有特殊的表现，而且有一定的规律性。如果掌握了猪的行为学特性，并能在生产中合理利用，便可提高猪的生产性能和养猪经济效益。

1. 采食行为 猪的采食行为包括吃食和饮水。拱土觅食是猪生来就有的一种突出特征，鼻子在猪的采食行为中作用特殊，猪只拱土觅食时，嗅觉起着决定性的作用。猪的采食具有选择性，特别喜爱甜食。颗粒料与粉料相比，猪爱吃颗粒料，干料与湿料相比，猪爱吃湿料。猪的采食具有竞争性，群饲的猪比单饲的猪吃得多、吃得快，增重也快。猪白天采食 6~8 次，比夜间多 1~3 次，每次采食时间 10~20min，限饲时少于 10min。仔猪每昼夜吸吮母乳的次数因日龄不同而异，在 15~25 次，占昼夜总时间的 10%~20%，大猪的采食量和摄食频率随体重增加而增加。

在多数情况下，猪的采食与饮水同时进行。仔猪出生后就要饮水，仔猪吃料时饮水量约为干料的 2 倍，即料水比为 1:2。成年猪饮水量除与饲料类型有关外，很大程度上取决于环境温度。吃颗粒料的小猪，每昼夜饮水 9~10 次，吃湿料平均 2~3 次，吃干料的猪每次采食后立即饮水。自由采食的猪通常采食与饮水交替进行，限制饲喂的猪则在吃完料后才饮水。通过模仿，2月龄的小猪即可学会使用自动饮水器饮水。

2. 排泄行为　猪不在采食和休息的地方排泄粪尿，这是其祖先遗留下来的本能，因为野猪不在窝边排泄粪尿，避免被敌兽发现。

猪爱好清洁，窝床保持干燥清洁，在猪栏内远离窝床的固定地点排泄粪尿。猪排粪尿有一定的时间和区域，一般情况下，多在采食、饮水后或起卧时，选择阴暗潮湿或污浊的角落排泄粪尿。据观察，猪饮食后5min左右开始排粪1~2次，多为先排粪后排尿，饲喂前也有排泄的，但多为先排尿后排粪，在两次饲喂的间隔时间里，多为排尿而很少排粪，夜间一般排粪2~3次，早晨的排泄量最大。

3. 群居行为　猪的群居行为可以表现出较多的身体接触和信息传递活动。在没有猪舍的情况下，猪能够寻找固定地方居住，表现出定居漫游的习性。猪既有合群性，也有以大欺小、以强欺弱和竞争好斗的习性，猪群越大，表现越明显。

一个稳定的猪群，是按优势序列原则组成具有等级的社群结构。重新组群后，稳定的社群结构发生变化，就会发生激烈争斗，直至重新组成新的社群结构。猪群有明显的等级，这种等级在猪出生后不久即形成。仔猪出生后几个小时内，为争夺母猪前端乳头会出现争斗行为。猪群等级最初形成时，以攻击行为最为多见。等级顺序的建立，受群体的品种、体重、性别、年龄和气质等因素的影响。体重大的、气质强的猪占优位，年龄大的比年龄小的占优位，公猪比母猪、未去势比去势的猪占优位，体型小及新加入到原有群中的猪列于次位。

4. 争斗行为　争斗行为主要是进攻、防御、躲避和守势等活动，生产中常由争夺饲料和地盘而引起。一头陌生的猪进入猪群中，便会成为全群攻击的对象，轻者伤及皮肉，重者造成死亡。若将两头性成熟的陌生公猪赶在一起会发生激烈的争斗，可持续1h以上，屈服的猪调转身躯，嚎叫着逃离争斗现场，虽然两猪之间的格斗很少造成伤亡，但对一方或双方都会造成巨大的损耗。炎热的夏天，两头幼龄公猪之间的格斗，因体温升高及虚脱常造成一方或双方死亡。

猪的争斗行为受饲养密度的影响，猪群密度过大，每头猪所占空间减少，群内咬斗次数增加，吃料攻击行为增加。争斗有两种形式，一是咬对方的头部，二是猪群中相互咬尾。

5. 性行为　性行为主要包括发情、求偶和交配行为。母猪在发情期可见到特异的求偶表现，公猪只表现一些交配前的配种行为。

发情初期，母猪卧立不安，食欲忽高忽低，发出特有的音调柔和且有节律的哼哼声，爬跨其他母猪，或等待其他母猪爬跨，频频排尿，公猪在场时排尿更为频繁；发情中期，母猪性欲强烈，公猪接近时，调其臀部靠近公猪，闻公猪的头、肛门和阴茎包皮，紧贴公猪不走，甚至爬跨公猪，最后站立不动，接受公猪爬跨，压迫母猪背部会出现"呆立反射"。

公猪接触发情母猪，会追逐母猪，嗅其体侧肋部和外阴部，将嘴插到母猪两后腿之间，往上拱母猪臀部，空嚼分泌唾液泡沫，发出低且有节奏的、连续的、柔和的喉音哼声，人们把这种特有的叫声称为"求偶歌声"。公猪性兴奋时，出现有节奏的排尿。公猪的爬跨次数与母猪的稳定程度有关，射精时间3~20min。

有的母猪由于体内激素分泌失调，而表现性行为亢进或衰弱。公猪由于遗传、近交、营养和运动等原因，常出现性欲低下，或出现自淫行为。群养公猪，常会形成稳固的同性性行为，群内地位较低的个体常成为受爬跨的对象。

6. 母性行为 母性行为主要是分娩前后母猪的一系列行为，如叼草絮窝、哺乳及哺育和保护仔猪的行为。母猪临近分娩时，通常衔取干草或树叶造窝，如果栏内是水泥地面，会用蹄子扒地来表示。分娩前24h，母猪表现神情不安、频频排尿、磨牙、摇尾、拱地、时起时卧、不断改变姿势。母猪分娩时多侧卧，选择最安静时间分娩，一般在下午4时以后，多在夜间产仔。第一头仔猪产出后，母猪不去咬断仔猪脐带，也不舔仔猪，在生出最后一个胎儿以前，不去注意自己产出的仔猪，有时发出尖叫声。小猪吸吮母乳时，母猪四肢伸直亮出乳头，让出生仔猪吃乳。

母猪整个分娩过程中，都处在放乳状态，并不停地发出哼哼声，乳头饱满，乳汁流出，使仔猪容易吸吮。母猪分娩后以充分暴露乳房的姿势躺卧，引诱仔猪挨着母猪乳房躺下。授乳时常采取左倒卧或右倒卧姿势，一次哺乳中间不转身，母猪以低度有节奏的哼叫声呼唤仔猪哺乳，仔猪发出召唤声和持续地轻触母猪乳房以刺激放乳，一头母猪哺乳时母仔的叫声，常会引起同舍内其他母猪哺乳。

正常的母仔关系，一般维持到断奶为止。母猪非常注意保护自己的仔猪，在行走、躺卧时十分谨慎。母性好的母猪躺卧时，多选择靠栏三角地并不断用嘴将仔猪拱离卧区后慢慢躺下，遇到仔猪被压，听到仔猪尖叫声时，马上站起，防压动作重复一遍，直到不压仔猪为止。

母猪对外来的侵犯，会发出报警的吼声，仔猪闻声逃窜或者伏地不动，母猪会用张合上、下颌的动作对侵犯者发出威吓，甚至进行攻击。地方猪种母猪的护仔表现突出，因此有农谚"带仔母猪胜似狼"的说法，现代培育品种和瘦肉型猪种，母性行为有所减弱。

7. 活动与睡眠 猪的行为有明显的昼夜节律，活动多数在白天，在温暖季节和夏天，夜间也有活动和采食，遇上阴冷天气，活动时间缩短。猪昼夜活动因年龄及生产性能不同而有所差异，仔猪昼夜休息时间平均60%~70%、公猪70%、母猪80%~85%、肥猪70%~85%。休息高峰在半夜，清晨8时左右休息最少。

哺乳母猪睡卧时间随哺乳天数的增加逐渐减少，走动次数由少到多，时间由短到长。哺乳母猪睡卧休息有两种形式，一是静卧，二是熟睡。静卧休息姿势多为侧卧，呼吸轻而均匀，虽闭眼但易惊醒；熟睡为侧卧，呼吸深长，有鼾声且常有皮毛抖动，不易惊醒。

仔猪生后3d内，除吮乳和排泄外，几乎酣睡不动，随体重增加和体质增强，活动量逐渐增多，睡眠减少，到40日龄大量采食后，睡卧时间又会增加，饱食后安静睡眠。仔猪活动与睡眠一般都效仿母猪。仔猪出生后10d左右，便开始与同窝仔猪群体活动，单独活动少，睡眠休息表现为群体依偎睡卧。

8. 探究行为 探究行为是探查活动和体验行为。猪一般通过看、听、闻、尝、啃、拱等方式进行探究活动，并对环境发生经验性的交互作用。猪对新近探究中所熟悉的事物，表现出好奇、亲近两种反应，仔猪对环境中的事物都很"好奇"，对同窝仔猪表示亲近。

仔猪的探究行为是用鼻拱、口咬周围环境中的新东西来表现，用吻突摆弄周围环境物体的探究行为，持续时间比群体玩闹的时间长。猪在采食时首先是拱掘动作，而后用鼻闻、拱、舔、啃，当诱食料合乎口味时，便开口采食。仔猪确定吸吮母猪乳头的序位和区分猪栏内睡卧、采食、排泄区域的行为，常常是用嗅觉区分不同气味而形成探究行为。另外，母仔之间通过嗅觉、味觉而彼此准确识别也是重要的探究行为。

9. 后效行为　后效行为是随着仔猪出生后对新鲜事物的熟悉而逐渐建立起来的。猪对吃、喝的记忆力强，对饲喂的工具、食槽、饮水槽及其方位，易建立起条件反射。小猪在人工哺乳时，每天定时饲喂，只要按时给以笛声或铃声或饲喂用具的敲打声，训练几次，即可建立条件反射，到指定地点吃食。

了解猪的行为学特性，可以为养猪生产者饲养管理好猪群提供科学依据。在整个养猪生产工艺流程中，充分利用这些行为特性，精心安排各类猪群的生活环境，使猪群处于最佳生长状态，才能充分发挥猪的生产潜力，获取最大经济效益。

三、猪的类型及品种

（一）猪的经济类型特征

生产中根据不同猪种生产肉脂的性能和相应的体躯结构特点，将猪的类型按经济用途划分为瘦肉型、脂肪型和兼用型。

1. 瘦肉型猪

(1) 体型外貌。体躯呈流线型（长条形），结构紧凑，体格较大，前躯轻、后躯重，头颈小，体躯长，背腰平直或略弓起，腿臀丰满，腹部紧凑，四肢较高，毛色整齐，体长大于胸围。

(2) 生产性能。胴体瘦肉率55%～60%，背膘厚3cm以下，育肥期平均日增重700～850g，饲料利用率2.8～3.0，出栏时间早，经济效益好；肉质差（肌纤维粗、肌间脂肪少、PSE肉多），产仔少，应激强，饲养管理要求高等是其缺点。

(3) 典型代表。如从国外引入我国的优良猪种。

2. 脂肪型猪

(1) 体型外貌。体躯呈方砖形，结构疏松，体格较小；头形粗糙，毛色较杂；体躯短宽，腹部下垂；腿臀狭窄，四肢较矮；体长小于胸围或基本相等。

(2) 生产性能。胴体瘦肉率38%～45%，肥肉率35%～43%，背膘厚5～6cm以上，肌纤维细，肉味香，性成熟早，繁殖力强，母性好，耐粗饲，适应性、抗应激能力强。育肥期平均日增重500～600g，饲料利用率4～5，脂多皮厚、瘦肉率低、育肥时间长、经济效益差等是其缺点。

(3) 典型代表。如我国的大多数地方猪种。

3. 兼用型猪

(1) 体型外貌。体躯呈长方形或正方形，体格中等大小，后躯略发达于前躯，背腰中等长，腿臀较丰满，四肢略高，毛色整齐，体长略大于胸围或基本相等。

(2) 生产性能。介于脂肪型和瘦肉型猪之间，胴体瘦肉率45%～55%，背膘厚3～5cm，育肥期平均日增重600～700g，饲料利用率3.5～4.0。

(3) 典型代表。如我国的大多数培育猪种。

（二）我国地方猪种及特性

我国养猪历史悠久，生态环境多样，几千年来，在复杂的生态环境作用下和我国劳动人民精心的培育下，形成了丰富的地方猪种资源。根据2004年1月出版的《中国畜禽遗传资源状况》统计，我国已认定的596个畜禽品种中，猪种99个（其中地方品种72个，培育品种19个，引入品种8个），加上2004年以来审定的新品种和配套系6个，共105个猪种，是世界猪种资源宝库的重要组成部分。根据生产性能、体质外形、分布等情况，结合当地自然条件、饲料条件、农业和人类迁移等情况，可将我国地方猪种分为华北型、华南型、华中型、高原型、江海型和西南型六大类型。

我国地方猪种的种质特性如下：①繁殖力强。无论公猪还是母猪，性成熟早，初配日龄早。母猪发情明显、排卵多，一般20～30枚，胚胎成活率高、产仔数多、泌乳力强。公猪性欲好，配种能力强。②耐粗饲。消化粗纤维能力强，能大量利用青粗饲料，饲料来源广泛。在较低的营养水平下，获得一定的日增重。③抗逆性强。华北型猪具有较强的抗寒能力，华南型猪能耐受潮湿和高温环境。另外，我国地方猪种还具有抗病力强、对饥饿耐受力强及高海拔适应能力强等特点。④肉质优良。我国地方猪肉色鲜红，肉内含水量少，脂肪熔点高，肌纤维间大理石样花纹明显，肉质细嫩多汁，口感嫩滑，味香质嫩。⑤性情温顺，母性强。我国地方猪种性情温顺，便于管理和调教。母猪护仔能力强，仔猪断奶育成率比较高。⑥携带特殊基因。我国地方猪种资源的特殊基因中，具有较大优势的是矮小基因（或微小基因）。贵州和广西的香猪、海南的五指山猪、云南的版纳微型猪以及台湾的小耳猪，是我国特有的猪种资源。这些猪成年体高35～45cm，体重只有40kg左右，具有性成熟早、体型小、耐粗饲、易饲养和肉质好等特性，是理想的医学实验动物模型。

另外，微型猪体成熟早，幼小时又无奶腥味，是制作烤乳猪的最佳原料，具有广阔的市场开发利用前景。

我国地方猪种虽具有以上优良种质特性，但同时也存在生长缓慢、胴体脂肪多和皮厚等缺点，需要扬长避短，合理开发利用。

1. 民猪 原名东北民猪，产于东北和华北部分地区。分为大民猪、二民猪和荷包猪三个类型，其中二民猪数量最多。

（1）体型外貌。全身被毛黑色，鬃长毛密，冬季密生绒毛。头中等大小，面直长、耳大下垂、体躯扁平、背腰狭窄、臀部倾斜、四肢粗壮、体质强健，乳头7～8对。

（2）生长发育与生产性能。成年公猪体重195kg，成年母猪体重151kg。经产母猪平均产仔数13.5头，仔猪初生重0.98kg。18～92kg肥育期平均日增重458g，90kg屠宰时，屠宰率72.5%，胴体瘦肉率46.1%。该猪的优点是抗寒、耐粗饲、产仔多、肉脂品质好，但后腿肌肉不丰满，饲料利用率低。

（3）杂交利用。以民猪为母本分别与大约克夏猪、长白猪和杜洛克猪等进行经济杂交，效果良好。

2. 太湖猪 主要分布于长江下游，江苏、浙江和上海交界的太湖流域，由二花脸猪、梅山猪、枫泾猪、嘉兴黑猪、焦溪猪、横泾猪、米猪和沙乌头猪等类型组成，目前以梅山猪、二花脸猪、嘉兴黑猪较多。

（1）体型外貌。全身被毛稀疏，但各类群间有一定差别，毛黑色或青灰色。头大额宽，额部多深皱褶，耳特大下垂。卧系、凹背斜尻，腹大下垂，腹部皮肤多呈紫红色，梅山猪、枫泾猪和嘉兴黑猪的四肢末端为白色。乳房发育良好，乳头8～9对。

（2）生长发育和生产性能。成年梅山公猪体重193kg，成年梅山母猪体重173kg。经产母猪平均产仔数15.83头，是我国乃至全世界猪种中产仔数最多的品种。梅山猪在体重25～90kg阶段，平均日增重439g。90kg体重屠宰，屠宰率65%～70%，胴体瘦肉率40%～

45%。太湖猪具有产仔多、泌乳力强、母性好、肉鲜味美等优点,但大腿欠丰满,增重较慢。

(3) 杂交利用。太湖猪最宜作杂交母本,以太湖猪为母本与杜洛克、长白猪和大约克夏猪杂交,效果良好。

3. 两广小花猪 分布于广东和广西相邻的浔江、西江流域的南部,是由陆川猪、福绵猪、公馆猪和广东小耳花猪归并,1982年统称为两广小花猪。

(1) 体型外貌。体型较小,具有头短、颈短、身短、耳短、脚短和尾短的特点,故有"六短猪"之称。额较宽,有O形或菱形波纹,中间有三角形白斑。耳小向外平伸,背腰宽而凹下,腹大触地。被毛稀疏,毛色为黑白花,乳头6~7对。

(2) 生长发育与生产性能。成年公猪体重130.96kg,成年母猪体重112.12kg。经产母猪平均产仔数10.36头。陆川猪在体重15~90kg阶段,平均日增重307g。体重75kg屠宰,屠宰率68%,胴体瘦肉率37.2%。两广小花猪具有早熟易肥、产仔较多、母性强、肉脂好等优点。但存在凹背、腹大拖地、生长发育较慢等缺点。

(3) 杂交利用。以两广小花猪为母本同长白猪、大约克夏猪杂交,效果较好。

4. 华中两头乌猪 产于湖北、湖南、江西、广东等省和沿江滨湖平原以及江南丘陵地区。1982年召开的华中两头乌猪学术讨论会商定,将原来湖北的通城猪和监利猪、湖南的沙子岭猪、江西的赣南两头乌猪和广西东山猪,归并定名为华中两头乌猪。

(1) 体型外貌。头和臀部为黑色,四肢、躯干为白色。头短宽,额部皱纹呈菱形,耳中等大下垂,背腰微凹,腹大下垂,后躯欠丰满,乳头多为6~7对。

(2) 生长发育与生产性能。成年公猪体重100kg,成年母猪体重90kg。经产母猪平均产仔数11头。中等营养水平下,育肥猪在15~80kg阶段,平均日增重400g。体重75kg屠宰,屠宰率71%,胴体瘦肉率41%~43%。华中两头乌猪具有早熟易肥,生长较快、肉脂细嫩、肉味鲜美等优点。

(3) 杂交利用。以华中两头乌猪作母本,与长白猪、大约克夏猪、杜洛克等猪种杂交,杂种一代均表现较明显的杂种优势。我国著名的瘦肉型培育品种湖北白猪就是利用长白猪、大约克夏猪和通城猪杂交而成。

5. 荣昌猪 原产于四川荣昌和隆昌地区,主要分布在永川、泸县和江津等地。

(1) 体型外貌。体型较大,全身被毛除两眼周围或头部有黑斑外,其余均为白色。头大小适中,面部微凹,耳中等大小而下垂,额部皱纹横行,有旋毛。背腰微凹,腹大而深,臀部稍倾斜,四肢细致、结实,鬃毛洁白刚韧,乳头6~7对。

(2) 生长发育与生产性能。成年公猪体重158kg,成年母猪体重144.2kg。经产母猪平均产仔数12头。中等营养水平下,育肥猪在20~80kg阶段,平均日增重488g。育肥猪体重87kg屠宰,屠宰率69%,胴体瘦肉率42%~46%。荣昌猪具有早熟易肥、耐粗饲、肉脂优良、鬃毛洁白刚韧等优点,但抗寒力稍差,后腿欠丰满。

(3) 杂交利用。用大约克夏猪、长白猪、杜洛克猪、汉普夏猪等猪种作父本与荣昌猪杂交,一代杂种猪均有一定杂种优势,其中长白猪与荣昌猪配合力较好。

6. 香猪 香猪是我国超小型地方猪种之一,分布在贵州的从江和三都以及广西的环江等地。

(1) 体型外貌。体躯短小、头较直、耳较小而薄、略向两侧平伸或稍下垂。背腰宽而微凹，腹大丰圆触地，后躯较丰满。四肢细短，后肢多卧系。毛色多全黑，但亦有"六白"或不完全"六白"特征。乳头5~6对。

(2) 生长发育与生产性能。成年公猪体重37.4kg，成年母猪体重40kg，经产母猪平均产仔数5~8头。在较好的饲养条件下，从90日龄体重3.72kg肥育至180日龄体重22.61kg，平均日增重210g。体重38.8kg屠宰，屠宰率65.7%，胴体瘦肉率46.7%。香猪具有早熟易肥，皮薄骨细，肉嫩味美，乳猪和断奶仔猪无奶腥味等优点。

(3) 开发利用。香猪用作烤乳猪、腊肉别有风味。微型香猪作为实验动物和城镇家庭宠物，具有很大的发展潜力。

(三) 我国培育的猪种及特性

我国的猪种或品系的育成，起始于国外品种的引入以及利用国外优良品种杂交改良我国的地方猪种。培育品种保留了我国地方品种母性强、发情明显、繁殖力高、肉质好、适应性强、能大量利用青粗饲料等优点，同时改进其增重慢、饲料利用率低、屠宰率低、体型结构不良、胴体中皮下脂肪多、瘦肉少等缺点。从新中国成立到现在，全国各地都在大力开展猪的杂交改良工作，到目前为止，共育成40多个猪的新品种或品系，这些新品种或品系的类型主要以瘦肉型和肉脂兼用型为主。

1. 三江白猪 原产于黑龙江佳木斯地区，现主要分布在黑龙江东部三江平原地区。三江白猪是利用长白猪和民猪正反交，一代杂种母猪再与长白猪公猪回交，经闭锁繁育于1983年育成的我国第一个瘦肉型猪种。

(1) 体型外貌。全身被毛白色，毛丛稍密，体型近似长白猪，具有典型的瘦肉型猪的体躯结构。头轻嘴直，耳大下垂，背腰宽平，腿臀丰满，四肢粗壮，蹄质结实，乳头7对，排列整齐。

(2) 生长发育与生产性能。成年公猪体重250~300kg，成年母猪体重200~250kg。经产母猪平均产仔数12.4头。6月龄肥育猪体重达90kg以上，平均日增重666g，饲料利用率3.5以下。肥育猪90kg体重屠宰，胴体瘦肉率58.6%。三江白猪具有生长较快、耗料少、瘦肉多、肉质好、抗寒力强等优点。

(3) 杂交利用。三江白猪与杜洛克猪、汉普夏猪等品种具有较好的配合力，既可以作杂交父本，也可以作杂交母本。

2. 湖北白猪 原产于湖北省武汉市，在湖北省大部分地区均有分布。是利用通城猪、荣昌猪与长白猪和大约克夏猪进行杂交选育，于1986年育成的我国第二个瘦肉型猪种。

(1) 体型外貌。全身被毛白色，体型中等，头颈较轻，面部平直或微凹，耳中等大前倾或稍下垂，背腰较长，腹线较平直，前躯较宽，中躯较长，腿臀肌肉丰满，四肢粗壮，蹄质结实，乳头6对。

(2) 生长发育与生产性能。成年公猪体重250~300kg，成年母猪体重200~250kg。经产母猪平均产仔数12头以上。6月龄肥育猪体重达90kg以上，20~90kg阶段平均日增重600~650g，饲料利用率3.5以下。肥育猪90kg屠宰，胴体瘦肉率59%以上。湖北白猪具有瘦肉多、肉质好、生长发育快、繁殖性能优良、适应性强、耐高温能力强等优点。

(3) 杂交利用。以湖北白猪为母本，与杜洛克猪、汉普夏猪杂交均具有较好的配合力，特别是与杜洛克猪杂交效果明显。

3. 苏太猪 原产于江苏省苏州市，现已向全国十余个省份推广。以世界上产仔数最多的太湖猪为母本，与长白猪、大约克夏猪、杜洛克猪相互杂交，于1999年培育成功，属瘦肉型猪品种。

（1）体型外貌。全身被毛黑色，耳中等大向前下方下垂，头面部有清晰皱纹，嘴中等长而直，四肢结实，背腰平直，腹部紧凑，后躯丰满，乳头7对，分布均匀。

（2）生长发育与生产性能。正常饲养条件下，6月龄后备公猪体重70～85kg，6月龄后备母猪体重72～88kg。经产母猪平均产仔数14.45头。6月龄体重达90kg以上，肥育猪体重25～90kg阶段，平均日增重623g，饲料利用率3.18，肥育猪90kg屠宰，屠宰率72.88%，胴体瘦肉率56%。苏太猪具有繁殖力强、耐粗饲、适应性强、肉质优良等优点。

（3）杂交利用。苏太猪是理想的杂交母本，与长白猪、大约克夏猪杂交，效果良好。

4. 哈尔滨白猪 简称为哈白猪，产于黑龙江省南部和中部地区，并广泛分布于滨洲、滨绥和牡佳等铁路沿线。哈白猪是东北农学院于1975年育成的我国第一个肉脂兼用型品种。

（1）体型外貌。体型较大，全身被毛白色，头中等大，两耳直立，颜面微凹，背腰平直，腹稍大但不下垂，腿臀丰满，四肢强健，体质结实，乳头7对以上。

（2）生长发育与生产性能。成年公猪体重200～250kg，成年母猪体重180～200kg。经产母猪平均产仔数11.3头。肥育猪体重15～120kg阶段，平均日增重587g。体重115kg屠宰，屠宰率74.75%，胴体瘦肉率45.1%。近年来经过选育提高的哈白猪平均日增重达650g，胴体瘦肉率56%以上。哈白猪具有抗寒力强、耐粗饲、生长较快、耗料较少等优点，是产区优良的杂交母本。

（3）杂交利用。哈白猪与民猪、三江白猪和东北花猪（黑花系）进行正反杂交，所得的一代杂种猪在肥育期平均日增重和饲料利用率上均具有较强的杂种优势。用哈白猪做母本，与杜洛克猪、长白猪猪、大约克夏猪进行杂交，具有较好的杂交效果。

5. 上海白猪 产于上海近郊，分布于上海市郊各县，是利用大约克夏猪、苏白猪等品种与本地猪经复杂育成杂交育成的肉脂兼用型品种。

（1）体型外貌。全身被毛白色，面部平直或略凹，耳中等大，略向前倾，体躯较长，背宽平直，腹较大，腿臀丰满，四肢强健，体质结实，乳头7对。

（2）生长发育与生产性能。成年公猪体重158kg，成年母猪体重177.6kg。经产母猪平均产仔数12.93头。肥育猪体重22～89.7kg阶段平均日增重615g，饲料利用率3.5左右。体重90kg屠宰时，屠宰率73%，胴体瘦肉率52.49%。上海白猪具有生长较快、胴体瘦肉率较高、产仔较多等优点，但青年母猪发情不明显。

（3）杂交利用。用上海白猪作母本，与杜洛克猪、大约克夏猪进行杂交，具有较好的杂交效果。

6. 北京黑猪 产于北京市各区县，是用巴克夏猪、约克夏猪、苏白猪及河北黑猪通过复杂杂交与系统选育于1982年育成的肉脂兼用型品种。

（1）体型外貌。全身被毛黑色，体型中等，结构匀称。头大小适中，两耳向前上方直立或平伸，面部微凹，额较宽，颈肩结合良好，背腰宽平，腹部不下垂，四肢健壮，腿臀较丰满，体质结实，乳头7对以上。

(2) 生长发育与生产性能。成年公猪体重 262kg，成年母猪体重 220kg。经产母猪平均产仔数 11.52 头。生长育肥猪在体重 20～90kg 阶段，平均日增重 650g，饲料利用率 3.36。体重 90kg 屠宰时，屠宰率 73％，胴体瘦肉率 56％。北京黑猪具有体形较大、生长较快、肉质好等特点。

(3) 杂交利用。用长白公猪与北京黑猪杂交，杂种母猪作母本，再用杜洛克猪或大约克夏猪作父本进行经济杂交，效果明显。

拓展知识

地方猪种的保护与开发利用

1. 开展动态监测。建立畜禽遗传资源动态监测体系，开展动态监测，及时掌握种群变动、特性变化、濒危状况、开发利用等信息。开展风险评估，建立预警机制，提高监管水平。

2. 加强场区库建设。保种场、保护区和基因库是实施畜禽资源保护的手段。建立健全以保种场、保护区为主，基因库为辅的畜禽遗传资源保种体系，开展活体保种和遗传材料保存工作，实施"多种形式、多点保护"，提高保种效率和安全水平。按品种（类型）组建并维持一定规模的保种群，增加种公畜血统，保持合理的种群更新，不断提高种群的有效含量。有效开展种质鉴定、性能测定、品种登记等工作，确保登记品种（类型）不丢失，主要经济性状不降低。

3. 加强科学研究。科技是实施有效保种、科学利用的根本。开展畜禽资源保护和开发利用的深入研究，进一步完善保种理论和保种方法，明确各品种保护与利用的思路。完善活体保种技术，研究并推广猪精液、胚胎等遗传材料超低温冷冻保存关键技术。加强对地方品种的肉质、繁殖、抗性等特征特性的研究，挖掘优异基因，并做出全面客观的评价，明确各品种保护与利用的方向。深入开展分子生物学基础研究，从基因水平明确优良性状的评价指标和度量方法。制订每个品种的保种方案，明确保种目标，量化保种任务，不断提高畜禽资源保护与利用工作的科学性和有效性。

4. 推进产业化开发利用。开发利用是畜禽资源保护的目的。完善良种繁育体系，建立育种场，组建育种群，开展系统选育，提高生产性能，推进种猪繁育和优质猪肉生产。大力培育优质、高繁、抗性等的特色鲜明的专门化品系，有计划地开展配套系和新品种培育。树立特色品牌，培育消费市场，推进产业化开发，满足多样化的市场需求。

（四）我国引入的猪种及特性

从 19 世纪初开始，我国从国外引入的猪品种达 10 多个，其中对猪种改良贡献作业较大的有大约克夏猪、中约克夏猪、巴克夏猪、苏联大白猪、长白猪等品种。20 世纪 80 年代我国又引进了杜洛克猪、汉普夏猪，后来又引进了皮特兰猪。目前，在我国影响较大的引入猪种是大约克夏猪、长白猪、杜洛克猪和皮特兰猪，这些品种都属于瘦肉型猪种。

1. 大约克夏猪 又称为大白猪，原产于英国北部的约克郡及附近地区，于 18 世纪末育成，现分布于世界各地，是世界上分布最广的品种之一。约克夏猪有大、中、小三种类型，目前引入我国的主要是大约克夏猪。大约克夏猪种猪鉴定标准如表 4-2 所示。

表 4-2　大约克夏猪种猪鉴定标准

项目	说　明	标准评分
一般外貌	大型，发育良好，有足够的体积，全身大致呈长方形；头、颈应轻，身体富有长度、深度和高度，背线和腹线外观大致平直，各部位结合良好，身体紧凑；性情温顺有精神，性征表现良好，体质强健，合乎标准；毛白色，毛质好有光泽，皮肤平滑无皱褶无斑点	25
头、颈	头要轻，脸稍长，面部稍凹下，鼻端宽，下巴正，面颊紧凑；目光温和有神，两眼间距宽，耳大小中等，稍向前方直立，两耳间隔宽；颈不太长，宽度中等紧凑，向前和肩移转良好	5
前躯	轻、紧凑，肩部附着良好，向前肢和中躯移转良好；胸部深、充实，前胸宽	15
中躯	背腰长，向后躯移转良好，背平直健壮，宽背，肋部开张好，腹部深、丰满又紧凑，下肷部深而充实	20
后躯	臀部宽、长，尾根附着高，腿应厚、宽，飞节充实、紧凑，尾的长度、粗细适中	20
乳房、生殖器	乳房形质良好，正常的乳头有 6 对以上，排列整齐，乳房无过多的脂肪；生殖器发育正常，形质良好	5
肢、蹄	四肢稍长，站立端正，肢间距宽，飞节健壮；管部不太粗，很紧凑，系部要短，有弹性，蹄质好，左右一致，步态轻盈准确	10
合计		100

(1) 体型外貌。体形较大，全身被毛白色，眼角、额部皮肤允许有小块黑斑，头大小适中，颜面宽且呈中等凹陷，耳薄直立，背腰平直或稍呈弓形，腹充实而紧，四肢较高，后躯宽长，腿臀丰满，乳头 6 对以上。

(2) 生长发育与生产性能。成年公猪体重 350~380kg，成年母猪体重 250~300kg。经产母猪平均产仔数 12 头以上。不同时期引入的大约克夏猪的主要生产性能差异较大，20 世纪 80~90 年代引入的猪种生产性能较高。生长肥育猪 25~90kg 平均日增重达 800g 左右，饲料利用率 2.8 以内，体重 100kg 屠宰时，屠宰率 71%~73%，胴体瘦肉率 62% 以上。大约克夏猪具有生长快、饲料利用率高、胴体瘦肉率高、适应性强、产仔多等优点，但蹄质欠结实。

(3) 杂交利用。用大约克夏猪作父本与许多培育品种和地方良种杂交，效果明显。大约克夏猪也常用作杂交母本，如杜长大组合，效果十分突出。

2. 长白猪　又称为兰德瑞斯猪，原产于丹麦，因其体躯长，毛色全白，故称为长白猪。分布于世界各地，是世界上分布最广的品种之一。在不同国家，经风土驯化与选育形成许多适合当地条件和突出特点的长白猪品系，如荷兰系长白猪臀部特别丰满，英系长白猪生长特别快。长白猪种猪鉴定标准如表 4-3 所示。

表 4-3　长白猪种猪鉴定标准

项目	说　明	标准评分
一般外貌	大型，发育良好，舒展，全身大致呈梯形；头、颈轻，体躯长，后躯很发达，体要高，背线稍呈弓形，腹线大致平直，各部位匀称，身体紧凑；性情温顺有精神，性征表现明显，身体强健，合乎标准；毛白色，毛质好有光泽，皮肤平滑无皱褶，应无斑点	25
头、颈	头轻，脸要长些，鼻平直；下巴正，面颊紧凑，目光温和有神，两耳大小适中，向前方倾斜盖住脸部，两耳间距不过狭；颈稍长，窄紧凑，向头和肩平顺的移转	5

(续)

项目	说 明	标准评分
前躯	要轻、紧凑,肩附着好,向前肢和中躯移转良好;胸要深、充实,前胸要宽	15
中躯	背腰长,向后躯移转良好,背大体平直强壮,背的宽度不狭,肋部开张,腹部深、丰满又紧凑,下欣部深而充实	20
后躯	臀部宽、长,尾根附着高,腿厚、宽,飞节充实、紧凑,整个后躯丰满;尾的长度、粗细适中	20
乳房、生殖器	乳房形质良好,正常的乳头有12个以上,排列整齐,乳房无过多的脂肪;生殖器发育正常,形质良好	5
肢、蹄	四肢稍长,站立端正,肢间要宽,飞节健壮;管部不太粗,很紧凑,系部要短,有弹性,蹄质好,左右一致,步态轻盈准确	10
合计		100

(1) 体型外貌。全身被毛白色,头小而清秀,鼻筒长直,面直而狭长,耳大前倾或下垂,颈长,体躯长,前轻后重呈楔形,外观清秀美观,背腰平直或微弓,腹线平直,腿臀肌肉发达,乳头7对。

(2) 生长发育与生产性能。成年公猪体重250~350kg,成年母猪体重220~300kg。经产母猪平均产仔数11~12头。生长肥育猪体重25~90kg阶段平均日增重600~800g,饲料利用率2.8以下,体重100kg屠宰时,屠宰率72%~74%,胴体瘦肉率62%以上。长白猪具有生长快、饲料利用率高、胴体瘦肉率高、产仔多等优点,但存在抗逆性较差,四肢尤其是后肢比较软弱,对饲料要求较高等缺点。

(3) 杂交利用。长白猪与我国大多数培育品种和地方良种均有较好的配合力。如长民哈、长荣等杂交组合,长白猪也常用作杂交母本猪,如杜大长组合。

3. 杜洛克猪 原产于美国东北部的新泽西州,是目前世界上生长速度快、饲料利用率高的优秀品种之一。杜洛克种猪鉴定标准如表4-4所示。

表4-4 杜洛克种猪鉴定标准

项目	说 明	标准评分
一般外貌	近于大型,发育良好,全身大体呈半月状;头、颈要轻,体要高,后躯很发达,背线从头到臀部呈弓形,腹线平直,各部位结合良好,身体紧凑;性情温顺有精神,性征表现明显,体质强健,合乎标准;毛色棕红色或褐色,毛质好有光泽,皮肤平滑无皱褶,无斑点	25
头、颈	头要轻,脸长中等,面部微凹,下巴正,面颊要紧凑,目光温和有神,两眼间距宽,耳略小,向上折弯,两耳间隔宽;颈稍短,宽度中等很紧凑,向头和肩移转良好	5
前躯	前躯轻,很紧凑,肩附着好,向前肢和中躯移转良好;胸部深、充实,前胸宽	15
中躯	背腰长度适中,向后躯移转良好,背部微带弯曲、健壮,背要宽,肋开张好,腹部深、很紧凑,下欣部深而充实	20
后躯	臀部宽、长,不倾斜,腿厚、宽,小腿很发达、紧凑,尾的长度、粗细适中	20
乳房、生殖器	乳房形质良好,正常的乳头有12个以上,排列良好,乳房无过多的脂肪;生殖器发育正常,形质良好	5
肢、蹄	四肢稍长,站立端正,肢间要宽,飞节健壮;管部不太粗,很紧凑,系部要短,有弹性,蹄质好,左右一致,步态轻盈准确	10
合计		100

(1) 体型外貌。全身被毛棕红色，也有少数棕黄或浅棕色。头较小而清秀，嘴短，颜面微凹，耳中等大小，略向前倾，耳根较硬，耳尖稍下垂。体躯长，背腰呈弓形，胸宽而深，腹浅平直，后躯发达，肌肉丰满，四肢结实粗壮，蹄呈黑色。

(2) 生长发育与生产性能。成年公猪体重340～450kg，成年母猪体重300～390kg，经产母猪产仔数9.78头。肥育猪体重25～90kg阶段，平均日增重750g以上，饲料利用率2.8以下，肥育猪100kg屠宰时，屠宰率72%以上，胴体瘦肉率65%。杜洛克猪具有性情温顺、生长快、瘦肉多、肉质好、耗料少、抗逆性强、杂交效果好等优点，但产仔较少、泌乳力低。

(3) 杂交作用。杜洛克用作父本与地方品种或培育品种的二元或三元杂交，效果都优于其他猪。杂交中用作终端父本，可明显提高商品肉猪的增重速度和饲料利用率。如杜长太、杜长哈、杜汉太、杜长民、杜长大等都是性能良好的杂交组合。

4. 汉普夏猪 原产于美国肯塔基州，是北美分布较广的一个品种。

(1) 体型外貌。该品种突出特点是在肩颈结合部（包括肩部和前肢）有一白色的肩带，其余部位均为黑色，故有"银带猪"之称。头中等大，嘴较长而直，耳中等大小而直立，体躯较长，背腰呈弓形，后躯臀部肌肉发达，性情活泼。

(2) 生长发育与生产性能。成年公猪体重315～410kg，成年母猪体重250～340kg。经产母猪平均产仔数8.66头。肥育期平均日增重800g以上，肥育猪90kg屠宰时，屠宰率71%～75%，胴体瘦肉率60%以上。汉普夏猪具有生长快、胴体瘦肉率高、杂交效果好等优点，但发情不明显、繁殖力低。

(3) 杂交利用。以汉普夏猪为父本与我国大多数培育品种和地方良种杂交，进行二元或三元杂交，可以明显提高杂种仔猪初生重和商品率。

5. 皮特兰猪 原产于比利时，是近年来在欧洲流行的胴体瘦肉率最高的瘦肉型猪。

(1) 体型外貌。毛色灰白，并夹有黑色斑块，头部清秀，嘴大且直，耳中等大且略向前倾，体躯呈圆柱形，背直而宽大，臀部肌肉特别丰满，向后向两侧突出，呈双肌臀。全身肌肉纹理清晰，肢蹄强健有力。

(2) 生产性能。经产母猪平均产仔数9.7头，背膘薄，胴体瘦肉率70%左右，是目前世界上胴体瘦肉率最高的猪种，杂交时能显著提高后代的胴体瘦肉率。但皮特兰猪生长较慢，应激反应敏感，肉质不佳，尤其肉色较淡，肌纤维较粗。1991年以后，比利时、德国和法国已培育出抗应激皮特兰新品系。

(3) 杂交利用。在经济杂交中用作终端父本，可显著提高后代腿臀围和胴体瘦肉率。一般杂交方式有：皮×杜、皮×（长大）、皮×大、皮杜×长大、皮×地方猪种等。

6. 迪卡配套系猪 迪卡配套系猪是美国迪卡公司在20世纪70年代开始培育的优秀配套系品种。迪卡配套系猪包括曾祖代（GGP）、祖代（GP）、父母代（PS）和商品杂优代（MK）。1991年5月，我国从美国引进迪卡配套系曾祖代种猪，由A、B、C、E、F五个系组成，这五个系均为纯种猪，可进行商品肉猪生产，充分发挥专门化品系的遗传潜力，获得最大杂种优势。

(1) 体型外貌。迪卡配套系种公猪肩、前肢毛为白色，其他毛为黑色；母猪毛色全白，四肢强健，耳竖立前倾，后躯丰满。

(2) 生产性能。迪卡猪具有产仔数多、生长速度快、饲料利用率高、胴体瘦肉率高的突出特征，除此之外，还具有体质结实、群体整齐、采食能力强、肉质好、抗应激等一系列优点。5月龄体重达90kg，平均日增重600～700g，料重比为2.8:1，胴体瘦肉率65%，屠宰率74%。迪卡猪初产母猪平均产仔数11.7头，经产母猪平均产仔数12.5头。

(3) 杂交利用。迪卡猪与我国地方品种母猪有良好的杂交优势。

7. 斯格配套系猪　斯格配套系猪原产于比利时，主要由比利时长白、英系长白、荷系长白、法系长白、德系长白、丹系长白，经杂交合成，即为专门化品系杂交成的超级瘦肉型猪。我国从20世纪80年代开始从比利时引进祖代种猪，现在湖北、河北、黑龙江、辽宁、北京、福建等地皆有饲养。

(1) 体型外貌。斯格猪体型外貌与长白猪相似，后腿和臀部十分发达，四肢比长白猪短，嘴筒也较长白猪短。

(2) 生产性能。斯格猪生长发育迅速，28日龄体重6.5kg，70日龄27kg，170～180日龄达90～100kg，平均日增重650g以上，饲料利用率2.85～3.0，胴体品质良好，平均背膘厚2.3cm，后腿比例33.22%，胴体瘦肉率60%以上。斯格猪繁殖性能好，初产母猪平均产活仔数8.7头，仔猪初生重1.34kg，经产母猪产活仔数10.2头，仔猪成活率在90%以上。

(3) 杂交利用。利用斯格猪作父本开展杂交利用，在增重、饲料消耗和提高胴体瘦肉率方面均能取得良好效果。

任务2　猪的选种方法及引入

一、选种方法

种猪的选留实质就是通过选择来发掘有遗传优势的个体，然后将这些遗传优良的公、母猪留作种用，以生产出最优秀的个体，并迅速扩大其在群体中的基因频率的过程。选种就是根据选育目标，从现有猪群中选出优良个体做种用，以便产生符合选育要求的后代。其实质是改变猪群固有的遗传平衡和选择最佳基因型。

(一) 选种依据

种猪的选留需要考察清楚被选猪的系谱情况、体型外貌、生产性能、生长发育、健康状态和某些关键性状的遗传力等项目，有些项目需要现场鉴定，有些项目需要查阅资料。选留的种猪在确保系谱优秀和身体健康的情况下，关键应抓住以下几个方面：

1. 品种特征　要求本品种的典型特征表现明显，遗传稳定。

(1) 毛色。纯白、纯黑、黑白花、灰白花、棕红色等。

(2) 耳型。立耳、完全下垂、半下垂等。

(3) 体躯特征。头颈的大小、体躯的发育、四肢的高矮及体格的大小。

(4) 生产性能。产肉性能、繁殖性能。

(5) 适应性和杂交利用。

2. 外貌等级　主要是对猪的一般外貌、头颈、前躯、中躯、后躯、肢蹄、乳房和生殖器官等项目，进行评分鉴定，依据等级结果确定是否选留。公猪等级至少在一级以上，母猪等级至少在三级以上。

（1）整体表现良好。察看猪的整体时，需将猪赶在一个平坦、干净和光线良好的场地上，保持与被选猪一定距离，对猪的整体结构、健康状态、生殖器官、品种特征等进行肉眼鉴定。

①体质结实，结构匀称，各部结合良好。头部清秀，毛色、耳型符合品种要求，眼明亮有神，反应灵敏，具有本品种的典型特征。

②体躯长，背腰平直或呈弓形，肋骨开张良好，腹部容积大而充实，腹底平直，大腿丰满，臀部发育良好，尾根附着要高。

③四肢端正结实，步态稳健轻快。

④被毛短、稀而富有光泽，皮薄而富有弹性。睾丸和阴户发育良好，乳头在6对以上，无反转、瞎、凹乳头等。

（2）关键部位鉴定。

①头、颈。头中等大小，额部稍宽，嘴鼻长短适中，上、下颌吻合良好，光滑整洁，口角较深，无肥腮，颈长中等，以细薄为好。公猪头颈粗壮短厚，雄性特征明显；母猪头形轻小，母性良好。

②前躯。肩胛平整，胸宽且深，前胸肌肉丰满，鬐甲平宽无凹陷。

③中躯。背腰平直宽广，不能有凹背或凸背。腹部大而不下垂，肷窝明显，腹线平直。公猪切忌草肚垂腹，母猪切忌背腰单薄和乳房拖地。

④后躯。臀部宽广，肌肉丰满，大腿丰厚，肌肉结实，载肉量多。

⑤四肢。高而端正，肢势正确，肢蹄结实，系部有力，无卧系。

⑥乳房、生殖器官。种公、母猪都应有6对以上、发育良好的乳头。粗细、长短适中，无瞎乳头。公猪睾丸发育良好，左右对称，包皮无积尿；母猪阴户充盈，发育良好。

外貌等级优秀的种猪如图4-1所示。

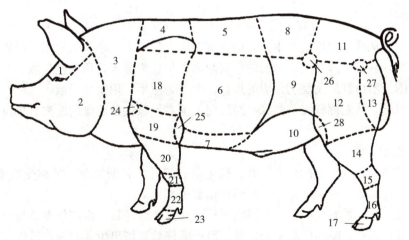

图4-1 优秀种猪的体型外貌

1.颅部 2.面部 3.颈部 4.鬐甲 5.背部 6.胸侧部（肋部）
7.胸骨部 8.腰部 9.腹侧部 10.腹底部 11.荐臀部 12.股部 13.股后部
14.小腿部 15.跗部 16.跖部 17.趾部 18.肩部 19.臂部 20.前臂部
21.腕部 22.掌部 23.指部 24.肩关节 25.肘突 26.髋结节 27.髋关节 28.膝关节

（3）评分鉴定。依据猪外貌鉴定标准，进行外貌评分鉴定。如表4-5所示。

表 4-5　猪外貌鉴定评分

序号	鉴定项目	评语	标准评分	实得分
1	一般外貌		25	
2	头颈		5	
3	前躯		15	
4	中躯		20	
5	后躯		20	
6	乳房、生殖器		5	
7	肢蹄		10	
	合计		100	

（4）等级确定。根据鉴定结果，确定等级。如表4-6所示。

表 4-6　猪外貌鉴定等级

性别	特等	一等	二等	三等
公猪	≥90	≥85	≥80	≥70
母猪	≥90	≥80	≥70	≥60

鉴定地点_____　　鉴定员_____　　鉴定日期_____

3. 体尺指标　主要是对猪的体重、体高、体长、胸围、胸深、腿臀围等体尺指标进行测量鉴定，依据测定结果，对照品种标准确定是否选留。要求生长发育指标达到或超过品种相应日龄时的体尺指标。

（1）体重。早饲前空腹称重，单位为千克。如称重不便，可按如下公式估算。

$$\text{猪的体重（kg）} = \frac{\text{胸围（cm）} \times \text{体长（cm）}}{142\text{（营养良好）或}156\text{（营养中等）或}162\text{（营养不良）}}$$

（2）体长。从两耳根连线的中点，沿背线至尾根的长度。单位为厘米，用皮尺量取。

（3）体高。从鬐甲最高点至地面的垂直距离。单位为厘米，用测杖量取。

（4）胸围。沿肩胛后角绕胸一周的周径。单位为厘米，用皮尺量取。

（5）腿臀围。从左侧膝关节前缘，经肛门绕至右侧膝关节前缘的距离。单位为厘米，用皮尺量取。

4. 生产性状

（1）繁殖性状。主要指标是产仔数、初生重、泌乳力、断奶重、情期受胎率、哺育率、每头母猪年产仔胎数、每头母猪年产断奶仔猪数等。

①产仔数。产仔数有两项指标，即窝产仔数和窝产活仔数。窝产仔数是指出生时同窝仔猪总头数，包括死胎、畸形胎和木乃伊等。窝产活仔数则指出生24h内存活的仔猪数，包括衰弱即将死亡的仔猪在内。前者也称为潜在繁殖力，后者也称为实际繁殖力。产仔数是一个复合性状，受母猪的排卵数，受精率和胚胎成活率等诸多因素影响。

②初生重和初生窝重。初生重是指仔猪在出生后12h内所称得的体重。初生窝重是指仔猪出生后12h内所称得全窝活仔猪的重量。初生重与仔猪哺育率、仔猪哺乳期增重以及仔猪断奶体重呈正相关，与产仔数呈负相关。

③泌乳力。母猪泌乳力的高低直接影响到哺乳仔猪的生长发育情况。由于母猪泌乳的生理特点，很难直接准确称量泌乳量，一般用 20 日龄的全窝仔猪重量来表示，其中包括寄养进来的仔猪在内，而寄养出去的仔猪不计入。

④断奶个体重和断奶窝重。断奶个体重指断奶时仔猪的个体重；断奶窝重指断奶时全窝仔猪的总重，包括寄养的仔猪在内。通常在早晨空腹时称重，并注明断奶日龄。

相关公式如下：

$$情期受胎率 = \frac{受胎母猪}{配种母猪} \times 100\%$$

$$哺育率 = \frac{育成仔猪数}{窝产活仔数 - 寄出仔猪数 + 寄入仔猪数} \times 100\%$$

$$每头母猪年产仔胎数 = \frac{365}{妊娠期 + 哺乳期 + 空怀期} \times 100\%$$

每头母猪年断奶仔猪数 = 年产仔胎数 × 每胎产活仔数 × 哺育率

（2）育肥性状。

①采食量。猪的采食量是度量食欲的性状，在不限食条件下，猪的平均日采食量称为饲料采食能力或随意采食量，是近年来育种方案中日益受到重视的性状。采食量与平均日增重呈正相关，与胴体瘦肉率呈负相关。

现提供某猪场不同周龄猪群的采食量变化规律，如表 4-7 所示。

表 4-7 某猪场猪的采食量变化情况

周龄	体重（kg）	每头猪日采食量（kg）	每头猪累计采食量（kg）
2	3	0.18	1.26
4	8	0.45	6.3
6	14	0.76	16.9
8	21	1.1	32.3
10	30	1.4	51.8
12	40	1.75	77
14	52	2.03	107.5
16	64	2.33	140.1
18	76	2.6	176.5
20	88	2.85	216.4
22	100	3	258.4

②生长速度。通常以平均日增重来表示。平均日增重是指猪只在一定的生长肥育期内（从断奶到 180 日龄阶段），平均每天体重的增长量，用克/天（g/d）为单位。多用 20~90kg 或 25~90kg 期间平均每天的增重来表示，其计算公式为：

$$平均日增重 = \frac{育肥期总增重（末重 - 始重）}{育肥天数}$$

③饲料利用率。是指育肥期内猪每单位增重所需饲料消耗量。其计算公式为：

$$饲料利用率 = \frac{育肥期内饲料消耗总重量}{育肥期总增重（末重 - 始重）}$$

④屠宰率。是指胴体重占宰前空腹体重的比例。其计算公式为:

$$屠宰率 = \frac{胴体重}{宰前空腹体重} \times 100\%$$

宰前空腹体重:育肥猪达到适宜空腹屠宰体重(60~100kg 不等,视品种而异)后,经 24h 的停食休息,称得空腹活重。

胴体重:育肥猪经放血、褪毛,切除头(寰枕关节处)、蹄(前肢腕关节,后肢飞节处)和尾(尾根第一环褶处)后,开膛除去内脏(保留肾脏和板油),劈半,冷却后,分别称取左、右两半片屠体的重量(包括肾脏和板油),其总重为胴体重。

⑤背膘厚。一般是指背部皮下脂肪厚度。国外测连皮膘厚,主要原因是国外猪种皮肤普遍较薄。背膘厚测量的部位有两种,一种是用游标卡尺测定左侧胴体第六和第七胸椎结合处,垂直于背部的皮下脂肪厚度,这一方法简便易行,是我国习惯采用的方法;另一种测量方法是测平均膘厚,用游标卡尺测肩部最厚处、胸椎腰椎结合处和腰椎荐椎结合处三点的皮下脂肪的平均厚度,用厘米表示。近年来,随着活体测膘技术的进一步完善和普及,利用活体测膘仪进行背膘厚测定为育种工作提供了极大方便。

⑥眼肌面积。是指倒数第一和第二胸椎间背最长肌的横断面积,单位为厘米^2。测定时可用游标卡尺测量眼肌的宽度和厚度,然后用公式(眼肌面积=宽×高×0.7)求眼肌面积。另外,也可用硫酸纸贴在眼肌断面描绘其轮廓,然后用求积仪测定或用坐标纸统计面积。眼肌面积与胴体瘦肉率呈强正相关。

⑦胴体瘦肉率。是指瘦肉(肌肉组织)占所有胴体组成成分总重的百分率,是反映胴体产肉量高低的关键性状。胴体瘦肉率的测定方法是左侧胴体摘除板油和肾脏后,剖分为瘦肉、脂肪、皮和骨四种成分,剖分时,肌间脂肪不另剔出,并尽量减少作业损耗,控制在 2%以下,然后求算肌肉重量占四种成分总重的百分率。其计算公式为:

$$胴体瘦肉率 = \frac{瘦肉重量}{胴体重-板油和肾脏重-作业损耗} \times 100\%$$

⑧腿臀比例。指沿腰椎与荐椎结合处的垂直线切下的腿臀重占胴体重量的比例。其计算公式为:

$$腿臀比例 = \frac{腿臀重}{胴体重} \times 100\%$$

⑨肌肉 pH。pH 测定的时间是在屠宰后 45min 和宰后 24h,测定部位是背最长肌和半膜肌或半棘肌中心部位。可将玻璃电极直接插入测定部位肌肉内测定。宰后 45min 和宰后 24h 眼肌的 pH 分别低于 5.6 和 5.5 是 PSE 肉(即宰后肉色苍白、质地松软和汁液渗出为特征的肌肉);宰后 24h 半膜肌的 pH 高于 6.2 是 DFD 肉(即宰后肉色暗红色、质地坚硬和肌肉表面干燥为特征的肌肉)。

⑩肉色。屠宰后 2h 内在胸腰椎结合处,取新鲜背最长肌横断面,用五分制目测对比法评定。1 分为灰白色(PSE 肉色),2 分为轻度灰白色(倾向 PSE 肉色),3 分为鲜红色(正常肉色),4 分为稍深红色(正常肉色),5 分为暗红色(DFD 肉色)。

(二)选种方法

种猪选留应根据被选个体年龄和选种性状,合理使用系谱测定、同胞测定、个体鉴定和后裔测定等方法进行选留。养猪生产实践中,常常按照下面三种方式进行选种。

1. 断奶仔猪的选择 由于断奶仔猪本身的生产性能还未完全表现出来,这时系谱成绩应是选种的主要依据,并结合生长发育和体型外貌进行选择。

(1) 根据亲代和同胞资料选择(系谱选择)。比较不同窝仔猪的系谱,从祖代到双亲尤其是双亲性能优异的窝中进行选留,要求同窝仔猪表现突出,即在产仔数多、哺乳期成活率高、断奶窝重大、发育整齐、无遗传疾患或畸形的窝中选择。

(2) 根据本身表现选择(个体选择)。初选后,再根据仔猪的生长发育和外貌进行选择。具体要求是:达到品种规定月龄时的体重和体尺指标,头型、耳型、毛色和体躯结构符合本品种特征,将同窝仔猪中断奶重大、体躯较长、体格健壮、发育良好、生殖器官正常、乳头6对以上且排列均匀的仔猪留下。断奶时,小母猪可按预留数2～3倍选留,小公猪按预留数的3～4倍选留。

2. 后备猪的选择 后备猪的选择一般可在4月龄、6月龄和配种前三个关键阶段进行。

(1) 4月龄阶段。本阶段采用个体表型选择,以个体的生长发育和外形为依据。体重和日增重应达到选育标准制定的目标,外形结构良好,肢蹄坚实。

(2) 6月龄阶段。后备猪达到6月龄时,除繁殖性能以外的各项经济性状都已基本表现,因此,这一阶段是选择的重点和关键,应作为主选阶段,以个体表型选择为主,适当参考同胞成绩,综合考查,严格淘汰。

(3) 配种阶段。后备猪一般在8月龄左右配种,这时可淘汰生长发育慢、达不到选育指标,或繁殖机能差的个体。7月龄仍无发情征兆或在一个发情期内连续配种3次未受孕的母猪应淘汰。公猪性欲低下、精液品质差者需淘汰。

3. 成年猪的选择

(1) 初产母猪(14～16月龄)的选择。这时母猪已经过前两次选择,对系谱成绩、生长发育和体型外貌等各方面都已有了比较全面的评定。此时选择淘汰的对象是产仔数少,断奶成活率低,仔猪中有畸形、隐(单)睾及毛色和耳型不符合育种要求的个体。

(2) 初配公猪的选择。这时公猪也经过前两次选择,已有了比较全面的评价。此时对公猪选择的依据是其同胞姐妹的繁殖成绩、自身的生产性能及其配种成绩。选择时突出同胞姐妹繁殖成绩、自身性机能旺盛、配种成绩优良的公猪留作种用。

(3) 种公、母猪的选择。对于已产两胎以上的母猪和正式参加配种的公猪,不仅本身有了两胎以上的成绩表现,而且也有用作育肥或种用的后裔。此时信息多,资料全,应根据本身生产力表现和后裔成绩进行选择。

一般来讲,公猪选留时应符合如下要求:睾丸发育良好,左右对称,轮廓清晰,包皮不积尿且不过大,用手触摸柔软富有弹性,精液品质优良,性欲旺盛,配种能力强。母猪选留时应符合如下要求:母性好,发情明显且规律性强,配种易受胎,平均每窝产仔数至少10头。选种过程中,公、母猪应同时满足品种特征明显、体质结实、健康无病、生长发育良好、背膘薄、瘦肉率高、达到与月龄相适应的体重、膘情适中、无繁殖障碍等基本要求。

二、种猪引入

猪场引入种猪关系到未来的发展。引入生产性能好、健康水平高的种猪,可以为猪场以后的发展打下良好的基础。种猪的引入主要是后备母猪和后备公猪的引进。猪场应结合自身实际情况,根据引种计划,确定所引品种和数量。如果是加入核心群进行育种,应购买经过生产性能测定的种公猪或种母猪。新建猪场应从猪场的生产规模、产品市场和未来发展方向等方面综合考虑，确定引种数量、品种和等级，是引入外来品种，还是地方品种，是原种猪、祖代猪，还是父母代猪。

（一）引种准备

1. 制订引种计划　主要是确定引入的品种、数量、等级及引种人员、资金、时间和运输方式等，应根据猪场性质、规模或场内猪群血缘更新的需求来确定。一般原种猪场必须引进同品种多血缘纯种公、母猪，扩繁场可引进不同品种纯种公、母猪，商品场可引进纯种公猪及二元母猪（如长大二元母猪）。

2. 确定目标猪场　选择适度规模、信誉度高、有种畜禽生产经营许可证、有足够的供种能力且技术服务水平较高的种猪场。选择猪场时，应把猪的健康状况放在第一位，必要时在购种前进行采血化验，合格后再进行引种。种猪的系谱要清楚并具有完整翔实的育种记录。选择售后服务好的场家，尽量从同一猪场选购，多场采购会增加带病的风险。确定引种场，应在间接了解或咨询后，再到场家与销售人员实地了解详情。

（二）引种关键

1. 生产性能关　购买种猪时，生产性能还没有充分表现出来，仅能根据体型外貌对生产性能做出初步评估，这就需要父母性能测定结果或生产记录，正规种猪场都开展种猪性能测定，可通过其父母生产性能的测定成绩对所选种猪质量进行准确评定。引种时都希望引进的种猪各方面都很优秀，实际上很难做到，可以有重点的选择某方面具有突出表现的种猪，其他方面基本符合要求即可。

2. 体型外貌关　体型外貌和生产性能紧密相关，所有的养猪人都会关注种猪的体型外貌。应有一个统一、协调整体的理念，不能仅仅"以貌取猪"，更不能偏重某一方面过度选择。一般选择结构匀称、头颈结合好、背腰平直、腹部发育充分但不下垂、没有突出缺点（如脐疝或阴囊疝）、四肢端正健壮结实的种猪。选择外貌时还要兼顾体重，以 50~60kg 为宜，不要选择体重过大或过小的种猪。

3. 身体健康关　引种前首先应对目标猪场及所在地区的疫病流行情况进行调查，避免从疫区引进种猪。考察目标猪场的兽医卫生制度是否健全，猪场的管理是否规范，猪场疫病免疫制度是否完整。仔细检查备选猪的健康状况，精神是否活泼，被毛是否光顺，眼、鼻、肛门以及体表是否清洁，粪尿及正常生理指标是否有异常等。通过现场检查，基本上可以判定猪只的健康状况，必要时对可能存在的传染病开展实验室检测。

4. 环境适应关　大多数引种者只重视品种自身的生产性能，而忽视品种原产地的生态环境，引种后往往达不到预期效果。有时引进的种猪健康水平很高，但引进后不适应本场实际情况，很难饲养，甚至死亡。因此，猪场引种时要综合考虑本场与供种场在地域大环境和猪场小环境上的差异，认真做好环境适应性过渡，使本场饲养管理环境和供种场相一致。

（三）引种运输

种猪选好应及时运输，以尽快发挥作用。运输前办理好各项手续，如检疫证明、车辆消毒证明、非疫区证明等。运输车辆禁用贩运肉猪的运输车，运输前进行彻底清洗消毒并搭设遮阳棚。车辆面积充足，安装好车辆隔栏，以每栏 8~10 头为宜，保证猪只自由站立、活动，不可拥挤或过于宽松。为防止运输途中猪只摔伤和肢蹄受损，车厢底部应铺上垫草或锯末。装车前猪只不宜饱食。为防止运输途中猪只争斗受伤，尽可能同类猪只混于一栏，且体重相差不宜过大,途中给猪饲喂添加了抗应激药物的饲料或饮水。运输路线选择宽敞并远离城镇的道路,运输途中避免急刹骤停,保持车辆平稳行驶。长途运输时需要兽医人员跟车并配备注射器械及镇静、抗生素类药物,必要时途中停车检查猪只状况,发现异常及时处理。夏季长途运输时注意炎热对猪只的影响。

(四) 入场管理

(1) 新引进的种猪到达目的地后,应先饲养在隔离舍观察 30~45d。隔离舍应远离原有猪场,隔离舍饲养人员不能与原猪场人员交叉活动。

(2) 新引进的种猪要按年龄、性别分群饲养,对受伤、脱肛等情况的猪只,单栏饲养,及时治疗。

(3) 入场后先给猪只提供清洁饮水,休息 6~12h 后少量喂料,第二天开始逐渐增加饲喂量,5d 后达到正常饲喂量。为增强猪只抵抗力,缓解应激,可在饲料中加入抗生素和电解多维等。

(4) 引进的种猪隔离期间严格检疫。对猪瘟、布鲁氏菌病、伪狂犬病等疫病要高度重视,做好疫病的抗体检测。隔离饲养结束前根据实际情况对新引进的种猪免疫接种和驱虫保健。

(5) 为保证引进的种猪与原有猪群的饲养管理条件相适应,可以采取以下两种方法:一是利用引进猪场和原有猪场的饲料逐渐过渡,交叉饲喂;二是隔离舍的环境条件应尽可能保持与引种猪场条件一致。

经过隔离观察饲养没有发现异常,隔离期结束后,新引入批次种猪经体表消毒后,即可转入生产群投入正常生产。

拓展知识

种猪淘汰标准

种猪淘汰分为自然淘汰和异常淘汰两种。前者是依据整个生产计划有组织、有计划地淘汰种猪,这是实施调整种群结构的必要措施;后者则是指生产中由于饲养管理不当或使用不合理、疾病、肢蹄、繁殖障碍等诸多因素造成种用价值丧失或降低。

1. 自然淘汰标准

(1) 衰老淘汰。生产中使用的种猪,已经达到相应的年龄或使用年限较长、年老体衰,种公猪配种功能衰弱,种母猪产仔数量降低、仔猪初生重不均匀等。

(2) 计划性淘汰。为适应生产需要和种群结构的调整,对在群种猪进行数量调整、品种更新、品系选留、净化疾病时,应对原有猪群进行有计划、有目的地选留和淘汰。

2. 异常淘汰标准

(1) 种公猪淘汰标准。生产中种公猪出现体况过肥或过瘦,精子活力差,性欲缺乏,繁殖疾病,肢蹄病,恶癖,后代质量有问题等,经技术人员观察,并采取合理的饲养管理、治疗等,不能恢复或不能治愈的公猪,应立即淘汰。

(2) 种母猪淘汰标准。生产中后备母猪出现不发情、经产母猪断奶后不发情、屡配不孕母猪、异常疾病等,经过相关治疗和调理,母猪仍不能正常发情或已无治愈可能,需要淘汰。

任务 3 猪的选配方法及杂交

一、猪的选配方法

选配是指有明确目的地决定公、母猪的交配，有意识地组合后代的遗传基础，以达到培育和利用良种的目的。经选种获得的两个优秀个体交配，其后代不一定是优良的，还会有很大的品质差异。其原因除种猪的遗传性不够稳定、后代生长发育所需条件得不到满足外，还与交配双方的遗传性得不到相互补充，缺乏较好的亲和力有关。在某种程度上，后代品质主要根据交配双方基因亲和力的大小而定。因此，选配的任务就是尽可能选择亲和力好的公母猪来配种。

（一）猪的选配原则

1. 有明确的目的 无目的的选配达不到预期目标，根据预期目标，确定选配的方法和配偶，可稳定和巩固猪群优点，克服缺点。

2. 尽量选择亲和力好的公、母猪交配 亲和力是指交配双方的交配效果，即能否产生优良的后代。在制订选配计划时，应对猪群过去的选配结果进行分析，在此基础上确定产生优良后代的选配组合。

3. 公猪的等级（品质）优于母猪 因公猪数量少，与配母猪数量多，故对后代影响远大于母猪。在选配组合中，种公猪的等级和品质应高于种母猪，或与种母猪等级相同，不能用低于种母猪等级的种公猪与之交配。猪群中鉴定出的特级、一级种公猪应充分使用，二、三级种公猪应控制使用。

4. 具有相同缺点或相反缺点的公、母猪不能选配 例如两个凹背的公母猪配种，可能会使后代背部变凹；如果用凹背公猪和凸背母猪交配，不但改变不了彼此的缺点，反而会使缺点加深。因此，应选择理想型配理想型，或理想型配非理想型，使非理想型得以改进和提高。

5. 正确使用近交 近交具有纯化遗传结构（基因型），稳定优良性状的作用。如果随意使用近交，易导致近交衰退现象出现，使后代生活力和生产性能下降。因此，近交应根据选育的要求慎重使用。一般的繁殖猪场，不宜采用近交。

6. 合适的年龄选配 选配的公、母猪双方应体质强健，年龄配对合适。一般来讲壮龄公猪配壮龄母猪最好，其他配偶组合，效果较差，应尽量避免。交配双方中，至少有一方是壮龄。

（二）猪的选配方法

猪的选配方法分为品质选配和亲缘选配两种。

1. 品质选配 是根据公、母猪双方的品质来安排交配组合的方法。可以分为同质选配和异质选配两种。

（1）同质选配。选用品质相同，性能表现一致的优秀公母猪来配种，以期获得与亲代品质相似的优秀后代。例如选用体长、膘薄的公猪配体长、膘薄的母猪，期望双亲的优良性状在后代群体中得到稳定和巩固。使用同质选配时应注意以下问题：①交配双方品质同质，但应是优秀而不是中等以下的配偶组合，并避免近交。②交配的双方除要求同质外，应无其他共同的品质缺陷。③长期使用同质选配，会使群体的变异范围缩小，使猪的生活力下降。因此，必须加强选择，严格淘汰体质衰弱或有遗传缺陷的个体。必要时，应与异质选配结合，交替使用，不断巩固和提高整个猪群品质。

（2）异质选配。选择表型不同的公、母猪进行交配的方法。具体可分为两种情况：一是选择具有不同优良性状的公、母猪交配，以期将两个优良性状结合在一起，从而获得兼有双亲优点的后代。例如选择增重快的公猪和肉质好、适应性强的母猪交配，以期获得兼有两者优点的后代。二是选择同一性状，但优劣程度表现不同的公、母猪来交配，即所谓以好改坏，以优改劣，以良好性状纠正不良性状，以期后代能获得较大的改进和提高。例如某品种猪各方面性能都很好，但胴体瘦肉率不够理想，即可选择一头瘦肉率高的公猪与这一品种的母猪交配。

异质选配希望打破猪群品质的停滞状态，改良猪群的不良品质，以综合双亲的优秀品质。其优点在于能丰富遗传性，增加新类型，并能提高后代的生活力和适应性。

2. 亲缘选配 根据公、母猪血缘关系的远近安排交配组合。交配双方有较近的血缘关系（指交配双方到共同祖先的代数之和在6代以内）称为亲缘交配，或称近亲交配，简称近交；反之则称为非亲缘交配或远亲交配，简称远交。

亲缘选配的目的，主要是为了避免不必要的近亲繁殖，或者是在某种特定的情况下有意识地开展近交，以巩固优良性状或优良基因。

（三）猪的选配计划

猪的选配计划又称选配方案，应根据猪场的具体情况、任务和要求编制。为了制订好选配计划，事先必须搜集一些必要的资料：整个猪群和品种的基本情况；现有猪群的生产水平和需要改进提高的地方；以往的选配结果；参加选配的每头种猪的系谱和个体品质等。

选配计划没有固定的格式，但一般都包括公猪和与配母猪的品种、个体号、品质特征、选配方式和预期效果等内容。选配计划执行中，如发生公猪精液品质变劣或伤残死亡等偶然情况，应及时对选配计划做出合理修订。优良公猪应最大限度扩大其利用范围。选配计划执行后，在下次配种之前，应仔细分析上次选配结果，遵循"好的维持，差的重选"的原则，对上次选配计划作出全面修订。猪的选配计划如表4-8所示。

表4-8 猪的选配计划

母猪号	品种	预期配种时间	主要特征	与配公猪				主要特征	选配方式
				主配		候补			
				猪号	品种	猪号	品种		
012									
015									
⋮									

二、猪的杂种优势及利用

（一）获得杂种优势的一般规律

1. 猪的性状遗传力高低不同，杂种优势表现不同 遗传力低的性状，如猪的适应性、繁殖性状等，这类性状受非加性基因的控制，且环境影响较大，杂交时杂种优势表现明显；遗传力高的性状，如猪的外形结构、胴体性状等，这类性状主要受基因型和加性基因的控制,杂交时杂种优势表现不太明显。

2. 猪的杂交亲本遗传纯度越高,越容易获得杂种优势 杂种优势的出现取决于动物个体的杂合度大小,当杂合度增加时,出现的杂种优势效应明显。利用纯系、近交系配套杂交,可提高杂种后代群杂合子基因型频率,增加基因的杂合效应,易产生杂种优势。

3. 猪的杂交亲本遗传差异越大,越容易获得杂种优势 一般来说,杂种优势表现的程度取决于杂交亲本的差异程度。遗传差异相对较大的两个亲本群体,杂交后有利于提高后代基因型的杂合性,从而提高杂种优势。例如用国内的两个地方品种杂交,其杂种优势表现程度就没有用国外引入品种和国内地方品种杂交的效果好。

4. 猪易退化和生命早期表现的性状,杂交时易显现杂种优势 如生活力、产仔数、仔猪初生重、成活率和断奶窝重等性状。

（二）获得杂种优势的利用方法

1. 猪杂交亲本的选择

（1）母本的选择。用作母本的品种主要强调繁殖性能,哺育力和适应性。应选择本地区数量多,繁殖力高（产仔数多、断奶窝重大、仔猪成活率高、母性和泌乳能力强）的品种或品系作母本。由于杂交母本猪数量多,应强调对当地环境的适应性,在不影响杂种后代生长速度的前提下,母本的体格不宜过大。

（2）父本的选择。用作父本的品种主要强调生长育肥性状和胴体性状。一般应选用生长速度快、饲料利用率高、胴体品质好的品种或品系作父本。为了保证种公猪的种用价值,应强调性欲,精液品质,性成熟和适应性等方面的选择。

根据上述要求,我国大多数地方猪种和培育猪种杂交时适合做母本,国外引入猪种,如长白猪、杜洛克猪、大约克夏猪、汉普夏猪等,具备作父本的条件。

2. 猪杂种优势的利用方法

（1）两品种简单杂交。又称二元杂交,这是我国养猪生产中应用广泛且比较简单的一种方式。两个品种的公、母猪杂交一次,一代杂种无论公、母猪,全部用作经济利用。猪的二元杂交模式如图4-2所示。

二元杂交的优点在于杂交方式简单,可充分利用个体的杂种优势,只经过一次配合力测定,就可筛选出最佳杂交组合;不足之处在于父本和母本品种都是纯种,不能利用亲本杂种优势,特别是母本杂种优势。实际生产中,多选用我国地方良种或培育品种作母本,外来瘦肉型品种作父本,开展杂交利用。如长×民、杜×湖杂交组合。

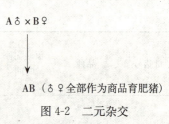

图4-2 二元杂交

（2）三品种杂交。又称三元杂交,即从两品种简单杂交所得到的杂种一代母猪中,选留优良个体,与另一品种的公猪杂交,产生的后代作为商品肉猪。三元杂交是目前国内外现代化养猪业的主流杂交生产模式。猪的三元杂交模式如图4-3所示。

三元杂交的优点在于既能充分利用个体杂种优势,也能获得效果十分显著的母本杂种优势,还充分发挥了第二父本（终端父本）生长速度快、饲料利用率高、肉质好的特性。不足之处在于组织工作比较复杂,需要三个种群的纯种猪群,又要保留杂种一代母猪,杂交繁育体系较为复杂,需进行两次配合力测定,父本杂种优势不能充分利用。实际生产中,第一母本通常选用地方良种或培育品种,两个父本品种选用引入的优良瘦肉型猪种,如杜×长×

民、杜×大×三等杂交组合。为了提高经济效益和市场竞争力，也可完全使用三个引入瘦肉型猪种开展三元杂交，目前在国内外普遍使用的杜×长×大或杜×大×长三元杂交组合，后代具有良好的生产性能，整齐度高，产肉性能突出，很受市场欢迎。

（3）四品种杂交。又称四元杂交或双杂交，杂交时选择四个品种的猪，首先分别进行两两杂交，从其杂交后代中选留优良个体，再进行杂交。猪的四元杂交模式如图 4-4 所示。

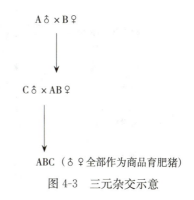

图 4-3 三元杂交示意

四元杂交的优点在于商品代的父本、母本猪都是杂种，从理论上讲能充分利用个体杂种优势、父本杂种优势和母本杂种优势；缺点在于所需亲本过多，而且要进行杂种公猪和杂种母猪的制种，建立繁育体系非常复杂。

（4）专门化品系配套杂交（杂优猪生产）。专门化品系是指某个经济性状突出，且其他性状仍保持在一般水平上的品系。一般来说，专

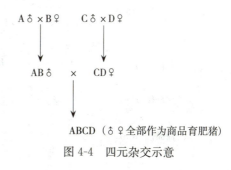

图 4-4 四元杂交示意

门化父系应集中表现生长快，饲料利用率高和胴体品质好等特点；专门化母系主要表现良好的产仔数，泌乳力等繁殖性状。专门化品系配套杂交，以品系作为杂交对象，每个品系只选择一两个突出的性状，遗传结构纯粹。由于分化选择，目标性状集中，缩短了选择时间，大大加速了品系的选育进程。育成的品系通过配套杂交繁育计划的实施，使商品后代能综合父系、母系的优点，后代杂种优势显著。因此，这种杂交方式更能机动灵活地适应集约化养猪的市场需要。专门化品系配套杂交模式如图 4-5 至图 4-7 所示。

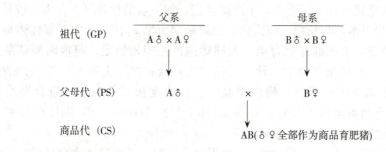

图 4-5 二系配套示意

养猪业较发达的国家，配套系杂交方式已成为主流，如美国迪卡配套系、英国 PIC 配套系、法国伊彼得配套系等。我国自 1991 年从美国迪卡公司引入迪卡配套系种猪以来，各地又陆续引入一些国外著名的配套系品牌，在开展国外配套系的利用工作同时，也开始培育我国的配套系品牌，如南雁配套系和中育猪配套系分别于 1999 年和 2005 年获农业部审批，随着我国各地经济实力的增强和工厂化养猪的发展，这种杂交方式将会得到进一步发展。

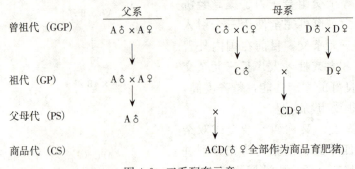

图 4-6　三系配套示意

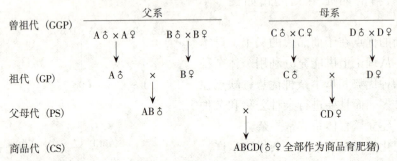

图 4-7　四系配套示意

(三) 获得杂种优势的生产实例

1. 杜长大（或杜大长）　养猪生产中，国内外使用最多的是杜洛克×（长白猪×大白猪）或杜洛克×（大白猪×长白猪），此组合可以充分利用母本杂种优势和个体杂种优势，具有生长快、饲料利用率高、适应性强等优点。正常饲养条件下，25~100kg 阶段平均日增重 800g 以上，饲料利用率 3.0 以下，瘦肉率 62% 以上，且肉质优良。长大或大长杂种母猪，初情期 5.5 月龄左右，8 月龄体重达 120kg 时配种，产仔数 10~12 头。

2. 杜×（长×本）、杜×（大×本）　利用地方良种与长白猪或大白猪的二元杂交后代作母本，再与杜洛克猪进行三元杂交，生产商品猪。如著名的杜×（长×太）或杜×（大×太），即以太湖猪为母本，与长白（或大白）公猪杂交所生 F_1 代，从中选留优秀母猪与杜洛克公猪进行三元杂交，生产商品肥育猪。太湖猪遗传性能较稳定，与瘦肉型猪杂交配合力好，杂交优势强，适宜作杂交母本。杜×（长×太）或杜×（大×太）等三元杂交组合类型，较好地保持了亲本产仔数多、瘦肉率高、生长速度快等特点，该组合平均日增重达 550~600g，每千克增重耗料 3.15kg，达 90kg 体重日龄 180~200d，胴体瘦肉率 58%，适合我国饲料条件较好的农村地区饲养和推广。

3. 长×（大×本）、大×（长×本）　利用地方良种与长白猪或大白猪的二元杂交后代作母本，再与大白公猪或长白公猪进行三元杂交，生产商品猪。近年来，全国各地均利用长白猪或大白猪与本地猪或培育品种进行杂交，取得了明显的效果。

三、猪的繁育体系及建立

(一) 繁育体系的概念

猪的繁育体系是指为了开展整个地区猪的纯种繁育和杂交繁育工作而建立的一整套组织

机构和各种类型的猪场。猪的繁育体系是将纯种猪的选育提高、良种猪的推广和商品肉猪的杂交生产结合起来，在明确使用什么品种，采用什么样的杂交生产模式的前提下，建立不同性质和规模的猪场，各猪场之间密切配合，形成一个统一的遗传传递系统。建立良种猪的纯种繁育体系和杂交繁育体系是现代养猪业的发展方向，繁育体系是否健全和完善，已成为现代养猪集约化水平的重要标志。

（二）繁育体系的建立

猪的完整繁育体系要求建立不同性质和任务的猪场，并在统一的繁育计划指导下，依靠它们之间的密切协作，来完善猪群的纯种选育（增加数量、提高质量）和杂交改良（供应良种、杂交生产）工作的组织开展，进而迅速提高猪群的生产力和创造良好的经济效益。各个地区可依据其社会经济条件和养猪生产力水平，建立不同类型的猪场，一般可划分为原种猪场、种猪繁殖场和商品猪场。

完整的繁育体系通常是以原种猪场为核心，种猪繁殖场为中介，商品猪场为基础的上小下大的宝塔式繁育体系。猪的宝塔式繁育体系如图 4-8 所示。

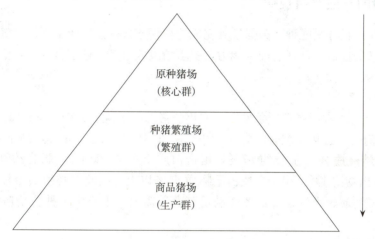

图 4-8　宝塔式繁育体系

1. 原种猪场　处于繁育体系的最高层，在猪群的遗传改良中起核心和主导作用，因而，又称这部分猪群为核心群。在专门化品系的配套繁育体系中又把核心群拥有的曾祖代猪群称为原种猪群，其主要任务是从事纯种的选育提高和按照市场需求培育新品系。为此，原种猪场必须建立自己的测验站，或与专门的测验站相结合，开展精心测验和严格选择，以期获得最大的遗传进展。经过选择的幼猪除了保证本群的更新替补外，主要是向下一层（种猪繁殖场）提供优良的后备公、母猪，以更新替补原有猪群。同时，它也向商品场提供优良的终端父本品种（系），或向人工授精站提供经过严格测验和选择的优良种公猪，以便通过人工授精网，扩大优良基因的遗传影响。在宝塔式繁育体系中，基因流动方向是自上而下的，不允许基因的逆向流动。

2. 繁殖猪场　种猪繁殖场在宝塔式繁育体系中处于中间阶层，起着承上（原种猪场）启下（商品猪场）的重要作用，又称这部分猪场为繁殖群。其主要任务是将原种猪场培育的纯种（系）猪扩大繁殖，或按照统一的育种计划进行选育提高和开展品种（系）间杂交生产，提供商品场补充猪群所需要的后备猪。根据育种方案，又将繁殖群划分为纯种繁殖群和杂种繁殖群两部分。四元杂交繁育体系中，种猪繁殖场还生产杂种公猪，为生产猪场提供杂交所需的杂种父本。繁殖群的选择不要求太精细，只需做好系谱登记和性能记录工作，组织好种猪测验即可，选择强度较低。繁殖群接受核心群提供的后备公、母猪，以更新替补猪群，不向原种猪场提供种猪，也不允许接受商品场的后备猪。

3. 商品猪场　商品场处于宝塔式繁育体系的底层，构成繁育体系的基础，母猪数量占整个繁育体系母猪总头数的最大份额，又称这部分猪场为生产群。其主要任务是组织好父母代的杂交生产，有计划的生产杂交肉猪。商品场内不做细致的测验和选择，主要保证猪群的健康和高产性能。商品场按照统一的育种计划接受繁殖场提供的终端父本猪，或到人工授精站取得指定品种（系）公猪的精液，组织好配种工作。原种猪场和繁殖猪场开展的严格测验和精心选择工作，都是为商品猪场提供服务，从这个意义上讲，商品猪场是享受遗传改良成果的受益单位。

任务 4　猪的一般繁殖规律

一、公猪的一般繁殖规律

种公猪的生产任务是配种。为保证其完成配种任务，种公猪应常年保持健壮的体质、充沛的精力、旺盛的性欲和良好的配种能力，要求精液数量多，精子密度大，活力强，配种受胎率高。

（一）繁殖特点

1. 射精量大　正常饲养管理条件下，成年公猪每次射精量 150～500mL。

2. 交配时间长　公猪交配时间为 5～10min，少数个体长达 20min，高于其他家畜。

3. 公猪的精液成分　水分约 97%，粗蛋白质 1.2%～2.0%，脂肪约 0.2%，灰分约 0.9%，无氮浸出物约 1%，粗蛋白质占干物质 60% 以上。因此，必须供给种公猪适宜的能量、蛋白质、矿物质、维生素等，才能满足其营养需要。生产中，种公猪应保持中上等膘情，以利于配种。

（二）适配年龄

1. 初配年龄　我国地方猪种性成熟早，公猪 3～4 月龄达到性成熟，8～10 月龄体重达 75kg 以上可配种；国外及培育品种比地方品种性成熟晚 1～2 个月，10～12 月龄体重达 90～120kg 时可配种。

2. 配种频率　过度利用，容易造成种公猪早衰；长期禁欲，同样会损害种公猪的性欲。实践证明，种公猪的配种或采精频率是：初配公猪每周配种 2～3 次；成年公猪每天配种 1 次，必要时可每天配种 2 次，间隔 8h，连续配种 1 周，休息 1d。饲喂前、后 1h 不宜配种，配种结束严禁立即饮冷水或洗澡。

3. 公、母比例　不同的配种方式，公猪负担的母猪头数各不相同。猪场要有合适的公、母猪比例。在季节性产仔的情况下，母猪按年产 2 窝计，每次情期配种可安排 2 次为宜。若采用本交，1 头公猪可负担 20～30 头母猪的配种任务，青年公猪负担要少些。若采用人工授精，1 头公猪可负担 200～400 头母猪的配种任务。若执行常年分娩、常年配种制度，每头公猪负担的母猪数适当增加。

（三）利用年限

公猪使用年限为 3～4 年，2～3 岁正值壮年，为配种的最佳时期，年更新率 30%。一般繁殖场若利用合理，饲养良好，体质健康结实，膘情良好，可适当延长使用年限至5~6岁。

二、母猪的一般繁殖规律

母猪的生产任务是产仔。为完成其产仔任务，母猪应常年维持良好的发情、排卵、妊娠、分娩、泌乳等生理活动，要求发情旺盛、受胎率高、产仔数多、泌乳性能好。

（一）繁殖特点

1. 发情 猪属常年多次发情动物，无季节性。母猪初情期后即表现周期性的发情规律，发情周期平均为21d。母猪的发情持续期一般为2~5d，平均2~3d。母猪发情配种不受孕，经过一定时间，黄体萎缩并停止分泌活动，之后进入下一个发情周期，若受孕，母猪不再表现发情。经产母猪在仔猪断奶后3~7d出现发情。

2. 排卵 成年母猪在一个发情期内排卵20~35个，称为母猪潜在繁殖力，每胎的实际产仔数10头左右，称为母猪实际繁殖力。母猪排卵时间：国内猪品种在发情开始后24~36h，国外猪品种在发情开始后36~42h。母猪排卵持续时间：国内猪品种10~15h（有的长达45h），国外猪品种36~90h，平均53h。

3. 妊娠 从配种受精开始到分娩这一过程称为妊娠。精子和卵子在受精部位融合形成胚泡，胚泡经过卵裂、桑葚胚、囊胚，附植于子宫内，并在子宫内游离一段时间后与子宫内膜发生组织和生理上的联系，进而固定下来，即附植（又称着床）。胚泡附植时间在受精后的第22日左右。母猪妊娠后，由于胎儿、胎盘及黄体的存在，整个机体出现许多形态及生理变化，这些变化为妊娠诊断提供依据。

（1）卵巢。受精后的黄体持续存在，其体积比发情周期黄体略有增大，并产生较多的孕酮，以维持妊娠。

（2）子宫。随着怀孕的进展，子宫渐渐扩大，子宫增生、生长、扩展。

（3）体重。妊娠后不久，母猪新陈代谢变得旺盛，食欲增加。由于胚胎的生长发育、子宫内容物的增加和产后母猪的泌乳贮备等原因，体重增加很快。正常饲养管理条件下，经产母猪妊娠期增重40~50kg，初产母猪增重50~60kg。

4. 分娩 分娩是胎儿发育成熟后，借子宫和腹肌的收缩，将胎儿和胎膜排出体外的过程。正常分娩时间持续1~4h，每隔5~25min排出一头仔猪，在仔猪全部产出后30~60min胎衣排出。

5. 泌乳 母猪乳房没有乳池，不能随时挤出乳汁，每个乳头含有2~3个乳腺体，每个乳腺体有一个小乳头管通向乳头，各乳头间互不联系。前端乳头的乳头管较后部乳腺多，因而前端乳头比后端乳头泌乳量高。分娩后最初2~3d母猪泌乳是连续的，以后属反射性放乳，即仔猪用鼻嘴拱揉乳房，产生放乳信号，信号通过中枢神经，在神经和内分泌激素的调控下排乳。母猪每次排乳的时间为10~20s，长的可达40~50s，一昼夜排乳次数较多，平均20次左右。自然状态下，母猪的泌乳期为57~77d，人工饲养条件下，泌乳期为21~35d，泌乳量随泌乳期长短而不同，按60d计算，一般为300kg。产后4~5d泌乳量逐渐上升，20~30d达到高峰，然后逐渐下降。

（二）适配年龄

我国地方品种的母猪性成熟年龄3~4月龄，初配年龄6~8月龄，初配体重达50kg以上；国外及培育品种性成熟年龄4~5月龄，初配年龄8~10月龄，初配体重达90kg以上。

生产实践中，应以体重为主确定初配年龄，有些母猪月龄虽达到要求，但体重不符合标准，不能参与配种。后备母猪的体重达到成年母猪70%左右，开始初配为好。经产母猪在断奶后3~10d发情配种，断奶时母猪应有七八成膘，确保断奶后按时发情配种，进入下一个繁殖周期。

（三）利用年限

母猪使用年限为3~4年，2~3岁正值繁殖高峰期，若按年产仔窝数2.0~2.5胎计，总产仔窝数可达6~10胎，年更新率30%。一般繁殖场如果利用合理，饲养良好，体质健康结实，膘情良好，可适当延长使用年限至5~6岁。

任务5　猪的发情鉴定及适配

一、发情鉴定

1. 外部观察法　母猪发情时，外部表现明显，行动不安，食欲减退，跳栏（圈），鸣叫，排尿频繁；外阴红肿有光泽（黑猪只见肿大，不见红），阴道黏膜充血，有少量黏液；爬跨其他母猪，主动接近公猪。生产中主要观察外阴红肿与否、栏（圈）门附近粪尿多少、是否爬墙爬门或爬跨其他母猪等征状来鉴定。

2. 试情法　试情法是用试情公猪对母猪进行试情，根据母猪对公猪的性欲反应表现，来判定其发情程度。让公猪爬跨待试母猪或用手按压其背部，如果母猪呆立不动，出现呆立反应（静立反应），即表示发情，并接受配种。生产中常用试情法结合外部观察法，来鉴定母猪是否发情及发情程度。

二、适时配种

（一）精卵结合

公猪的精子在母猪生殖道内存活20~30h；母猪的排卵时间一般在发情开始后的24~36h，卵子在输卵管内存活的时间是6~18h；公猪配种时射出的精子经过2~4h，才能到达受精部位。因此，根据母猪的排卵时间，公、母猪交配适期应在母猪发情开始后20~32h。

（二）配种年龄

母猪配种时间受年龄影响。老龄母猪在发情当天，壮年母猪在发情后的第二天，青年母猪在发情后的第三天配种。农谚道"老配早，少配晚，不老不少配中间"就是这个道理。

母猪配种时间在品种间存在差异。我国地方品种配种时间稍晚，在发情后的第二天或第三天；培育品种稍早，在发情后的第二天；杂交品种在发情后的第二天下午到第三天上午。

（三）适配表现

从发情表现看，母猪精神状态从不安到发呆，阴户由红肿到淡白有皱褶，黏液由稀薄变黏稠，表示已达配种适期。当阴户黏膜干燥，拒绝配种时，表示配种时间已过。生产中最佳配种时间可根据以下情况确定：

1. 阴户变化　发情初期为粉红色，当阴户变为深红色，水肿稍消退，有稍微皱缩时为最佳时间。

2. 阴户黏液 发情初期用手捻,无黏度,当有黏度且颜色为浅白时为最佳时间。

3. 静立反射 发情后按压母猪腰部,母猪两耳竖立,四肢直立不动,并呈现"静立反射",此时为母猪的适时配种时间。

三、配种方式

1. 单次配种 在母猪的一个发情期内,只用一头公猪交配一次,在适时配种的情况下,能获得较高的受胎率,并可减轻公猪的负担。一旦配种时间掌握不好,受胎率和产仔数会下降。

2. 重复配种 在母猪的一个发情期内,用同一头公猪先后配种两次。发情开始后 20～32h 配种一次,间隔 10～12h 再配一次。育种场可采用此法,既可增加产仔数,又不会混乱血统关系,但增加了公猪饲养头数。

3. 双重配种 在母猪的一个发情期内,用不同品种的两头公猪或同一品种的两头公猪,前后间隔 10～30min 各配一次。弥补因第一次配种没有掌握好适宜配种时间或第一头公猪的精液品质欠佳造成的损失;减轻公猪的负担,保证精子的活力,提高母猪的受胎率和产仔数。商品猪场可采用此法。

4. 多次配种 一头母猪在一个发情期内用同一头公猪或不同公猪交配 3 次或 3 次以上。生产中三次配种适用于初产母猪或某些刚引入的国外品种。3 次以上的配种并不能提高产仔数,因为配种次数过多,造成公、母猪过于劳累,会影响性欲和精液品质。

四、辅助配种

1. 配种操作 将发情母猪赶入配种场地,让指定的公猪与之交配。交配前用 0.1% 高锰酸钾溶液擦拭母猪的阴门附近及公猪包皮周围,然后用清水擦拭一遍,当公猪爬上母猪臀部后,将母猪尾巴拉向一侧,使公猪阴茎顺利插入母猪阴道内,必要时可用另一只手隔着公猪包皮握住阴茎,将阴茎顺势导入母猪阴道内,并观察公猪的射精情况,配种结束后,立即赶走公猪或母猪,避免第二次交配,认真填写配种卡片。

2. 注意事项 配种场所要保持安静、平坦、清洁;配种时间最好选择在早饲前、晚饲前 1h;配种地点应选在母猪舍(圈)附近,禁止公猪舍(圈)附近配种;对母猪进行发情鉴定时,注意其排卵规律。

五、促进母猪发情排卵的方法

1. 公猪刺激 通过公猪的刺激,包括视觉、嗅觉、听觉和身体接触,可促进母猪发情和排卵。性欲好的成年公猪刺激比青年公猪和性欲差的公猪作用明显。待配种的母猪,应饲养在与成年公猪相邻的栏内,让其经常接受公猪的形态、气味和声音的刺激。每天让成年公猪在待配母猪栏内追逐母猪 10～20min,这样既可使母猪与公猪直接接触,又可起到公猪的试情作用。这种办法简便易行,效果明显。

2. 并栏饲养 把不发情的空怀母猪合并到有发情母猪的栏(圈)内饲养,通过爬跨和外激素的刺激,促进母猪发情排卵。

3. 按摩乳房 按摩空怀母猪乳房,可促进其发情。每天早晨饲喂后,进行 10min 的表层按摩,即在乳房两侧前后按摩。当母猪出现发情征状后,改为表层和深层按摩各 5min。

配种当天早晨，进行 10min 的深层按摩，即每个乳房周围用五个手指捏摩。

4. 加强运动　不发情的母猪赶入大圈内饲养，增加活动空间或驱赶运动，促进新陈代谢，改善膘情，有利于发情。若能加强光照，并在运动场内添加一定量的青绿饲料，效果更好。

5. 寄养仔猪　将产仔数过少或泌乳力差的母猪所带的仔猪，待其吃完初乳后，全部寄养给同期产仔的其他母猪，将其提前断乳，进而发情配种，从而增加年产窝数。

6. 激素催情　采取以上方法后仍不发情的母猪，可以采取激素诱导发情。目前常用于促进母猪发情的激素有促卵泡激素（FSH）、人绒毛膜促性腺激素（HCG）、孕马血清促性腺激素（PMSG）等。具体做法如下：

促卵泡激素：猪 10～25mg，一次肌内注射；孕马血清促性腺激素，猪 200～800IU，一次肌内注射；人绒毛膜促性腺激素，猪 500～1 000IU，一次肌内注射；前列腺素，猪 3～8mg，一次肌内注射；氯前列烯醇，猪 175μg，一次肌内注射。

7. 中药催情　仔猪断奶后超过 7d 的经产母猪不发情，可选用下列中药催情。处方一（催情散）：阳起石、淫羊藿各 40g，当归、黄芪、肉桂、山药、熟地各 30g，共研成末，拌入精料中一次喂服。处方二：当归 15g，川芎 12g，白芍 12g，熟地 12g，小茴香 12g，乌药 12g，香附 15g，陈皮 12g，白酒 100mL，水煎后每日内服 2 次，每次外加白酒 25mL。处方三：王不留行 50g，益母草 30g，石楠叶 20g，煎水喂服，每日一次，连喂 5～7d。经药物催情的母猪，1 周后可发情。

任务 6　猪的人工授精技术

猪的人工授精是通过人工方法将公猪的精液采集出来，经过检查、处理，再输入发情母猪的生殖道内的过程。方法步骤如下：

一、采精准备

1. 采精场地准备　应选择宽敞、明亮、安静、平坦、清洁的场地。有条件时应建立专门的采精室。

2. 台猪准备　台猪尽量满足公猪的要求，选择体格大小适当，性情温顺，发情旺盛的母猪或采用假台猪。假台猪模仿母猪的大致轮廓做成，并牢固固定在地面上，可做成长凳式或具有调节高度装置的两端式。假台猪构造如图 4-9 所示，其规格如下：

青年公猪：长 100～120cm，宽 30～35cm，高 50cm。成年公猪：长 100～120cm，宽 30～35cm，高 60～70cm。

3. 种公猪调教　采精前，用发情母猪的尿液或阴道内的黏液，喷涂在假台猪的后躯上，引诱公猪爬跨，反复训练几次即可。也可将发情旺盛的母猪赶到假台猪旁，让被调教的公猪

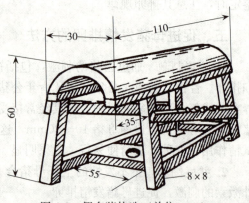

图 4-9　假台猪构造（单位：cm）

爬跨，待公猪性欲达到旺盛时将母猪赶走，再引诱公猪爬跨假台猪。

4. 器材准备 人工授精所用器材先用品质好的洗涤液洗涤，然后用清水冲洗 2～3 次，再置于室内无尘处晾干。洗涤的各种用具、润滑剂及稀释液等均需蒸汽灭菌 30min；玻璃、胶管、金属器材等可用 75% 的酒精消毒；直接接触精液的集精杯和输精器材，使用前均用稀释液冲洗数次。

5. 假阴道准备 假阴道由外壳、内胎、集精杯、胶皮漏斗、气卡、双链球、胶塞组成。采精前应做好检查、清洗、安装、消毒、灌水、调压、涂油和测温等准备工作。

二、采精方法

1. 假阴道采精 采精员右手握住假阴道，蹲在假台猪的右侧，当公猪爬上台猪背侧时，轻握包皮对准假阴道入口，待阴茎伸出自然插入，此时，采精员要有节奏地挤压双链球，调节好假阴道内的压力，增加公猪快感。公猪伏卧假台猪不动，尾根和肛门有节奏地收缩，即为射精，此时，应将假阴道后端的胶皮漏斗斜向下拉直，以利精液流入集精瓶。这种方法比较方便，但由于公猪射精时间较长，尿液和细菌容易通过包皮污染阴茎，从而污染精液，加之假阴道使用前后的洗涤和消毒工作费时费力，故很少使用。

2. 手握式采精 手握式采精又称徒手采精法，这是目前采集公猪精液应用最广泛的一种方法。采精时应穿套装工作服，工作服上衣口袋放盐水瓶、手套、纱布、卫生纸等；采精瓶应是经过消毒的专用集精瓶或量杯等，上面盖以消毒纱布，以过滤精液胶状物；公猪爬上采精架时，采精员蹲在假台猪的右侧后方，戴好手套，挤净公猪包皮内尿液，脱下手套，用生理盐水清洗包皮和阴茎头，用手抓住公猪伸出的阴茎，紧握伸出的公猪阴茎螺旋状龟头，顺其向前冲力将阴茎的 S 状弯曲延直，握紧阴茎龟头防止其旋转，待公猪尾根和肛门有节奏地收缩，并开始射精时，收集全部或浓的部分精液于集精杯内，最初射出的少量（5mL 左右）精液较清，应丢弃，之后收集乳白色的精液，直到阴茎变软。为避免污染，采精瓶

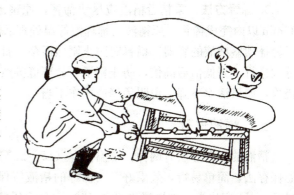

图 4-10　猪的手握式采精

不能放于地面，采集的精液应避光、立即送检。为防止尿液流入采精瓶，采精员用纸巾包在阴茎上，或抬高阴茎头部并高于包皮。猪的手握式采精方法如图 4-10 所示。

三、精液检查

1. 精液量评定 公猪每次射精量一般为 150～500mL（不同品种有一定差异），发现每次射精量过少时，应查明原因，解决问题。

2. 感观检查 感观检查主要是色泽和气味的观察，正常精液色泽为乳白色或灰白色，略带腥味，无其他杂质。如精液呈红褐色，可能混有血液；如呈黄、绿色有臭味，可能有尿液或脓汁；若精液中混有毛或其他杂物，说明精液已被污染。上述异常精液均不能使用。

3. 活力检查 精子活力是指原精液在37℃条件下，直线运动的精子数占总精子数的比率，一般采用十级评分法评定。方法是将一滴原精液滴在一块加热的显微镜载玻片上，在400倍显微镜下观察，显微镜工作台应保持在37℃。若直线运动的精子数占100%则评定为1分；90%则评定为0.9分；80%则评定为0.8分；70%则评定为0.7分……以此类推。从采精到输精，分别在精液采出后、稀释后、输精前做3次活力检查。

四、精液稀释

1. 稀释液的配制 稀释液要求现配现用，稀释液和蒸馏水必须保持新鲜，蒸馏水选择双蒸水效果更佳。奶粉卵黄稀释液：先将10g奶粉溶于少量水中成糊状，再加蒸馏水100mL，用纱布过滤，95℃水浴10min，待冷却后加入卵黄15mL、青霉素10万U、链霉素10万U。葡萄糖稀释液：5g葡萄糖溶于100mL蒸馏水中，过滤后再煮沸消毒，待冷却后加入磺胺粉。配制稀释液时，凡是与精液直接接触的用具都必须严格消毒，使用前用少量等温稀释液冲洗，现配现用。精液稀释过程中，尽量减少稀释剂和精液之间的温度、渗透压和pH差异，卵黄、抗生素用时加入。

2. 稀释倍数 按输精量为40~100mL，含有效精子数30亿以上确定稀释倍数。精液稀释的目的是让一头公猪的配种能力比自然交配时扩大多倍，且受胎率不下降。稀释液应对精子的密度、活力等没有影响。现例举一精液稀释方法，以供参考。

$$精液稀释后的总体积（mL）＝单次输精量（mL）×稀释倍数$$

3. 稀释方法 采精后精液应尽快稀释，原精液放置时间过长会影响其活力，一般宜在30min以内完成稀释。原精液与稀释液等温处理后，将稀释液沿瓶壁缓缓倒入原精液中，并轻轻摇动盛精液的容器。稀释时防止剧烈振荡、日光照射和其他异物进入。如果高倍稀释应分次进行，先低倍后高倍，防止精子所处环境突然改变，造成稀释打击。精液稀释后应立即镜检，如果活率下降，说明稀释或操作不当。

五、精液保存

精液的保存方法有两种：常温保存（15~25℃）和低温保存（0~5℃）。生产上常用常温保存法，简单易行，效果好。已稀释的精液应保存于17℃恒温冰箱，此时精子消耗营养最低，pH变化小。如果温度低于14℃，会杀死精子；超过20℃时，精子消耗营养多，产生废物多，精子易死亡。

六、输精

发情母猪出现静立反射后8~12h进行第1次输精，之后每间隔8~12h进行第2次或第3次输精。显微镜检查精子活力，精子活力0.7以上的精液，方可使用；用清洁、消毒过的输精管进行输精。具体做法如下：

（1）输精人员消毒清洁双手。

（2）清洁母猪外阴、尾根及臀部周围，再用温水浸湿毛巾，擦干外阴部。

（3）从密封袋中取出灭菌后的输精管，在其前端涂上润滑液。

（4）输精员一手张开母猪阴门，一手持输精管，将输精管45°角向上插入母猪生殖道内，当感觉有阻力时，缓慢逆时针旋转，同时前后移动，直到感觉输精管被子宫颈锁定，确认输精部位。

(5) 从精液贮存箱取出品质合格的精液，确认公猪品种、耳号。

(6) 缓慢颠倒摇匀精液，用剪刀剪去瓶嘴（或撕开袋口），接到输精管上，确保精液能够流出输精瓶（袋）。

(7) 通过控制输精瓶（袋）的高低和对母猪的刺激强度来调节输精时间，输精时间要求 3~10min。

(8) 当输精瓶（袋）内精液排空后，放低输精瓶（袋）约 15s，观察精液是否回流到输精瓶（袋），若有倒流，再将其输入。

(9) 在防止空气进入母猪生殖道的情况下，使输精管在生殖道内滞留 5min 以上，让其慢慢滑落。

(10) 登记母猪输精记录表。

任务 7　母猪的妊娠及接产

一、妊娠诊断

1. 外部观察法　母猪配种后经 21d 左右，如不再发情、食欲旺盛、行动稳重、性情温顺、贪睡、阴户紧收、皮毛有光泽、有增膘现象，则表明已妊娠。如发情症状明显、行动不安、阴户红肿，则没有受胎，应及时补配。假发情的母猪，发情不明显，持续期短，虽稍有不安，但食欲不减，对公猪反应不明显，不接受公猪爬跨。

2. 激素诊断法　母猪配种后 16~18d，注射雌性激素，未孕母猪一般经过 2~3d 后出现明显发情征状，已孕母猪则无反应。采用此法，时间必须准确，不能过早。

3. 超声波诊断法　用特制的超声波测定仪，在母猪配种后 20~29d 进行超声波测定。其原理是利用超声波感应效果测定猪的胎儿心跳，从而进行早期妊娠诊断。实践证明，母猪配种后 20~29d 妊娠诊断准确率为 80%，40d 以后的准确率为 100%。超声波胎儿心跳测定仪，由主机和探触器组成，将探触器贴在母猪腹部（右侧倒数第 2 个乳头），体表发射超声波，根据心脏跳动感应信号或脐带多普勒信号音而判断母猪是否妊娠。

二、预产期推算

母猪妊娠期为 111~117d，平均 114d。我国地方猪种妊娠期短，引入猪种较长。正确推算母猪预产期，做好接产准备工作，对生产很重要。推算预产期的方法有：查表法、计算法和"三三三"推算法。

1. 查表法　查表法推算母猪预产期如表 4-9 所示。说明如下：

(1) 上行月份为配种月份，左起第一列为配种日期。

(2) 下行月份为预产期月份，左起第二至第十三列的数字为预产日期。

(3) 此表按平年（2 月只有 28d）计算结果，若为闰年（2 月有 29d），预产期相应提前 1d。

2. 计算法　计算口诀为月份加 4，日期减 6，再减过大月数，过 2 月加 2d（闰年过 2 月加 1d）。例如，一头母猪 3 月 18 日配种，其预产期为：月份加 4（3+4=7），日期减 6（18-6=12），再减去 2 个大月数即 12-2=10，该头母猪的预产期是 7 月 10 日。

表 4-9 母猪预产期推算

月\日	一	二	三	四	五	六	七	八	九	十	十一	十二
	四	五	六	七	八	九	十	十一	十二	一	二	三
1	25	26	23	24	23	23	23	23	24	23	23	25
2	26	27	24	25	24	24	24	24	25	24	24	26
3	27	28	25	26	25	25	25	25	26	25	25	27
4	28	29	26	27	26	26	26	26	27	26	26	28
5	29	30	27	28	27	27	27	27	28	27	27	29
6	30	31	28	29	28	28	28	28	29	28	28	30
7	1/五	1/六	29	30	29	29	29	29	30	29	1/三	31
8	2	2	30	31	30	30	30	30	31	30	2	1/四
9	3	6	1/七	1/八	31	1/十	31	1/十二	1/一	31	3	2
10	4	4	2	2	1/九	2	1/十一	2	2	1/二	4	3
11	5	5	3	3	2	3	2	3	3	2	5	4
12	6	6	4	4	3	4	3	4	4	3	6	5
13	7	7	5	5	4	5	4	5	5	4	7	6
14	8	8	6	6	5	6	5	6	6	5	8	7
15	9	9	7	7	6	7	6	7	7	6	9	8
16	10	10	8	8	7	8	7	8	8	7	10	9
17	11	11	9	9	8	9	8	9	9	8	11	10
18	12	12	10	10	9	10	9	10	10	9	12	11
19	13	13	11	11	10	11	10	11	11	10	13	12
20	14	14	12	12	11	12	11	12	12	11	14	13
21	15	15	13	13	12	13	12	13	13	12	15	14
22	16	16	14	14	13	14	13	14	14	13	16	15
23	17	17	15	15	14	15	14	15	15	14	17	16
24	18	18	16	16	15	16	15	16	16	15	18	17
25	19	19	17	17	16	17	16	17	17	16	19	18
26	20	20	18	18	17	18	17	18	18	17	20	19
27	21	21	19	19	18	19	18	19	19	18	21	20
28	22	22	20	20	19	20	19	20	20	19	22	21
29	23	—	21	21	20	21	20	21	21	20	23	22
30	24	—	22	22	21	22	21	22	22	21	24	23
31	25	—	23	—	22	—	22	23	—	22	—	24

3. "三三三" 推算法 即母猪的妊娠期为 3 个月 3 个星期加 3d。

三、接产护仔

(一) 母猪分娩征兆

1. 乳房的变化 母猪产前 15~20d，乳房开始由后向前逐渐下垂膨大，呈两条带状，俗称"两张皮"，乳房发紧而红亮，两排乳头呈"八"字形向外侧张开；乳头从前向后渐渐能挤出奶汁，前面的乳头能挤出奶汁时，约 24h 内产仔，中间乳头能挤出奶汁时，约 12h 内产仔，最后一对乳头能挤出奶汁时，在 4~6h 产仔或即将产仔。

2. 外阴部变化 母猪产前 3~5d 阴户红肿，尾根两侧下陷，骨盆开张。

3. 行为表现 临产母猪行动不安，起卧频繁，食欲减退，衔草做窝，排尿频繁，阴部流出稀薄黏液。当母猪四肢伸直，阵缩时间渐渐缩短，呼吸急促，表明即将产仔。

(二) 接产准备

1. 产房 母猪分娩前 5~10d 做好产房的准备。温度控制在 15~22℃，寒冷季节应有取暖设备（暖气、火炉、保温灯等），如用垫草，应提前放入舍内，使其温度与舍温相同，垫草要求干燥、柔软、清洁、长短适中。在母猪转入产房前 5~10d 打扫干净产房，清除过道、猪栏、运动场等地方的污物。地面、圈栏用 2% 氢氧化钠溶液刷洗消毒，墙壁、地面等用过氧乙酸喷洒消毒。产房要保持安静，阳光充足，空气新鲜。

2. 猪体 母猪分娩前 3~5d 转入产房，并对猪体进行清洁和消毒，消除猪体特别是腹部、乳房、阴门周围的污物，然后再用 2%~5% 的来苏儿消毒。

3. 用具 仔猪箱、5% 碘酊、0.1% 高锰酸钾溶液、洁净毛巾或拭布、剪刀、凡士林油、结扎线、耳号钳、体重秤及产仔记录簿等。

(三) 母仔分娩护理

1. 仔猪护理

(1) 擦黏液。胎儿产出后用洁净的毛巾、拭布或软草迅速擦去仔猪鼻和口腔的黏液，防止仔猪窒息而死或吸入液体呛死，然后彻底擦干全身黏液。

(2) 断脐。将仔猪脐带内血液向仔猪腹部方向挤压，在距离仔猪腹部 3~4cm 处，用手指掐断脐带，并用碘酊消毒。出血较多时，用手指掐住断端，然后用线结扎。

(3) 保温。仔猪擦黏液和断脐后，应尽快放入仔猪箱保温，箱内温度在 30~32℃。

(4) 剪牙。即剪除犬齿，仔猪犬齿（上、下颌的左、右各两枚）容易咬伤奶头，可在仔猪出生后用剪牙钳剪掉，操作时应注意剪平。

(5) 早吃初乳。身体已干燥、行动稍灵活的仔猪应尽早哺乳，使其吃上初乳，对获得母源抗体、恢复仔猪体温、密切母仔关系均有较大益处。分娩安静的母猪，其仔猪可采用"随生随哺"的方法；分娩不安的母猪（多为初产母猪），可把仔猪放入保温箱内，待全部仔猪产出后一同哺乳。

(6) 仔猪编号、称重及记录。编号便于记载、鉴别，建立健全生产档案，提高管理水平。编号常有耳标（或称耳号牌）和剪耳编号。大规模养猪场多采用耳标法编号，耳标是一种标有号码的特制塑料牌，钳在猪耳上。剪耳法是用耳号钳在猪耳上打缺口，一个缺口代表一个数字，几个数字相加，即猪的耳号。

(7) 假死仔猪的抢救。仔猪出生后全身发软、无呼吸，但有微弱心跳，即假死仔猪。此时，接产员用两手分别托住仔猪的头部和臀部，腹部向上，一屈一伸，促进其呼吸；或倒提仔猪两腿，拍打其胸背，使呼吸道畅通，刺激复活。

2. 母猪护理 母猪发生难产时，助产人员将指甲剪短、磨光，用肥皂洗干净手，再用0.1%高锰酸钾或2%来苏儿溶液消毒，然后在手和手臂上涂凡士林油，趁母猪努责间歇时，将手指并拢呈圆锥状，慢慢伸入产道，握住胎儿的适当部位，中指挂住胎齿，食指压住鼻突，随着母猪的努责，缓慢将胎儿拉出。助产过程中尽量避免产道损伤或感染，助产后给母猪注射抗生素药物，以防感染。

【学习评价】

一、填空题

1. 生产中根据不同猪种生产肉脂的性能和相应的体躯结构特点，将猪的类型按经济用途划分为_____、_____和_____。
2. 我国培育的猪品种主要有_____、_____、_____、_____、_____和_____。
3. 引入我国的国外猪品种主要有_____、_____和_____。
4. 断奶仔猪的留种数一般为需要更新种猪数的_____倍。
5. 2胎以上的母猪选留时，其主要依据是_____和_____。
6. 用来留种的母猪，乳头数应至少在_____对以上。
7. 猪的配种方式有_____、_____、_____和_____。

二、选择题

1. 经鉴定为一级的繁殖母猪，最好选择_____的公猪配种。
   A. 特级　　　B. 一级　　　C. 二级　　　D. 三级
2. 2~3岁的繁殖母猪，最好选择_____公猪来配种。
   A. 壮龄　　　B. 老龄　　　C. 幼龄
3. 具有体长、膘薄优点的繁殖母猪，同质选配时最好选择_____的公猪来配种。
   A. 体长而膘厚　　　　　　　B. 体大而瘦肉率高
   C. 体长而肉质好　　　　　　D. 体长而膘薄
4. 猪的精液常温保存的温度是_____。
   A. 0℃　　　B. 5~10℃　　　C. 15~25℃　　　D. 30℃
5. 精子活力是指_____运动的精子占总精子数的百分比。
   A. 原地　　　B. 曲线　　　C. 直线前进　　　D. 转圈
6. 目前采集公猪精液应用最广泛的一种方法是_____。
   A. 手握式采精　　B. 假阴道采精　　C. 电刺激法　　D. 不确定
7. 配种地点应选在_____附近，禁止在公猪舍（圈）附近配种。
   A. 公猪舍（圈）　　　　　　B. 母猪舍（圈）
   C. 产房　　　　　　　　　　D. 保育舍（圈）

三、判断题

1. 生产中常用试情法和外部观察法结合来鉴定母猪是否发情。（　　）
2. 为防止发情不明显的母猪错过配种时机，可每天早、晚利用试情公猪，对待配母猪进行试情，准确判定配种时间。（　　）
3. 从发情表现看，母猪精神状态从不安到发呆，阴户由红肿到淡白有皱褶，黏液由稀薄变黏稠，表示已达配种适期。（　　）
4. 当阴户黏膜干燥，拒绝配种时，表示配种时间已过。（　　）
5. 单次配种时间掌握不好，受胎率和产仔数不会下降。（　　）
6. 在母猪的一个发情期内，分别用两头公猪先后配种两次称为重复配种。（　　）
7. 双重配种可减轻公猪的负担，保证精子的活力。（　　）
8. 商品猪场多采用重复配种。（　　）
9. 生产上三次以上的配种，可明显提高产仔数。（　　）
10. 生产上多数猪场采用单次配种。（　　）

四、名词解释

1. 初生窝重　　2. 屠宰率　　3. 眼肌面积　　4. 胴体瘦肉率　　5. 同质选配
6. 异质选配　　7. 单次配种　　8. 重复配种　　9. 多次配种　　10. 双重配种

五、简答题

1. 简述猪的生物学特性有哪些？
2. 我国地方猪种主要特性有哪些？
3. 如何进行母猪的发情鉴定？
4. 如何正确选留种猪？
5. 引种猪时应重点把握好哪些技术环节？
6. 如何合理地调教后备种公猪？
7. 简述猪的人工授精技术操作步骤及注意事项。
8. 如何进行母猪的早期妊娠诊断？
9. 母猪临产前有哪些征状？
10. 简述母猪产仔后的护理要点。

六、计算题

已知一头母猪的配种日期为 2014 年 11 月 15 日，请推算该母猪的预产期。

【技能考核】

猪的经济杂交方案设计

一、考核题目

广东省梅州地区某猪场利用引入的杜洛克、长白、大约克夏、皮特兰等猪品种或品系，设计了猪的三元杂交模式、四元杂交模式,并在生产中得到广泛的利用。如图 4-11 所示。请指出图示中的祖代、父母代和商品代猪,并谈谈不同品种猪用作父本和母本的理由。

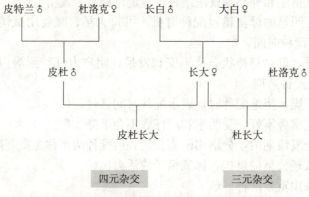

图 4-11 广东省梅州地区某猪场猪杂交优势利用

二、评价标准

(一)指出图示中的祖代、父母代和商品代猪

1. 祖代 皮特兰猪、杜洛克猪、长白猪和大白猪。
2. 父母代 杜洛克猪、长大杂交一代猪、皮杜杂交一代猪。
3. 商品代 皮杜长大四元杂交猪、杜长大三元杂交猪。

(二)不同品种猪用作父本和母本的理由

(1)皮特兰猪、杜洛克猪、长白猪和大白猪是我国从国外引入较早、适应性强,生产性能高的优良品种。

(2)在猪的杂交生产中,用作父本的品种要求具有良好的生长育肥性能、较高的瘦肉率和优良的肉质;用作母本的品种要求具有良好的繁殖性能、较强的适应性,而且来源要方便。

(3)在猪的经济杂交生产中,杜洛克猪、皮特兰猪因其具有突出的生长育肥性能和良好的肉质性状,常常被选定为父本或用于培育专门化品系(父系);大约克夏猪、长白猪因其具有突出的繁殖性能和较好的生长育肥性能,常常被选定为母本或用于培育专门化品系(母系)。

图 4-11 中的三元杂交和四元杂交方法,其亲本品种的安排正是基于上述理由而设计。

【案例与分析】

如何提高母猪的配种分娩率

一、案例简介

北京顺义县某种猪场 2008 年经常出现母猪配种分娩率低的问题,统计资料如表 4-10、表 4-11 所示。经调查分析,发现产生该问题的主要原因是:配种时机掌握不当,精液质量不高;猪群膘情不达标,瘦弱母猪多;饲料采食量不足,饲料质量不过关,有时出现发霉现象；体外寄生虫、子宫炎、肢蹄病等较为严重。请结合项目四《猪的选育杂交和繁殖利用》的相关知识，认真分析案例资料，阐述从哪几方面入手来提高该场母猪的配种分娩率。

表 4-10　北京顺义县某猪场 2008 年 8 月至 2009 年 2 月母猪配种繁殖成绩统计分析

时间	配种分娩率（%）	胎均总产仔数（头）	胎均健仔数（头）
2008 年 8 月	81.7	10.64	8.85
2008 年 9 月	81	10.91	9.34
2008 年 10 月	79	10.76	9.39
2008 年 11 月	80.7	10.93	9.58
2008 年 12 月	87.5	11	9.67
2009 年 1 月	88	11.51	9.86
2009 年 2 月	89.9	11.6	10.15

表 4-11　北京顺义县某猪场 2008 年 10 月母猪失配率统计分析

生产线	本月配种数	失配数	返情数	空怀数	流产数	死淘数	总失配率
第一生产线各失配情况所占比例	146	19	2 10.53%	2 10.53%	7 36.84%	8 42.10%	13.01%
第二生产线各失配情况所占比例	192	22	15 68.18%	6 27.27%	1 4.55%		11.45%
全场各失配情况所占比例	338	41	17 41.47%	8 19.51%	8 19.51%	8 19.51%	12.13%

二、案例分析

1. 原因分析

（1）根据表 4-10 统计分析可知：2008 年该猪场母猪配种分娩率多数月份低于 85%，个别月份甚至低于规模化养猪场的合格标准 80%，这种情况必然影响母猪的繁殖能力和经济效益。

（2）根据表 4-11 统计分析可知：2008 年该猪场第一条生产线失配率高的主要原因是流产与死淘所致，初步分析可能是饲养管理、疾病危害、应激影响等因素造成；第二条生产线失配率高的主要原因则是返情与空怀所致，初步分析可能是母猪膘情较差、适配时间不当、配种方法不规范或饲料营养不合理等造成。

2. 对策措施

（1）科学判断空怀母猪体况，过瘦的母猪增加维生素、鱼肝油等营养物质的添加，偏瘦的母猪短期优饲。

（2）加强公猪的饲养、运动和光照，增强其食欲和性欲，保证精液品质。必要时，可每周给公猪添加鸡蛋、维生素 E 及鱼肝油，每周 3～4d。优良的公猪多加利用。

（3）做好发情鉴定与适时配种。每天至少 2h 用于发情鉴定，认真观察母猪的外阴色泽、黏液和静立反射等表现，依据母猪发情时间的长短，确定适时配种时间，保证精液品质和输精量。

(4) 分阶段精细化饲养怀孕母猪，不能养得过肥或过瘦，及时淘汰不合格的种猪，每天利用喂料的时间进行返情检查。

(5) 全面调控种猪健康，定期驱虫、健胃，加强消毒、防疫，防止产道出现炎症，注意断奶母猪和配种母猪的清洁卫生工作。

(6) 做好母猪的子宫内膜炎防治，注射青霉素3支＋链霉素2支＋鱼腥草20mL，每天2次，连用3d；用0.1%高锰酸钾溶液清洗外阴，每天2次，连续清洗7d以上。

(7) 熟练掌握猪的人工授精技术，操作规范，定期对配种员进行技术培训。

(8) 后备母猪270日龄以上不发情；断奶母猪两个情期以上不发情；妊娠母猪连续2次、累计3次习惯性流产；配种母猪连续两次返情或不孕；严重偏瘦，患有肢蹄病、子宫内膜炎经治疗无效；连续2胎或累计3次产活仔数窝均6头以下的母猪，应及时淘汰。

【信息链接】

(1) NY/T 636—2002《猪人工授精技术规程》。
(2) NY/T 820—2004《种猪登记技术规范》。
(3) NY/T 822—2004《种猪生产性能测定规程》。
(4) NY/T 825—2004《瘦肉型猪胴体性状测定技术规范》。
(5) GB 22283—2008《长白猪种猪》。
(6) GB 22284—2008《大约克夏猪种猪》。
(7) GB 22285—2008《杜洛克猪种猪》。
(8) GB/T 25883—2010《瘦肉型种猪生产技术规范》。
(9) GB/T 25172—2010《猪常温精液生产与保存技术规范》。
(10) GB/T 27534.2—2011《畜禽遗传资源调查技术规范 第2部分：猪》。

项目五 猪的饲养管理和兽医保健

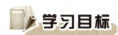

了解不同类别猪的生理和生产特点;掌握各类猪的饲养管理技术;知道猪的兽医卫生保健措施;熟记工厂化养猪和无公害猪肉生产的基本要求。

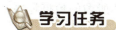

任务1 猪的兽医卫生保健

科学养猪应贯彻"预防为主,防重于治"的方针,在加强饲养管理、搞好环境卫生的基础上,通过消毒卫生、防疫驱虫、药物保健、检疫诊断等措施,减少病原微生物,增强猪只抵抗力,保证猪群健康生长发育,提高猪群生产水平。

一、消毒卫生

猪的饲养环境直接影响猪群的生长发育和对疫病的感受性。因此,应经常性、有计划地对猪群所处的饲养环境净化处理,使其符合规定的要求。主要净化措施包括消毒卫生、防疫驱虫、粪污处理、杀虫灭虱、林草绿化等五个方面,其中猪的消毒卫生制度,是杜绝一切传染源,确保猪群健康的关键措施。常用的消毒剂有苛性钠、来苏儿、生石灰、过氧乙酸等。消毒方法主要有喷洒、喷雾、浸泡、熏蒸等。猪场常用的消毒药使用方法如表5-1所示。

表5-1 常用消毒药使用方法

推荐消毒药	消毒对象及适用范围	配制浓度
苛性钠	大门消毒池、道路、环境、空栏猪舍	2%~3%
生石灰	道路、环境 猪舍墙壁、空栏	直接使用 调制石灰乳
过氧乙酸	猪舍门口消毒池、赶猪道、道路、环境	1:200

(1)猪场分生活区、管理区、生产区和隔离区,非生产区工作人员及车辆严禁进入生产区,必须进入者需经场长或主管兽医批准并经严格消毒后,在场内人员陪同下方可进入,只可在指定范围内活动。

(2)全场员工及外来人员入场时,均应通过消毒门岗,消毒池每周更换两次消毒液。饲养员要在场内宿舍居住,不得随便外出。

(3)每月初对生活区、管理区及其环境进行一次大清洁、大消毒、灭蝇灭鼠。配种怀孕舍、育肥舍每周至少消毒一次,分娩保育舍每周至少消毒2次。

(4) 场内技术人员不得到场外出诊，不得在屠宰场、其他猪场或屠宰户、养猪户场（家）逗留。运料、运猪车辆出入生产区、隔离舍、装猪台要彻底消毒。

(5) 生产人员经更衣室、消毒池和手浸消毒盆后方可进入。

(6) 消毒池每周更换两次消毒液，紫外线灯保持全天候开着状态。生产线每栋猪舍门口、产房各单元门口设消毒池，并定期更换消毒液，保持有效浓度。

二、防疫驱虫

防疫驱虫是现代规模化养猪场预防猪群感染疫病和维持机体健康的有效手段。各地应根据本地区疫病流行情况，制订切实可行的免疫接种和驱虫计划，同时，还要考虑防疫驱虫效果和当地疫病流行情况的变化，定期修订。在此基础上，根据各种疫（菌）苗的免疫特性和被接种动物的特点，合理确定预防接种的次数、间隔时间和免疫途径，即所谓的免疫程序。免疫注射时，严格按要求操作，不打飞针，认真做好免疫计划和免疫记录。

（一）猪的免疫程序

1. 仔猪免疫程序

(1) 1日龄。猪瘟常发猪场，猪瘟弱毒苗超前免疫，即仔猪生后在未吃初乳前，先肌内注射一头份猪瘟弱毒苗，隔1~2h后再让仔猪吃初乳。

(2) 3日龄。鼻内接种伪狂犬病弱毒疫苗。

(3) 7~15日龄。肌内注射气喘病灭活菌苗、猪蓝耳病弱毒疫苗。

(4) 20日龄。肌内注射猪瘟、猪丹毒二联苗（或加猪肺疫三联苗）。

(5) 25~30日龄。肌内注射伪狂犬病弱毒疫苗。

(6) 30日龄。肌内或皮下注射传染性萎缩性鼻炎疫苗。

(7) 30日龄。肌内注射仔猪水肿病菌苗。

(8) 35~40日龄。口服或肌内注射仔猪副伤寒菌苗。

(9) 60日龄。二倍量肌内注射猪瘟、猪肺疫、猪丹毒三联苗。

(10) 生长育肥期肌内注射两次口蹄疫疫苗。

2. 后备公、母猪免疫程序

(1) 配种前1个月肌内注射细小病毒、乙型脑炎疫苗。

(2) 配种前20~30d肌内注射猪瘟、猪丹毒二联苗（或加猪肺疫的三联苗）。

(3) 配种前1个月肌内注射猪伪狂犬病弱毒、口蹄疫、猪蓝耳病疫苗。

3. 经产母猪免疫程序

(1) 空怀期。肌内注射猪瘟、猪丹毒二联苗（或加猪肺疫的三联苗）。

(2) 初产母猪肌内注射一次细小病毒灭活苗，以后可不注。

(3) 母猪产仔头3年，每年3~4月份肌内注射1次乙型脑炎疫苗，三年后可不注。

(4) 每年肌内注射3~4次猪伪狂犬病弱毒疫苗。

(5) 产前45d、15d，分别注射K_{88}、K_{99}、K_{987}大肠杆菌腹泻菌苗。

(6) 产前45d，肌内注射传染性胃肠炎、流行性腹泻、轮状病毒三联疫苗。

(7) 产前35d，皮下注射传染性萎缩性鼻炎灭活苗。

(8) 产前30d，肌内注射仔猪红痢疫苗。

(9) 产前25d，肌内注射传染性胃肠炎、流行性腹泻、轮状病毒三联疫苗。

(10) 产前 16d，肌内注射仔猪红痢疫苗。

4. 配种公猪免疫程序

（1）每年春、秋各注射一次猪瘟、猪丹毒二联苗（或加猪肺疫的三联苗）。

（2）每年 3～4 月份肌内注射 1 次乙型脑炎疫苗。

（3）每年肌内注射 2 次气喘病灭活菌苗。

（4）每年肌内注射 3～4 次猪伪狂犬病弱毒疫苗。

5. 常见猪病的免疫程序 如表 5-2 所示。

表 5-2 常见猪病的参考免疫程序

猪别	日龄	免疫内容
仔猪	吃初乳前 1～2h 初生仔猪 7～15 日龄	超前免疫猪瘟弱毒疫苗 猪伪狂犬病弱毒疫苗 猪气喘病灭活菌苗、传染性萎缩性鼻炎灭活菌苗
	25～30 日龄	猪繁殖与呼吸综合征（PRRS）弱毒疫苗、仔猪副伤寒弱毒菌苗、伪狂犬病弱毒疫苗、猪瘟弱毒疫苗（超前免疫猪不免）、猪链球菌苗、猪流感灭活疫苗
	30～35 日龄 60～65 日龄	猪传染性萎缩性鼻炎、猪气喘病灭活菌苗 猪瘟、猪丹毒、猪肺疫弱毒菌苗、伪狂犬病弱毒疫苗
初产母猪	配种前 10、8 周 配种前 1 个月 配种前 3 周 产前 5 周、2 周 产前 4 周	猪繁殖与呼吸综合征（PRRS）弱毒疫苗 猪细小病毒弱毒疫苗、猪伪狂犬病弱毒疫苗 猪瘟弱毒疫苗 仔猪黄白痢菌苗 猪流行性腹泻+传染性胃肠炎+轮状病毒三联疫苗
经产母猪	配种前 2 周 怀孕 60 日龄 产前 6 周 产前 4 周 产前 5 周、2 周 每年 3～4 次 产前 10d 断奶前 7d	猪细小病毒病弱毒疫苗（初产前未经免疫的） 猪气喘病灭活菌苗 猪流行性腹泻+传染性胃肠炎+轮状病毒三联疫苗 猪传染性萎缩性鼻炎灭活菌苗 仔猪黄白痢菌苗 猪伪狂犬病弱毒疫苗 猪流行性腹泻+传染性胃肠炎+轮状病毒三联疫苗 猪瘟弱毒疫苗、猪丹毒弱毒菌苗、猪肺疫弱毒疫苗
青年母猪	配种前 10 周、8 周 配种前 1 个月 配种前 2 周	猪繁殖与呼吸综合征（PRRS）弱毒疫苗 猪细小病毒病弱毒疫苗、猪丹毒弱毒菌苗、猪肺疫弱毒菌苗、猪瘟弱毒疫苗 猪伪狂犬病弱毒疫苗
成年公猪	每半年 1 次	猪细小病毒、猪瘟弱毒疫苗、传染性萎缩性鼻炎、猪丹毒弱毒菌苗、猪肺疫弱毒菌苗、猪气喘病灭活菌苗
各类猪群	3～4 月份 每半年 1 次	乙型脑炎弱毒疫苗 猪瘟弱毒疫苗、猪丹毒弱毒菌苗、猪肺疫弱毒菌苗、猪口蹄疫灭活疫苗、猪气喘病灭活菌苗

注：①猪瘟弱毒疫苗常规免疫剂量，初生乳猪 1 头份/头，其他大小猪 4～6 头份/头。未作乳前免疫的，仔猪在 21～25 日龄首免，40 日龄、60 日龄各免疫 1 次，4 头份/头。②猪传染性胸膜肺炎、副猪嗜血杆菌病发病率较高的地区应列入常规免疫程序。③病毒苗与弱毒菌苗混合使用，若病毒苗中加有抗生素则可杀死弱毒菌苗，导致弱毒菌苗免疫失败。④使用活菌制剂（包括猪丹毒、猪肺疫、仔猪副伤寒弱毒苗）免疫接种前 10d 和后 10d，避免在饲料、饮水中添加抗菌药，或肌内注射抗菌药。

6. 其他疾病的防疫

（1）口蹄疫。常发区使用常规灭活苗，首免 35 日龄，二免 90 日龄，以后每 3 个月免疫一次；高效灭活苗，首免 35 日龄，二免 180 日龄，以后每 6 个月免疫一次。非常发区使用常规灭活苗，每年1月份、9月份和12月份各免疫一次；高效灭活苗，每年1月份和9月份各免疫一次。

各地可根据实际情况，每个季度内对空怀或长期未配的母猪集中注射一次口蹄疫苗和猪瘟、猪丹毒、猪肺疫疫苗。

（2）猪传染性胸膜肺炎。仔猪6~8周龄一次，2周后再加免一次。

（3）猪链球菌病。成年母猪每年春季、秋季各免疫一次；仔猪首免10日龄，二免60日，或首免出生后24h，二免断奶后2周。

（4）蓝耳病。成年公猪每半年免疫一次灭活苗；成年母猪每胎妊娠期60d免疫一次灭活苗；仔猪14~21日龄免疫一次弱毒苗；后备猪配种前免疫一次灭活苗。

上述免疫程序仅供参考，各地应根据自身实际情况、疾病发生史以及猪群当前的抗体水平等，制订切实可行的免疫程序。防疫重点应是多发性疾病和危害严重的疾病，未发生或危害较轻的疾病可酌情免疫。猪免疫程序因地区、流行病情况、防疫环境、健康状态等不同而异。免疫程序一经确定，应保持相对稳定，并严格执行。

（二）猪的驱虫程序

猪的寄生虫分为体内寄生虫（如蛔虫、结节虫、鞭虫等）和体外寄生虫（如疥螨、血虱等），猪群感染寄生虫后不仅体重下降、饲料利用率降低，严重时可导致猪只死亡，引起较大的经济损失。因此，猪场必须按时做好驱虫工作。

一般情况下，猪场应每月或至少每个季度对种猪及后备猪体外喷雾驱虫一次；产房进猪前空舍空栏驱虫一次，临产母猪上产床前体外驱虫一次。驱虫药物视猪群情况、药物性能、用药对象等区别对待。驱除猪体内外寄生虫时，多选用伊维菌素、阿维菌素等药物。商品猪驱虫前最好健胃。

猪的驱虫程序如下：

1. 后备猪 外引猪进场后第2周体内外驱虫一次；配种前体内、外驱虫一次。

2. 成年公猪 每半年体内、外驱虫一次。

3. 成年母猪 临产前2周体内、外驱虫一次。

4. 新购仔猪 进场后第2周体内、外驱虫一次。

5. 生长育成猪 9周龄和6月龄体内、外各驱虫一次。

6. 引进种猪 使用前体内、外驱虫一次。

三、药物保健

随着我国规模化养猪的迅速发展，猪保健预防用药越来越受到大型猪场的重视。保健预防用药是控制细菌病的有效途径，不仅能减少猪病的继发症或并发症，还具有促生长作用。在养猪生产实践中，提倡通过策略性用药、重点阶段性给药的方法，净化猪群体内的有害菌，保持体内有效的抗菌浓度，从而降低猪群发病率，减少猪只死亡，提高养猪经济效益。

1. 1~6日龄初生仔猪 主要预防大肠杆菌、链球菌等方面的母源性感染（如脐带、产道、哺乳感染）。推荐方案：①强力霉素、阿莫西林：每吨母猪料各加200g，连喂7d。②新强霉素（新霉素和强力霉素复合品）：饮水，每千克水添加2g，或母猪拌料1周。③长效土霉素：母猪产前肌内注射5mL。④仔猪吃初乳前口服庆大霉素、诺氟沙星1~2mL或土霉素半片。⑤仔猪2~3日龄补铁、补硒。⑥使用微生态制剂如赐美健、促菌生、乳酶生等。

2. 6～10日龄开食前后仔猪　主要预防仔猪开食时发生的感染及应激。推荐方案：①恩诺沙星、诺氟沙星、氧氟沙星及环丙沙星，每千克水加50mg，每千克饲料加100mg。②新霉素，每千克饲料添加110mg，母仔共喂3d。③强力霉素、阿莫西林，每吨仔猪料各加300g，连喂7d。上述方案中可添加维生素C或复合维生素及盐类等抗应激添加剂。

3. 21～28日龄断奶前后仔猪　主要预防气喘病和大肠杆菌病等。推荐方案：①普鲁卡因、青霉素、金霉素、磺胺二甲嘧啶，拌料饲喂1周。②新霉素、强力霉素，拌料饲喂1周。③氟苯尼考，拌料连喂7d。④土霉素碱粉，每千克饲料加100mg，拌料饲喂1周。上述方案中可添加维生素C或复合维生素及盐类等抗应激添加剂。

4. 60～70日龄小猪　主要预防气喘病、传染性胸膜肺炎、大肠杆菌和寄生虫病。推荐方案：①氟苯尼考、支原净、泰乐菌素、土霉素钙预混剂，拌料饲喂1周。②伊维菌素、阿维菌素拌料饲喂或肌内注射。

5. 育肥猪或后备猪　主要预防寄生虫和促进生长。推荐方案：①氟苯尼考、支原净、泰乐菌素及土霉素钙预混剂，拌料1周。②添加速大肥（维吉尼亚霉素）等促生长剂。③伊维菌素、阿维菌素拌料饲喂或肌内注射。

6. 成年公、母猪　主要预防后备猪、空怀母猪和种公猪的气喘病、传染性胸膜肺炎及怀孕母猪、哺乳母猪的气喘病、子宫炎及寄生虫病等。推荐方案：①氟苯尼考或泰乐菌素，拌料，脉冲式给药。②伊维菌素、阿维菌素，拌料驱虫1周，半年1次。③强力霉素、土霉素钙，分娩前7d到分娩后7d，拌料饲喂1周。④氨苄西林，每千克体重20mg，肌内注射。⑤庆大霉素，每千克体重2～4mg，肌内注射。

四、检疫诊断

现代规模化养猪场猪群饲养密度大，防疫重点是确保整个猪群免受疫病危害。因此，除做好平常的保健管理外，还要搞好疫病的检疫诊断，以便及时发现和治疗疾病。

（一）疫病检疫

根据《家畜家禽防疫条例》规定和产地疫情，及时做好口蹄疫、猪瘟、猪传染性水疱病、猪伪狂犬病、猪气喘病、猪钩端螺旋体病、猪萎缩性鼻炎、猪布鲁氏菌病等疫病的检疫，定期检查粪便的虫卵。引入种猪应在隔离舍观察30d，隔离观察期间，停止喂服药物性添加剂，以利于检疫观察，确认健康后，方可进入生产区。

（二）流行病学调查

流行病学调查主要包括：猪场周围地区猪群的动态和不安全因素；种猪来源、猪群规模及繁殖情况；猪群的既往病史、发病死亡情况、检疫内容及结果等；防疫驱虫、预防接种的执行情况；猪场的地貌、交通、水源及猪舍的环境、设施、卫生等情况；猪场的饲养条件和饲喂制度等；猪群的生产周转及生产性能。

（三）临床检查

一般从运动、休息、采食、生理指标等方面进行检查。

1. 运动　检查猪群时在通道一侧观察。健康猪精神活泼，行走平稳，步态端正有力，两眼直视，摇头摆尾，随大群猪并行前进；病猪则精神沉郁，低头垂尾，弓腰曲背，腹部蜷缩，行动迟缓，步态跟跄，不时发出咳嗽、呻吟等异常声音，眼、鼻分泌物增多，尾部粘污粪便。

2. 休息 检查猪群时在猪栏外边观察。健康猪站立平稳或来回走动，不断发出"吭吭"声，外人接近凝神而视，表现出警惕姿态，休息时多侧卧，四肢舒展伸直，呼吸深长且平稳，被毛富有光泽；病猪则站立一隅，全身不时颤抖或鼻端触地，有时将两前肢伸地伏卧或呈犬坐状态，呼吸急促或喘息，被毛粗乱无光泽。

3. 采食 健康猪采食时，表现争先恐后、急奔饲槽，大口吞食；病猪则不愿走进饲槽或不吃，有时只吃一两口即自行后退。

4. 体温 用酒精棉球擦拭消毒体温计，将体温计水银柱甩到35℃以下，涂少量凡士林后，缓缓插入保定猪直肠内，用铁夹固定在尾根毛上，停留3～5min取出，再用酒精棉球擦干净，读出体温计水银柱读数并记录，将体温计水银柱甩到35℃以下备用。与猪正常体温（38.7～39.1℃）作对照。

（四）病料检疫

猪群中有群发性疾病或流行性疫病时，应对典型病例及病死猪及时进行病理学解剖和组织学检查，根据特征性病理变化及组织学变化情况，做出病理及组织学诊断。

根据猪病流行特点、临床症状和剖检病理变化，对被检猪可能患有何种疫病作出初步诊断，然后有针对性地采集含菌（病毒）最多的病料，并使其免受污染。若暂时缺乏临诊资料，难以判断属哪类病时，应全面取材，或根据症状和病理变化，有侧重地采集病料。采集好的病料认真做好记录，严格按要求及时送检。

1. 病料的采集与保存

（1）制作病料涂片。将病灶组织、脓汁、血液、粪尿等制成涂片，自然干燥或烘干后，贴上标签送检。

（2）细菌学检查病料。①采集组织脏器：切取 5cm³ 左右的肝、脾、肾、心肌、淋巴结或脑组织，装入灭菌容器中，加盖密封。②采集液体病料：用无菌注射器吸取（或用无菌棉花球蘸取）病猪的痰、黏液、脓汁、腹水、胆汁、脑脊液或乳汁等，放入无菌试管中，加塞密封。

（3）病毒学检查病料。采集的病料应尽可能含病毒量多、纯净和不被灭活，最好在发病初期、急性期或发热期采集。①采集血液：用灭菌注射器先吸取 0.1% 肝素 1mL，再从猪耳静脉吸取血液 10mL 混合，注入灭菌试管，加胶塞密封。②采集组织脏器和液体病料：其方法与细菌病料的采集相同。

采集好的病料放入灭菌容器密封，迅速以冻结状态送检，不能及时送检的病料，用 pH7.4 左右的 50% 磷酸缓冲甘油液，冷藏保存或置于冰箱内冻结保存，保存时间不宜太长。病猪出现水疱或脓疱时，可在其未破溃前，用无菌毛细吸管穿透疱皮吸取疱液、脓汁或分泌物，然后迅速火焰封口；也可用无菌注射器吸取疱液、脓汁或分泌物，立即混合等量的无菌缓冲液（如 10% 灭活兔血清、10% 生理盐水卵黄液、2% 生理盐水灭活马血清或灭菌脱脂乳等）保存或送检。

（4）血清学检查病料。血清学检查包括鉴定抗原或抗体。在采集生前病料的同时，应采集血清，并尽可能采集双份。作为抗原的样品，所采血液要准确纯净，必须保证抗原性不受破坏；作为抗体的样品，无菌条件下采集静脉血 10mL，待其自然凝固后，析出血清或离心分离血清，将血清吸入灭菌瓶中，密封冷藏送检。为防污染，可在血清中滴加抗生素（青霉素和链霉素）。

2. 病料的包装与送检

（1）将盛病料的容器洗净消毒，玻璃容器可高压蒸汽灭菌，塑料容器可用 0.2% 新洁尔灭溶液浸泡后，用灭菌水冲洗。装入病料，瓶或试管须加盖，再以熔化的石蜡密封，塑料袋要扎紧袋口，确保不漏，然后贴上标签。

（2）将装好病料的容器放入木箱中或金属容器内，或置于内有冰块的广口保温瓶。

（3）指派专人将病料送到检验机关，送检人员应了解病料的来源及疫病流行等情况，同时携带一份填好的病料送检单。

3. 注意事项

（1）当多数猪发病时，应选其中症状和病变典型并未经治疗的病猪采集病料，仔猪可选取有代表性的病例，如整个活体或尸体送检。

（2）采集的病料如血液、脓汁、分泌物、粪尿等，应及时送检。病猪死后立即剖检取材，尽快送检，不能延误太久，以防组织腐败或变性，不利于病原体的分离。

（3）若因故不能及时送检的病料，须冷冻保存，但不宜久置，以免延误检验时机。

（4）为减少污染机会，病料采集过程必须无菌操作，将常用的器械、容器等事先消毒、灭菌。

（5）供微生物检查的病料，应每一材料装一灭菌容器，切忌混装。盛放每一病料的容器，均应贴上标签，注明病料来源、种类、保存方法和采集日期。

（6）采集病料过程中，特别是人、猪共患传染病的尸体剖检时，要做好自我防护工作和环境消毒工作，防止自身感染和散播病原。

（7）剖检前，要先了解疫情，炭疽等病例严禁解剖。

任务 2　哺乳仔猪和保育仔猪的饲养管理

一、哺乳仔猪的饲养管理

哺乳仔猪指从出生到断奶的仔猪。哺乳仔猪由于生长发育快和生理不成熟而难饲养，如果饲养管理不当，容易造成仔猪患病多、增重慢、哺育率低。因此，根据哺乳仔猪的生长与生理特点，进行科学的饲养管理，是哺乳仔猪培育成功与否的关键措施。

（一）生理特点

1. 生长发育快，物质代谢旺盛　仔猪出生时体重小，不到成年体重的 1%，低于其他家畜（羊为 3.6%，牛为 6%，马为 9%～10%）。哺乳阶段是仔猪生长强度最大的时期，10 日龄体重是初生重的 2～3 倍，30 日龄达 6 倍以上，60 日龄可达 10～13 倍，60 日龄后随年龄的增长逐渐减弱。哺乳仔猪利用养分的能力强，饲料营养不全会严重影响仔猪的生长，因此，必须保证仔猪所需的各种营养物质。哺乳仔猪快速生长是以旺盛的物质代谢为基础，单位增重所需养分高，能量、矿物质代谢均高于成年猪。哺乳仔猪除哺乳外，应及早训练其开食，用高质量的乳猪料补饲。

2. 消化器官不发达，消化机能不完善　仔猪出生时胃内缺乏游离盐酸，胃蛋白酶无活性，不能很好地消化蛋白质，特别是植物性蛋白质。消化器官的重量和容积都很小，胃重 6～8g，仅占体重的 0.44%。肠腺和胰腺发育比较完善，胰蛋白酶、肠淀粉酶和乳糖酶活性较高，食物主要在小肠内消化。所以，初生仔猪只能吃母乳而不能利用植物性饲料。

3. 缺乏先天免疫力，容易得病 猪的胎盘构造特殊，母猪血管与胎儿的脐带血管被6~7层组织隔开，母源抗体不能通过胎液进入胎儿体内。因此，初生仔猪没有先天免疫力，自身也不能产生抗体，只有吃初乳后，才能获得免疫力。

4. 体温调节能力差 初生仔猪大脑皮层发育不全，体温调节中枢不健全，调节体温能力差，皮薄毛稀，特别怕冷，如不及时吃母乳，很难成活。因此，初生仔猪难养，成活率低。

（二）饲养管理

1. 抓乳食，过好初生关 饲养管理哺乳仔猪的任务是让哺乳仔猪获得最高的成活率和最大的断奶重。养好哺乳仔猪可从以下几方面着手：

（1）早吃初乳，固定乳头。初乳是指母猪产后3~5d内分泌的乳汁。初乳的特点是富含免疫球蛋白，可使仔猪尽快获得免疫抗体；初乳中蛋白质含量高，含有具有轻泻作用的镁盐，可促进胎粪排出；初乳酸度较高，可弥补初生仔猪消化道不发达和消化腺机能不完善的缺陷。初生仔猪可从肠壁吸收初乳中的免疫球蛋白，出生36h后不能再从肠壁吸收。因此，仔猪最好在生后2h内吃到初乳。实践证明，吃不到初乳的仔猪很难成活。正常情况下，仔猪生后可靠灵敏的嗅觉找到乳头，弱小仔猪行动不灵活，不能及时找到乳头或被挤掉，应给予人工辅助。

初生仔猪有抢占多乳奶头并固定为己有的习性，开始几次吸食某个乳头，一经认定至断奶不变。固定乳头分自然固定和人工固定，应在生后2~3d内完成。生产中为了使一窝仔猪发育整齐，提高仔猪成活率，可将弱小仔猪固定在前3对乳头，体大强壮的仔猪固定在中、后部乳头，其他仔猪自寻乳头。看护人员要随时帮助弱小仔猪吃上乳汁，这样有利于弱小仔猪的成活。

（2）加强保温，防冻防压。哺乳仔猪对环境的要求很高。仔猪出生后，必须采取保温措施才能满足仔猪对温度的要求。哺乳仔猪适宜的环境温度为：1~3日龄为32~35℃，4~7日龄为28~30℃，15~30日龄为22~25℃，2~3月龄为22℃，温度应保持稳定，防止过高或过低。产房内温度应控制在18~20℃，设置仔猪保温箱，在保温箱顶端悬挂150~250W的红外线灯，悬挂高度可视需要调节，照射时间根据温度随时调整；还可用电热板等办法加温，条件差的可用热水袋、输液瓶灌上热水来保持箱内温度，既经济又实用，大大减少仔猪着凉、受潮和下痢的机会，从而提高仔猪成活率；南方还可用煤炉给仔猪舍加温。仔猪出生后2~3d，行动不灵活，同时母猪体力也未恢复，初产母猪通常缺乏护仔经验，常因起卧不当压死仔猪。所以，栏内除安装护仔栏外，还应建立昼夜值班制度，注意检查观察，做好护理工作，必要时采定时哺乳。

（3）寄养和并窝。产仔母猪在生产中常会出现一些意外情况，如母猪产后患病、死亡或产后无奶，或产活仔猪数超过母猪的有效乳头数，这时就需给仔猪找个"奶妈"，即进行仔猪寄养工作。如果同时有几头母猪产仔不多，可进行并窝。寄养原则是有利于生产，两窝产期不超过3d，个体相差不大。选择性情温顺、护仔性好、母性强的母猪承担寄养任务，通常等吃过初乳以后进行，如遇特殊情况也可采食养母的初乳。具体操作时，应针对母猪嗅觉发达这一特性，将要并窝或寄养的仔猪预先混味，在寄养仔猪身上涂抹"奶妈"的乳汁，也可用喷药法，寄养最好在夜间进行。

（4）及时补铁。铁是造血原料，刚出生的仔猪体内铁贮备少，只有30~50mg。由于仔猪每天从母乳中获得的铁只有 1mg 左右，而仔猪正常生长每天每头需要铁 7～8mg，如不及时补铁，仔猪就会患缺铁性贫血症；铜是猪必需的微量元素，铜的缺乏会减少仔猪对铁的吸收和血红蛋白形成，同样会发生贫血。高铜对幼猪生长和饲料利用率有促进作用，但过量添加会导致中毒。另外，初生仔猪缺硒会引起腹泻、肝坏死和白肌病等。仔猪补铁常用的方法是生后 2～3 日龄肌内注射 100～150mg 牲血素（右旋糖酐铁）或者富血力（右旋糖酐铁、亚硒酸钠、维生素 B_{12}）等，2 周龄再注射 1 次即可，也可用红黏土补铁，在圈内放一堆红黏土，任其舔食。

2. 抓开食，过好补料关 哺乳仔猪体重增长迅速，对营养物质的需求与日俱增，而母猪的泌乳量在分娩后 3 周达高峰后逐渐下降，不能满足仔猪的营养物质需求。据报道，3 周龄仔猪摄入的母乳能满足其总营养物质的 97%，4 周龄 84%，5 周龄 50%，7 周龄 37%，8 周龄 27%。如不及时补料，会影响仔猪的生长发育，及早补料不但可以锻炼仔猪的消化器官，还可防止仔猪下痢，为安全断奶奠定基础。

(1) 开食补料。仔猪开食训练时使用加有甜味剂或奶香味的乳猪颗粒料或焙炒后带有香味的玉米粒、高粱粒或小麦粒等，可取得明显的效果。

(2) 开食方法。仔猪开食一般在 5～7 日龄进行，因为仔猪生后 3～5 日龄活动增加，6～7 日龄牙床开始发痒，喜欢啃咬硬物或拱掘地面，仔猪对这种行为有很大的模仿性，只要一头猪开始拱咬东西，别的仔猪很快也来模仿。因此，可以利用仔猪的这种习性和行为来引导其采食。一般经过 7d 的训练，15 日龄后仔猪即能大量采食饲料，仔猪 20 日龄以后随着消化机能渐趋完善和体重的迅速增加，食量大增，并进入旺食阶段，应加强这一时期的补料。补料的同时注意补水，最好安装自动饮水器。

①诱导补饲。利用仔猪喜爱香味和甜味物质及模仿母猪采食的习性，在乳猪补饲栏中放入加有调味剂（如乳猪香）的乳猪料，或者炒香的高粱、玉米、黄豆或大、小麦粒等，任仔猪自由舔食；也可将粉料调成粥状，取少许抹在仔猪嘴上或在哺乳时涂在母猪乳头上让仔猪随乳汁一起吃进，每天 3～4 次，连续 3d，直到仔猪对饲料感兴趣为止。

②强制补饲。仔猪达 7 日龄时，每天将母仔分开，定时哺乳，造成仔猪饥饿和被迫采食饲料的欲望，然后强制性地将饲料喂进仔猪口中。仔猪一旦对所补饲料的味道熟悉后，就会形成条件反射，闻到饲料味就会走过去吃料，这是补料成功的重要标志。

(3) 补饲全价料。仔猪开食后，应逐渐过渡到补全价混合料。先在补饲栏内放入全价混合料，再在上面撒上一层诱食料，仔猪在吃进诱食料的同时，可将全价仔猪料同时吃进，然后逐渐过渡到全价混合料。补料可少喂勤添，10～15 日龄每天 2 次，以后每增加 5d，增补 1 次，及时清除剩料，定期清洗补料槽。

仔猪开食到进入旺食期是补饲的关键时期，补饲效果主要取决于仔猪饲料的品质。哺乳仔猪的饲料要求高能量、高蛋白、营养全面、适口性好、容易消化、具有抗病性和采食后不易腹泻的特点。仔猪料每千克饲粮含消化能 14.02MJ，粗蛋白质 21%，赖氨酸不低于 1.42%，钙 0.88%，有效磷 0.54%，钠 0.25%，氯 0.25%，粗纤维含量不超过 4%。近年来，对早期断奶仔猪饲粮的研究表明，适当添加复合酶、有机酸（延胡索酸、柠檬酸等）、调味剂（奶香味调味剂）、乳清粉、香味剂、微生态制剂（乳酸杆菌、双歧杆菌）等，可提高饲粮的补饲效果，并能预防下痢。

①添加有机酸。由于仔猪消化机能不健全，胃底腺不发达，胃酸分泌不足，胃蛋白酶活

性较低，再加上小肠内一些病原菌的繁殖，容易使肠道功能紊乱而发生腹泻。根据这一特性，在仔猪饮水和饲料中添加1‰～3‰的柠檬酸，可降低胃内pH，激活消化酶，强化乳酸杆菌繁殖，提高消化能力，改善仔猪的增重速度和饲料利用率。

②添加酶制剂。在日粮中添加稳定性好、特异性强的外源消化酶（脂肪酶和淀粉酶）对改善仔猪生长和提高饲料利用率有很好的效果，它可以弥补断奶后仔猪体内酶的分泌不足，防止消化不良性腹泻。

③添加益生素。益生素是从畜禽肠道内的正常菌群中分离培养出的有益菌种，主要有乳酸菌和双歧杆菌。它可抑制病原菌及有害微生物的生长繁殖，形成肠道内良性微生态环境，从而减少仔猪腹泻，改善肠道健康，促进营养物质的消化吸收，增强机体抗病能力，有利于断奶仔猪的生长发育。

④添加抗生素。在开食料和补料中添加抗生素，既可控制病原微生物增殖，又可加速肠道免疫耐受过程，从而减轻肠道损伤，预防腹泻的发生。目前用于防止仔猪腹泻的抗生素主要有金霉素、泰乐菌素、杆菌肽锌等。

⑤添加油脂。添加油脂对仔猪补充能量、改善口味，提高断奶后第3、第4周的增重和饲料利用率有利。椰子油最好，玉米油、豆油次之，动物油较差。

⑥添加香味剂。为改善饲料的诱食性、适口性，增加采食量，常在饲料中添加香味剂，仔猪多用奶香味调味剂。

3. 抓防病，过好断奶关

（1）预防仔猪下痢。哺乳期的仔猪，受疫病的威胁较大，发病率、死亡率都高，尤其是仔猪下痢（俗称拉稀）。引发仔猪下痢的原因很多，一是仔猪红痢病，它是由C型产气荚膜梭菌引起的，以3日龄内仔猪多发，最急性的发病快，不见腹泻便死亡，病程稍长的可见到排灰黄和灰绿色稀便，后排红色糊状粪便，红痢发病快，死亡率高。二是黄痢病，它是由大肠杆菌引起的急性肠道传染病，多发生在3日龄左右，临床表现是仔猪突然排黄色或灰黄色稀薄如水的粪便，有气泡和腥臭味，死亡率高。三是白痢病，它是由大肠杆菌引起的胃肠炎，多发生在10～20日龄，表现为排乳白色、灰白色或淡黄色的粥状粪便，有腥臭味，多发生在圈舍阴冷潮湿的环境或气候突然改变的情况下，死亡率较低，但影响仔猪增重，延长饲养期。另外哺乳期的仔猪也会常常因饲粮营养浓度不合理，饲粮突然改变，环境卫生条件差，仔猪初生重小，各种应激和气候变化等，会引起非病原性下痢。

哺乳仔猪发病率高，应采取综合措施，切实做好防病工作，提高仔猪成活率。

①搞好产房卫生与消毒，防止围产期感染。保持圈舍适宜的温、湿度，通风良好，控制有害气体的含量，定期消毒，减少仔猪感染机会。

②加强妊娠母猪和泌乳母猪的饲养管理，提高仔猪初生重，改善初乳的质量。

③供给仔猪全价饲粮，保持饲粮相对稳定，定时饲喂，注意哺乳、饲料和饮水卫生。

④利用药物预防和治疗仔猪黄痢。仔猪出生后吃初乳前口腔滴服增效磺胺甲氧嗪注射液0.5mL或口腔滴服硫酸庆大霉素注射液1万U，后每天2次，连服3d，如有发病继续投药，药量加倍。

⑤母猪妊娠后期注射K_{88}、K_{89}双价基因工程苗或K_{88}、K_{89}、K_{987}三价灭活苗，使母猪产生抗体，抗体可以通过初乳或乳汁供给仔猪。预防注射必须根据大肠杆菌的血清型注射对应的菌苗才会有效，预防效果最佳的是注射用本场分离的致病性大肠杆菌制成的灭活苗。

治疗仔猪腹泻的方法很多，可用的药物也很广，如用藿香正气水加抗生素治疗，但在生产上需要注意几点：一是治疗腹泻，口服比注射效果好；二是治疗过程易产生耐药性，需经常换药；三是在治疗仔猪时对母猪也要同时治疗；四是治疗时要及时补液，对仔猪恢复有利，可以腹腔注射生理葡萄糖水或口服补液盐水；五是注意环境温度、湿度，采取综合治疗效果显著。

(2) 适时安全断奶。仔猪吃乳到一定时期，将母猪和仔猪分开就称为断乳。断乳时间的确定应根据猪场性质、仔猪用途及体质、母猪的利用强度和仔猪的饲养条件而定。家庭养猪可以35日龄断乳，饲养条件好的猪场可以实行21~28日龄断乳，一般不宜早于21日龄。仔猪安全断乳的方法有一次断乳、分批断乳和逐渐断乳三种。

①一次断乳。断奶前3d减少母猪喂量，到断乳的预定日龄，断然将母仔分开。由于仔猪生存环境突然改变，会引起母猪和仔猪精神不安、消化不良、生长发育受阻，应加强母猪和仔猪的护理。此法的优点是简单易行，便于操作，但母仔应激大。大多数规模猪场在仔猪体重达到5kg以上时一次断乳。

②分批断乳。按预定断乳时间，将一窝中体重大的、食量高的、做育肥用的仔猪先断乳，其余的继续哺乳一段时间再断乳。此法虽对弱小仔猪生长发育有利，但拖长了断奶时间，降低了母猪年产窝数。

③逐渐断乳。在预定断乳前的4~6d，逐渐减少哺乳次数，第一天4次，第二天3次，第三天2次，第四天1次，第五天断乳。此法虽然麻烦，但可减少母仔应激，对母猪和仔猪都比较安全，所以也称安全断乳法。

二、保育仔猪的饲养管理

保育仔猪也称断乳仔猪，一般指断奶至70日龄左右的仔猪。这个时期饲养管理的主要任务是做好饲料、饲养制度和环境的逐渐过渡，减少应激，预防疾病，及时供给全价饲料，保证仔猪正常的生长发育，为培育健壮结实的育成猪奠定基础。

(一) 生理特点

保育仔猪处于强烈的生长发育时期，消化机能和抵抗力还没有发育完全；骨骼和肌肉快速生长，可塑性大，饲料利用率高，利于定向培育；仔猪由原来依靠母乳生活过渡为饲料供给营养；生活环境由产房迁移到仔猪培育舍，并伴随重新编群，更换饲料、饲养员和管理制度等一系列变化，给仔猪造成很大刺激。此时易引发各种不良的应激反应，如饲养管理不当，就会引起生长发育停滞，形成僵猪，甚至患病或死亡。

(二) 饲养方法

仔猪断乳后由于生活条件的突然改变，往往表现不安，食欲不振，生长停滞，抵抗力下降，甚至发生腹泻等，影响仔猪的正常生长发育。为了养好断乳仔猪必须采取"两维持、三过渡"的办法。"两维持"即维持原圈或同一窝仔猪移至另一圈饲养，维持原饲料和饲养制度。"三过渡"即饲料的改变、饲养制度的改变和饲养环境的改变都要有过渡，每一变动都要逐步进行。因此，这一阶段的中心任务是保持仔猪的正常生长，减少和消除疾病的发生，提高保育仔猪的成活率，获得最高的平均日增重，为育肥猪生产奠定良好的基础。

1. 原圈饲养 是指仔猪断奶后仍留在原圈或产床上养育，经一周左右的过渡，再转移到仔猪培育舍。

2. 同栏转群 是指仔猪断奶后将同一窝仔猪转移到保育舍或另一个圈内同栏饲养，时间达到70日龄或体重达到18~25kg时，再转入生长育肥舍分群饲养。可以有效降低仔猪的应激危害。

3. 网床培育 网床培育是指仔猪培育由地面饲养变成网上饲养的方法。目前大、中型猪场多采用此法来饲养哺乳仔猪和断乳仔猪。这种猪栏主要由金属网、围栏、自动食槽和自动饮水器组成，通过支架设在粪沟上或水泥地面上。网床离地面约35cm，笼底可用钢筋，部分面积也可放置木板，便于仔猪休息，有的还设有活动保育箱，以便冬季保暖。饲养密度10~13头，每头仔猪的面积为0.3~0.4m^2。这种方法的优点是：一是仔猪不与湿冷地面接触，减少冬季地面传导散热损失，有利于取暖；二是粪尿、污水随时通过漏缝地板漏到粪尿沟内，减少了仔猪直接接触污染源的机会，床面清洁干燥，减少仔猪腹泻的发生。因此，网床养育仔猪，生长发育快，仔猪均匀整齐，饲料利用率高，患病少，成活率高，有条件的猪场可推广应用。南方用炕床饲养，腹部保温效果好，减少了腹泻的发生。

4. 逐渐换料 断奶仔猪处于强烈的生长发育阶段，需要营养丰富且容易消化的饲料。由于仔猪断奶后所需营养物质完全来源于饲料，为了使断奶仔猪尽快适应断奶后的饲料，减少断奶应激造成的不良影响，应在断奶后的最初一周到10d保持断奶前的饲料、饲喂次数和饲喂方法不变，即继续饲喂哺乳仔猪料，并在饲料中适量添加抗生素、维生素和氨基酸，以减轻应激反应，2周后逐渐过渡到断乳仔猪饲料。仔猪断奶后5d最好限量饲喂，平均每头仔猪日喂量160g。环境过渡时，仔猪最好留在原圈内不混群，让仔猪同槽进食或一起运动，到断乳半个月后，仔猪表现稳定时，方可调圈并窝，并根据性别、体重、采食快慢等进行分群。断奶仔猪栏安装自动饮水器，保证仔猪能随时喝到清洁的水，另外还可以在饮水中添加抗应激药物。

（三）管理要求

1. 加强定位训练 仔猪断奶转群后，要调教训练采食、躺卧和排泄三点定位的习惯，既可保持圈内清洁，又便于清扫。具体做法是：利用仔猪嗅觉灵敏的特性，在转群后3d内排泄区的粪尿不全清除，在早晨、饲喂前后及睡觉前，将仔猪赶到排粪的地方，经过一周左右时间的训练就可养成仔猪定点排泄的习惯。

2. 创造适宜环境 仔猪舍温度要适宜，30~40日龄为26~24℃，41~60日龄为24~22℃，相对湿度为65%~75%，通风良好，圈内粪尿及时清除。每周用百毒杀对圈舍、用具等进行1~2次消毒，随时观察仔猪采食、饮水、精神及粪便等，发现问题及时处理。

3. 搞好预防注射 根据当地疫病流行情况，认真制订仔猪的免疫程序，严格按规程执行，降低仔猪的发病率。

（四）保育舍饲养管理技术操作规程

1. 工作目标

（1）保育期成活率95%以上。

（2）7周龄转出体重15kg以上。

（3）10周龄转出体重20kg以上。

2. 工作日程

7:30~8:30　　　饲喂

8:30~9:30　　　治疗

时间	工作
9:30~11:00	清理卫生、其他工作
11:00~11:30	饲喂
14:30~15:00	饲喂
15:00~16:00	清理卫生、其他工作
16:00~17:00	治疗、报表
17:00~17:30	饲喂

3. 技术规范

(1) 转入猪前，空栏，彻底冲洗消毒，空栏时间不少于3d。

(2) 转入猪只尽量同窝饲养，进出猪群每周一批次，认真记录。

(3) 诱导仔猪吃料。转入后1~2d注意限料，少喂勤添，每日3~4次，以后自由采食。

(4) 调整饮水器使其缓慢滴水或小量流水，诱导仔猪饮水，注意经常检查饮水器。

(5) 及时调整猪群，按照强弱、大小分群，保持合理的密度，病猪、僵猪及时隔离饲养，注意链球菌病的防治。

(6) 保持圈舍卫生，加强猪群调教，训练猪群采食、卧息、排便"三点定位"。控制好舍内湿度，有猪时尽可能不用水冲洗猪栏（炎热季节除外）。

(7) 进猪后第一周，饲料中适当添加一些抗应激药物，如多维、矿物质添加剂等，适当添加一些抗生素药物如支原净（泰妙菌素）、强力霉素、土霉素等。1周后体内外驱虫1次，可用伊维菌素、阿维菌素等拌料1周。

(8) 喂料时观察食欲情况，清粪时观察排粪情况，休息时检查呼吸情况。发现病猪，对症治疗，严重者隔离饲养，统一用药。

(9) 根据季节变化，做好防寒保温、防暑降温及通风换气工作。尽量降低舍内有害气体浓度。

(10) 分群合群时，遵守"留弱不留强、拆多不拆少、夜并昼不并"的原则，并圈的猪只喷洒药液（如来苏儿），清除气味差异，防止咬架而产生应激。

(11) 每周消毒2次，每周消毒药更换1次。

> **拓展知识**
>
> ### 转基因猪的发展
>
> 猪是与人类生活关系最为密切的重要经济动物之一。猪具有繁殖力强、妊娠期短，后代生长快等诸多优点，经常被用作实验动物。转基因猪研究过程中的标志性事件如下：
>
> 1985年，首批转入生长激素基因的转基因猪诞生。
>
> 1990年，中国转基因猪诞生。
>
> 1991年，德国抗流感转基因猪诞生。
>
> 1997年，加拿大植酸酶转基因猪诞生。
>
> 2000年，美国基因敲除转基因猪诞生。
>
> 养猪业是关系着国计民生的重要行业。一旦转基因猪及其相关产品走向产业化和市场化，将具有不可估量的经济效益和社会意义。未来，转基因猪用于人类疾病模型研究、新品种培育、异种器官移植和生物反应器等方面都具有广阔的发展前景和良好的社会效益。

任务 3 后备猪和育肥猪的饲养管理

一、幼龄猪的生长发育规律

猪的生长发育包括生长和发育两个方面。生长是指组织、器官在重量和体积方面的不断增长和加大;发育是指组织、器官在结构和性能方面的不断成熟和完善。幼龄猪的生长发育规律如图 5-1 所示。

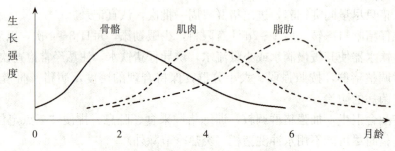

图 5-1 幼龄猪的生长发育规律

1. 体重的增长 体重是综合反映猪体各部位和组织变化的直接指标。在猪的生长发育阶段,绝对增重随日龄的增长而不断增加,并达到高峰,之后缓慢下降,到达成年时停止生长,即呈现"慢-快-慢"的变化趋势,相对增重则正好相反。猪体重的增长因品种类型而异,通常以平均日增重来表示其速度的快慢,如脂肪型猪成熟较早,体重的强烈增长期来得早,一般在活重 70~90kg 时即达屠宰适期;现代瘦肉型品种猪成熟晚,体重的强烈增长期来得迟,但高峰期维持的时间较长,110kg 以后才开始下降直至成年期不再增长,一般在活重 110~120kg 时达到屠宰适期。生产中应充分利用猪的体重增长规律,通过合理的营养供应,提高育肥猪的增重速度,促使其尽早出栏。后备猪则在保证骨骼、肌肉充分发育的基础上,防止体重过度增长而形成肥胖体质。

2. 体组织的变化 猪的骨骼、肌肉和脂肪的生长强度,随体重和日龄增长而呈现一定的规律性。三种体组织的生长强度顺序为:骨骼最早,肌肉居中,脂肪最晚。一般情况下,幼龄猪在生后 2~3 月龄(体重 20~35kg)骨骼生长迅速,同时肌肉也维持较高的生长速度;3~4 月龄(体重 35~60kg)肌肉生长迅速并达到高峰,同时脂肪开始加快沉积;5~6 月龄(体重 60~90kg)以后,骨骼和肌肉的生长迅速减缓,但脂肪沉积高峰来临。人们常说的"小猪长骨,中猪长肉,大猪长膘"就是这个道理。生产中应充分利用体组织的生长时序特点,采用合理的饲养方法、饲料类型和营养水平,提高育肥猪的生长速度,改进胴体品质。后备猪则在前期自由采食、后期适当限饲的基础上,保证种用体况,以满足其配种要求。

3. 猪体化学成分的变化 猪体内的化学成分随体重和体组织的增长呈现规律性变化,水分、蛋白质和矿物质的沉积速度,随年龄和体重的增长而相对减少,脂肪则相对增加;60kg 之后,蛋白质和灰分含量相对稳定,脂肪迅速增长,水分明显下降。猪体化学成分变化的内在规律,可以为猪群制订不同体重时期的最佳营养水平和饲养措施,提供科学合理的理论依据。

留种的幼龄猪通过生长发育阶段的定向培育，要求其体型长、高而适度宽，体格健壮，骨骼结实，组织和器官发育良好，避免过度发达的肌肉和大量的脂肪；非留种的育肥猪通过生长发育阶段的饲养管理，要求其快速生长，肌肉发达，瘦肉率高，体重达 90～110kg 时屠宰上市。在养猪生产实践中，应根据其生长发育规律，采用合适的饲料类型、营养水平和饲养方法，制订科学合理的培育方案。

二、后备猪的饲养管理

后备猪是指从保育仔猪群中挑选出的留作种用的幼龄猪，一般饲养至 8～12 月龄时开始配种利用。培育后备猪的要求是使其正常生长发育，并保持不肥不瘦的种用体况，及早发情和适时配种。

（一）饲养方法

1. 合理供给营养 掌握合适的营养水平是养好后备猪的关键。一般认为采用中上等营养水平比较适宜，注意营养全价，特别是蛋白质、矿物质与维生素的供给。如维生素 A、维生素 E 的供应，利于发情；充足的钙、磷，利于形成结实的体质；充足的生物素，可防止蹄裂等。建议日粮营养水平：60kg 以前每千克日粮含粗蛋白质 15.4%～18.0%，消化能 12.39～12.60MJ；60kg 以后每千克日粮含粗蛋白质 13.5%，消化能 12.39MJ。

2. 适时限量饲喂 后备猪一般在 60～70kg 以后限量饲喂，这样可以保持适宜的种用体况，有利于发情配种。在此基础上可以供给一定量的优质青、粗饲料，尤其是豆科牧草，既可以满足后备猪对矿物质、维生素的需要，又可以减少糖类的摄入，使猪不至于养得过肥而影响配种。具体可按如下程序进行：

（1）5 月龄之前自由采食，一直到体重 70kg。

（2）5～6.5 月龄采取限制饲养，饲喂富含矿物质、维生素和微量元素的后备猪料，日喂量 2kg，平均日增重应控制在 500g 左右。

（3）6.5～7.5 月龄短期优饲，加大饲喂量，促进体重快速增长，为发情配种做好准备，日喂量 2.5～3kg。

（4）7.5 月龄之后，视体况及发情表现调整饲喂量，母猪膘情保持八九成膘。

3. 进行短期优饲 初配前的后备母猪，适合采用短期优饲的方法，即后备母猪配种前 15d 左右，在原饲粮的基础上，适当增加精料喂量，配种结束后，恢复到母猪妊娠前期的饲喂量即可，有条件时可让母猪在圈外活动并提供青绿饲料。这种方法可促进后备母猪配种前的发情排卵，增加头胎产仔数，提高养猪经济效益。

（二）管理要求

1. 公、母分群 后备猪应按品种、性别、体重等分群饲养，体重 60kg 以前每栏饲养 4～6 头，体重 60kg 以后每栏饲养 2～3 头。小群饲养时，可根据膘情限量饲喂，直到配种前。按猪场的具体情况，有条件时可单栏饲养。

2. 加强运动 运动可以增强体质，使猪体发育匀称，增强四肢的灵活性和坚实性。有条件的猪场可以把后备猪赶到运动场自由运动，也可以通过减小饲养密度、增加饲喂次数等方式促使其运动。对待不发情母猪还可以采用换圈、并圈及舍外驱赶运动来促进母猪发情。

3. 定期称重 后备猪应每月定期称测体重，检查其生长发育是否符合品种要求，以便及时调整饲养，6 月龄以后应测定体尺指标和活体膘厚。后备猪在不同日龄阶段应保持相应的体尺与体重，发育不良的后备猪，应及时淘汰。

4. 耐心调教 后备猪要从小加强调教，以便建立人猪亲和关系，严禁打骂，为以后采精、配种、接产打下良好基础。管理人员要经常接触猪只，抚摸猪只敏感部位，如耳根、腹侧、乳房等处，促使人畜亲和。达到性成熟时，实行单圈饲养，避免造成自淫和互相爬跨的恶癖。

5. 接种疫苗 做好后备猪各阶段疫苗的接种工作。如口蹄疫、猪瘟、伪狂犬病、细小病毒病、乙型脑炎等。

6. 日常管理 保持舍内清洁卫生和通风换气，冬季防寒保温、夏季防暑降温。经常刷拭猪体，及时观察记录，达到月龄和体重时开始配种。

（三）后备舍饲养管理技术操作规程

1. 工作目标 保证后备母猪使用前合格率在90%以上，后备公猪使用前合格率80%以上。

2. 工作日程

7：30~8：00　　　观察猪群
8：00~8：30　　　饲喂
8：30~9：30　　　治疗
9：30~11：30　　清理卫生、其他工作
14：00~15：30　　冲洗猪栏、清理卫生
15：30~17：00　　治疗、其他工作
17：00~17：30　　饲喂

3. 技术规范

（1）按进猪日龄，分批次做好免疫、驱虫、限饲优饲计划。后备母猪配种前体内外驱虫一次，进行乙型脑炎、细小病毒、猪瘟、口蹄疫等疫苗的注射。

（2）日喂料两次。母猪6月龄以前自由采食，7月龄适当限制，配种前一月或半个月优饲。限饲时喂料量控制在2kg以下，优饲时2.5kg以上或自由采食。

（3）做好发情记录，并及时移交配种舍人员。母猪发情记录从6月龄开始。仔细观察初次发情期，以便在第2~3次发情时及时配种，并做好记录。

（4）后备公猪单栏饲养，圈舍不够时可2~3头一栏，配种前一个月单栏饲养。后备母猪小群饲养，5~8头一栏。

（5）引入后备猪第1周，饲料中适当添加一些抗应激药物，如维生素C、多维、矿物质添加剂等。同时饲料中适当添加一些抗生素药物如强力霉素、利高霉素、土霉素等。

（6）外引猪的有郊隔离期约6周（40d），即引入后备猪至少在隔离舍饲养40d。若能周转开，最好饲养到配种前1个月，即母猪7月龄、公猪8月龄。转入生产线前最好与本场已有母猪或公猪混养2周以上。

（7）后备猪每天每头喂2.0~2.5kg，根据不同体况、配种计划增减喂料量。后备母猪在第一个发情期开始，要安排喂催情料，比规定料量多1/3，配种后料量减到1.8~2.2kg。

（8）进入配种区的后备母猪每天赶到运动场运动1~2h，并用公猪试情检查。

（9）通过限饲与优饲、调圈、适当的运动、应用激素等措施刺激母猪发情，凡进入配种区超过60d不发情的小母猪应淘汰。

（10）对患有气喘病、胃肠炎、肢蹄病等疾病的后备母猪，应单独隔离饲养，隔离栏位

于猪舍最后；观察治疗两个疗程仍未见有好转的，应及时淘汰。

（11）后备猪7月龄转入配种舍，母猪初配月龄须到7.5月龄，体重达到110kg以上；公猪初配月龄须到8.5月龄，体重达到130kg以上。

三、育肥猪的饲养管理

育肥猪是指从保育仔猪群中挑选出的专作育肥用的幼龄猪，一般饲养至5～6月龄，体重达90～100kg时屠宰出售。饲养育肥猪的要求是使其快速生长发育，尽早出栏，屠宰后的胴体瘦肉率高，肉质良好。

育肥猪是养猪生产的最后一个环节，直接关系到养猪生产的经济效益。主要目的是以尽可能少的饲料和劳动投入，获得成本低、数量多、质量优的猪肉。育肥猪的饲料成本占总成本的70%～80%或更多，在整个生长发育过程中，幼龄阶段单位增重耗料量低，随日龄和体重增长逐步增加。在正常情况下，断奶至25kg时每千克增重耗料为2kg左右，体重25～60kg时每千克增重耗料2.5～3.0kg，体重60～100kg时每千克增重耗料3.0～3.5kg。

育肥猪饲养应充分利用其生长发育规律，前期给予高营养水平日粮，特别是蛋白质和必需氨基酸的供给，促进骨骼和肌肉的快速生长；后期适当限饲，减少脂肪沉积，既可提高胴体瘦肉率，又节省饲料，降低生产成本。

（一）影响育肥猪生长的因素

1. 品种和类型 猪的品种和类型不同，生长效果也不一样。大量研究表明，瘦肉型品种猪特别是杂种猪增重快、饲料利用率高、饲养期短、胴体瘦肉率高、经济效益好。一般来讲，三元杂交猪优于二元杂交猪。在市场经济的推动下，我国许多地方推广"杜×（长×大）"（简称"洋三元"）或"杜×（长×本）""杜×（大×本）"等三元杂交生产模式，商品猪的生长速度、胴体瘦肉率均有较大的提高。

2. 饲料和营养 肉猪对营养物质的需要包括维持需要和增重需要。

（1）饲料类型。不同的饲料类型，育肥效果不同。由于各种饲料所含的营养物质不同，应选用质量好的饲料并采取多种饲料搭配，以满足育肥猪的营养需要，单一饲料很难养好猪。

饲料对育肥猪胴体的肉脂品质影响极大，如多喂大麦、脱脂乳、薯类等淀粉类饲料，因其含有大量的饱和脂肪酸，形成的体脂洁白、硬实，易保存；多给米糠、玉米、豆饼、鱼粉、蚕蛹等原料，因其本身脂肪含量高，且多为不饱和脂肪酸，形成的体脂较软，易发生脂肪氧化，有苦味和酸败味，烹调时有异味。因此，育肥猪宰前2个月应减少不饱和脂肪酸含量高和有异味的饲料，以提高肉质。育肥猪不同饲料类型的育肥效果和对胴体脂肪品质的影响如表5-3、表5-4所示。

表5-3 育肥猪不同饲料类型的育肥效果

饲料组成	试验头数（头）	每头猪日采食量（kg）	平均日增重（g）	饲料/增重
小麦组	16	1.09	232	4.70
大麦组	16	1.32	263	5.01
燕麦组	16	1.23	327	3.76
全价混合料组	16	2.09	691	3.03

表 5-4　饲料类型对胴体脂肪品质的影响

脂肪品质	饲料类型
沉积白色、硬脂肪饲料	淀粉、麦类、薯类、脱脂乳、棉籽饼等
沉积黄色、软脂肪饲料	玉米、鱼粉、菜籽饼、花生饼、亚麻饼、蚕蛹等

（2）营养水平。营养水平对猪的平均日增重、饲料利用率和胴体品质有明显的影响。高营养水平饲养的育肥猪，饲养期短，每千克增重耗料少；低营养水平饲养的育肥猪，饲养期长，每千克增重耗料多。

①能量水平。在饲料蛋白质、必需氨基酸水平相同的情况下，育肥猪摄入能量越多，猪的平均日增重越高，饲料利用率越高，胴体也越肥。

②蛋白质水平。蛋白质不仅决定瘦肉的生长，而且对增重也有一定的影响。日粮中蛋白质含量在 9%～22%，猪的增重速度随蛋白质水平的增加而加快，饲料利用率也随之提高。粗蛋白质水平超过 18% 时，一般认为对增重没有效果。育肥猪体重 60kg 以前，日粮中蛋白质含量为 16.4%～19.0%，体重 60kg 以后以 14.5% 为宜。日粮粗蛋白质水平对猪育肥性能的影响如表 5-5 所示。

表 5-5　日粮粗蛋白质水平对育肥猪育肥性能的影响

粗蛋白质（%）	15.5	17.7	20.2	22.3	25.3	27.3
平均日增重（g）	651	721	732	739	699	689
胴体瘦肉率（%）	44.7	46.9	46.8	47.4	49.0	50.0

③氨基酸。猪日粮中除满足蛋白质供给外，还必须注意日粮中必需氨基酸的组成及其比例。猪需要 10 种必需氨基酸（赖氨酸、色氨酸、蛋氨酸、组氨酸、亮氨酸、异亮氨酸、苯丙氨酸、苏氨酸、缬氨酸和精氨酸），赖氨酸是第一限制性氨基酸，对育肥猪的日增重及蛋白质的利用有较大的影响。育肥猪日粮中赖氨酸的比例为 0.8%～1.0% 时，生物学效价最高。

④粗纤维。猪对粗纤维的消化能力较低，日粮中粗纤维含量会直接影响猪的日增重、饲料利用率和胴体瘦肉率。猪对粗纤维的消化能力随日龄的增长而提高，幼龄猪日粮中粗纤维水平应低于 4%，育肥猪不能超过 8%。

（3）仔猪体重。正常情况下，仔猪初生重大，则生命力强，生长迅速，断奶重大，育肥期增重快。因此，要获得良好的育肥效果，必须重视种猪怀孕期和仔猪哺乳期的饲养管理，特别要加强仔猪的培育，设法提高仔猪的初生重和断奶重，为提高育肥效果打下良好的基础。

（4）环境条件。

①温度。育肥猪在适宜的环境中，才能加快增重并降低饲料消耗。育肥猪生长最适宜的温度：前期以 18～20℃ 为宜，后期以 16～18℃ 为宜。

②湿度。湿度对猪生长的影响一直未引起人们的重视。随着现代养猪业的发展，猪舍的密闭程度越来越高，舍内湿度过大，已对猪的健康、生长产生明显的不良影响。湿度产生的影响跟环境温度有关，低温高湿会使育肥猪增重下降，饲料消耗增高，高温高湿影响更大。

育肥猪育肥期的相对湿度以70%~75%为宜。

③有害气体。现代养猪因饲养密度加大，舍内空气由于猪的呼吸、排泄和粪尿腐败，使氨气、硫化氢和二氧化碳等有害气体的含量增加，这种情况已在育肥猪生产中形成明显的影响，如果育肥猪长期处在这种环境下，会使平均日增重下降、饲料消耗增加。因此，猪舍必须保证适量的通风换气，为猪创造空气新鲜，温、湿度适宜和清洁卫生的生活环境，以获得较高的日增重和饲料报酬。

④饲养密度。猪的饲养密度过大，往往会导致猪的咬斗、追逐等现象的发生，进而干扰猪的正常生长，使日增重下降，耗料量增加。育肥猪的饲养密度：体重60kg以前每头猪以0.5~0.6m² 为宜，体重60kg以后每头猪以0.8~1.2m² 为宜。

（二）育肥猪的生产管理

1. 育肥前的准备工作

（1）圈舍及周围环境的清洁与消毒。为避免育肥猪受到传染病和寄生虫病的侵袭，在进猪之前，应对猪舍及环境进行彻底的清扫消毒。具体方法是用3%的热氢氧化钠溶液喷洒消毒，也可用火焰喷射消毒，密闭式猪舍可采用福尔马林熏蒸消毒，围墙内外最好用20%的石灰乳粉刷，既可起到消毒作用，又美化了环境。

（2）选择好仔猪。仔猪的质量与育肥期增重速度、饲料利用率和发病率高低关系密切。因此，要选择杂交组合优良、体重较大、活泼健壮的仔猪育肥。一般可选用瘦肉型品种猪为父本的三元杂交仔猪育肥。

（3）去势。由于我国猪种性成熟早，在长期的养猪生产实践中，多采用去势后育肥。去势猪性情安定，食欲增强，增重速度加快，脂肪沉积增强，肉品质好。公猪去势一般在1~2周龄进行。国外瘦肉型猪品种，由于性成熟比较晚，小母猪可不去势育肥，小公猪因分泌雄性激素，有异味，影响肉品质，故小公猪应去势后育肥。

（4）驱虫。猪体内、外寄生虫，不但摄取猪体内的营养，而且还会传播疾病。育肥猪感染的体内寄生虫主要有蛔虫、姜片吸虫等，体外寄生虫主要有疥螨和虱子。育肥猪通常进行两次驱虫，第一次在90日龄，第二次在135日龄。驱除蛔虫常用驱虫净，每千克体重为8mg；丙硫苯咪唑，每千克体重为10~20mg，拌入饲料中一次喂服。疥螨和虱子可选用伊维菌素或阿维菌素处理。

（5）搞好免疫。为避免传染病的发生，保障育肥猪安全生产，必须按要求、按程序免疫接种。各地可根据当地疫病流行情况和本场实际，制订科学的免疫程序，特别是从集市购入的仔猪，进场时必须全部一次预防接种，并隔离观察30d以上方可混群，以防传染病的传播，力争做到头头注射、个个免疫。

（6）合理分群。育肥猪一般都采取群饲。由于群体位次明显，常出现咬斗、抢食现象，影响增重。为了提高生产效率，一般按品种、体重大小、吃食快慢、体质强弱等情况分群。分群时，采取"留弱不留强、拆多不拆少、夜并昼不并"的办法进行，并注意喷洒消毒药水等干扰猪的嗅觉，防止打架。并圈合群后，加强护理，尽量保持猪群相对稳定。

2. 选择适宜的育肥方式

（1）"直线"育肥方式。是按照猪的生长发育规律，让猪全期自由采食，给予丰富的营养，实行快速出栏的一种育肥方式。建议日粮营养水平：60kg以前每千克日粮含粗蛋白质16.4%~19.0%，消化能13.39~13.60MJ；60kg以后每千克日粮含粗蛋白质14.5%，消化能 13.39MJ。此方法猪长得快，育肥期短，省饲料，效益高。这是育肥猪在保证胴体品质符合要求的基础上，为尽可能缩短饲养时段而采用的方式。

（2）"前高后低"育肥方式。育肥猪 60kg 以前骨骼和肌肉的生长速度快，60kg 以后生长速度减缓，而脂肪的生长正好相反，特别是 60kg 以后迅速上升。根据这一规律，肉猪生产中，若既想追求高的生长速度，又要获得较高的胴体瘦肉率时，可采取前高后低的育肥方式。具体做法是 60kg 以前采用高能量、高蛋白质日粮，自由采食或分餐不限量饲喂，60kg 以后适当采取限饲，这样既不会严重影响肉猪的增重速度，又可减少脂肪的沉积。这是育肥猪在饲养时段符合要求的基础上，为尽可能提高胴体瘦肉率而采用的方式。

3. 改进饲喂方法

（1）提倡生喂。生喂可减少营养损失，提高劳动生产效率，降低养猪生产成本。采用生料喂猪时，应注意供给充足的饮水；在补喂青饲料时，猪易感染寄生虫病，必须定期驱虫。

（2）限量饲喂与不限量饲喂。育肥猪不限量饲喂采食多，增重快，但会降低胴体瘦肉率；限量饲喂采食少，增重慢，出栏时间延长，但胴体瘦肉率较高。为兼顾日增重、出栏时间和瘦肉率，可采取 60kg 以前不限量饲喂，60kg 以后限量饲喂的方法，进行育肥猪生产。

（3）日喂次数。育肥猪日喂次数要根据年龄和饲料类型来确定。小猪阶段胃肠容积小，消化能力弱，每天宜喂 3~4 次，随着日龄的增加，胃肠容积增大，消化能力增强，可适当减少日喂次数。精料型日粮，每天喂 2~3 次；若饲料中配合有较多的青粗饲料或糟渣类饲料，则每天喂 3~4 次，可增加采食总量，有利于增重。现代养猪为了缩短育肥猪的饲养时段，部分猪场从保育期开始到出栏，实行全天自由采食。

（4）供给充足饮水。最好用自动饮水器，使猪获得充足而新鲜的饮水。

4. 防寒防暑 育肥猪最适宜温度为 16~20℃。为了提高育肥猪的饲养效果，要及时做好防寒保温和防暑降温工作。近年来，在北方一些农村，冬季用"塑料暖棚圈舍"养猪，是值得推广的好办法。另外，在冬季还可以加大饲养密度，执行"卧满圈挤着睡"的饲养方法；夏季可经常采用喷洒凉水、淋浴降温及猪舍周围栽树等办法降温。规模化猪场有条件时，可采用湿帘降温系统养猪。

5. 适时屠宰 育肥猪在不同日龄和体重屠宰，其胴体瘦肉率不同。在一定范围内，瘦肉的绝对重量随体重增加而增加，但瘦肉率却逐渐下降。育肥猪上市屠宰时间，既要考虑育肥性能和市场对猪肉产品的要求，又要考虑生产者的经济效益。适宜的屠宰时期通常用体重来表示。

（1）根据育肥性能和市场要求确定屠宰体重。根据猪的生长发育规律，在一定条件下，育肥猪达到一定体重，出现增重高峰，在增重高峰过后屠宰，可以提高肉猪的经济效益。另外，屠宰体重过大，胴体脂肪含量增加，瘦肉率下降。因此，育肥猪并不是越大出栏越好，应该选择一个饲料报酬高、瘦肉率高、肉脂品质令人满意的屠宰体重。

（2）以生产者的经济效益确定屠宰体重。肉猪日龄和体重不同，日增重、饲料报酬、屠宰率与胴体瘦肉率也不同。一般情况下，肉猪体重在 70kg 之前，日增重随体重的增加而提高，在 70kg 之后到出栏体重 90~110kg，日增重维持在一定水平，以后日增重逐渐下降。如果体重过大屠宰，随体重增加，屠宰率提高，但由于维持需要增多，饲料报酬下降，瘦肉率下降，不符合市场需要，同时经济效益也下降；如果体重过小屠宰，猪的增重潜力没有得到充分发挥，经济上不合算。

我国猪种类型和杂交组合繁多，饲养条件差别很大。因此，增重高峰期出现的迟早也不一样，很难确定一个合适的屠宰体重。在实际生产中，生产者应综合诸多因素，根据市场需要和经济效益合理确定适宜的屠宰体重。根据各地研究和推广总结，我国小型地方猪种适宜屠宰体重为70～80kg；我国培育猪种适宜屠宰体重为80～90kg；我国地方猪种、培育猪种与国外瘦肉型猪种为父本的二元、三元杂交猪，适宜屠宰体重为90～100kg；国外三元杂交猪适宜屠宰体重为100～114kg。目前，国外许多国家由于猪的成熟期推迟，育肥猪的屠宰适期已由原来的90kg推迟到110～120kg。

（三）生长育肥舍饲养管理技术操作规程

1. 工作目标

（1）育成阶段成活率98%以上。

（2）饲料利用率（20～90kg）：≤3.0。

（3）平均日增重（20～90kg）：≥650g。

（4）生长育肥期饲养日龄（11～25周龄）≤105d，（全期饲养日龄≤170d）。

2. 工作日程

7：30～8：30	饲喂
8：30～9：30	观察猪群、治疗
9：30～11：30	清理卫生、其他工作
14：30～15：30	清理卫生、其他工作
15：30～16：30	饲喂
16：30～17：30	观察猪群、治疗、其他工作

3. 技术规范

（1）转入猪前，空栏要彻底冲洗消毒，空栏时间不少于3d。

（2）转入、转出猪群每周一批次，要求详细记录。

（3）及时整群，尽量按强弱、大小、公母分群，保持合理的饲养密度。病猪及时隔离饲养。

（4）猪苗转入第1周，在饲料中添加土霉素钙预混剂、泰乐菌素等抗生素，预防及控制呼吸道疾病。

（5）猪苗49～77日龄喂小猪料，78～119日龄喂中猪料，120～168日龄喂大猪料。

（6）采用直线育肥方式的猪群自由采食。前高后低育肥方式的猪群，前期自由采食，后期限制饲养。喂料量参考饲养标准，以每餐不剩料或少剩料为原则。

（7）保持圈舍卫生，加强猪群调教，训练猪群采食、卧息、排便"三定位"。

（8）圈舍粪污人工清理到化粪池或水泡粪工艺处理，冬季每隔一天冲洗一次，夏季每天冲洗一次。

（9）清理卫生时注意观察猪群排粪情况；喂料时观察食欲情况；休息时检查呼吸情况，发现病猪，对症治疗。严重的病猪隔离饲养；统一用药。

（10）按季节温度的变化，调整好通风降温设备；经常检查饮水器，做好防暑降温等工作。

（11）分群、合群时，为了减少相互咬架而产生应激，应遵守"留弱不留强、拆多不拆少、夜并昼不并"的原则，可对并圈的猪喷洒药液（如来苏儿），清除气味差异，饲养人员应多加观察。

（12）每周消毒一次，每周消毒药更换一次。

（13）育肥猪出栏经鉴定合格方可出场，残次猪应特殊处理。

任务 4　种公猪和繁殖母猪的饲养管理

一、种公猪的饲养管理

种公猪质量的好坏直接影响整个猪群生产水平的高低，农谚道，母猪好、好一窝，公猪好、好一坡，充分说明了养好公猪的重要性。采用本交方式配种的公猪，一年负担 20～30 头母猪的配种任务，繁殖仔猪 400～600 头；采用人工授精方式配种，每头公猪与配母猪头数和繁殖仔猪数更多。由此可见，加强公猪的饲养管理，提高公猪的配种效率，对改进猪群品质，具有十分重要的意义。生产中要提高公猪的配种效率，必须常年保持种公猪的饲养、管理和利用三者之间的平衡。

（一）饲养方法

1. 饲粮供应　种公猪的饲粮除严格遵循饲养标准外，还需根据品种类型、体重大小、配种利用强度合理配制。冬季寒冷，饲粮的营养水平应比饲养标准高 10%～20%。

2. 饲喂技术　种公猪的饲喂一般采用限量饲喂的方式，饲粮可用生湿拌料、干粉料或颗粒料。日喂 2～3 次，每次不要喂得太饱，以免过食和饱食后贪睡。此外，每天供给充足清洁的饮水，严禁饲喂发霉变质的饲料。

（二）管理要求

种公猪的管理除经常保持圈舍清洁干燥、通风良好外，应重点做好以下工作：

1. 建立稳定的日常管理制度　为减少公猪的应激影响，提高配种效率，种公猪的饲喂、饮水、运动、采精、刷拭、防疫、驱虫、清粪等管理环节，应固定时间，以利于猪群形成良好的生活规律。

2. 单圈饲养　成年公猪最好单圈喂养，可减少相互打斗或爬跨造成的精液损失或肢蹄伤残。

3. 适量运动　适量运动是保证种公猪性欲旺盛、体质健壮、提高精液品质的重要措施。规模猪场设有专门的运动场，公猪做轨道式运动或迷宫式运动；若无专门的运动场，种公猪也可自由运动，必要时进行驱赶运动。

4. 刷拭修蹄　每天刷拭猪体，既可保持皮肤清洁、健康，减少皮肤疾病，还可使公猪性情温顺，听从管教，便于调教、采精和人工辅助配种。

5. 定期称重　种公猪应定期称重或估重，及时检查生长发育状况，防止膘情过肥或过瘦，以提高配种效果。

6. 检查精液　平时做好种公猪的精液品质检查，通过检查，及时发现和解决种公猪营养、管理、疾病等方面的问题。实行人工授精，公猪每次采精后必须检查精液品质；如果采用本交，公猪每月应检查 1～2 次精液品质。种公猪合格的精液表现为射精量正常、精液颜色乳白色、精液略带腥味、精子密度中等以上、精子活力 0.7 以上。

7. 防止自淫　部分公猪性成熟早，性欲旺盛，容易形成自淫（非正常射精）恶癖。生产中杜绝公猪自淫恶癖可采取单圈饲养、远离配种点和母猪舍、利用频率合理和加强运动等方法。

8. 防暑防寒 种公猪舍适宜的温度为 14~16℃，夏季防暑降温，冬季防寒保暖。高温对种公猪影响较大，公猪睾丸和阴囊温度通常比体温低 3~5℃，这是精子发育所需要的正常体温。当高温超过公猪自身的调节能力时，睾丸温度随之升高，进而造成精液品质下降、精子畸形率增加，甚至出现大量的死精，一般在温度恢复正常后两个月左右，公猪才能进行正常配种。所以，在高温季节，公猪的防暑降温显得十分重要。炎热的季节可通过安装湿帘风机降温系统、地面洒水、洗澡、遮阳、安装吊扇等方法对种公猪降温。

(三) 种公猪常见问题及解决方法

1. 无精与死精 种公猪交配或采精频率过高，会引起突然无精或死精。治疗时使用丙酸睾丸素（每毫升含丙酸睾丸素 25mg）一次颈部注射 3~4mL，每 2d 一次，4 次为一个疗程，同时加强种公猪的饲养管理，一周后可恢复正常。

2. 公猪阳痿 公猪无性欲，经诱情也无性欲表现。可用甲基睾丸素片口服治疗，日用量 100mg，分两次拌入饲料中喂服，连续 10d，性欲即可恢复。

3. 蹄底部角质增生 增生物可进行手术切除，用烙铁烧烙止血，同时服用一个疗程的土霉素，预防感染，7~10d 后患病猪的蹄部可以着地站立，投入使用。

4. 应激危害 各种应激因素容易诱发种公猪的配种能力下降，如炎热季节的高热、运输、免疫接种及各种传染病等多种因素会引起应急危害，影响公猪睾丸的生精能力。及时消除应激因素，部分种公猪可恢复功能，若消除不及时，部分公猪可能永久丧失生殖能力。

5. 睾丸疾病 种公猪的睾丸常常因疾病等因素，导致睾丸肿胀或萎缩，失去配种能力。如感染日本乙型脑炎病毒，可引起睾丸双侧肿大或萎缩，如不及时治疗，则会使公猪丧失种用价值。每年春、秋两季分别预防注射一次猪乙型脑炎疫苗，改善环境，减少蚊虫叮咬，防止猪乙型脑炎的发生。

二、繁殖母猪的饲养管理

繁殖母猪是养猪生产经营管理的重要组成部分，既是养猪场重要的生产资料，又是饲养管理人员从事养猪生产的主要对象和生产产品。对于一个养猪场来说，繁殖母猪群管理效果的好坏，关系全场生产效益的高低。繁殖母猪的饲养管理按照生产周期可划分为空怀期、妊娠期和泌乳期三个时期，由于在不同的时期，母猪的生理特点和生产特点差异较大，在养猪生产实践中，应根据其各自的特点有针对性地制订相应的饲养管理方案，只有这样，才能确保母猪配种、妊娠、分娩顺利进行。否则，猪群的正常生产和周转就会出现混乱，最终导致养猪工作的失败。

(一) 空怀母猪的饲养管理

空怀母猪是由分娩车间转来的断奶母猪和后备车间补充进来的后备母猪。管理者的主要任务是让母猪尽快恢复合适的膘情，按时发情配种，并做好妊娠鉴定工作，为转入妊娠舍做好准备。

1. 控制膘情 断奶后的母猪如果出现膘情过肥或过瘦的现象，都会导致母猪发情推迟、排卵减少、不发情或乏情等问题的发生，应根据其体况好坏，限制饲养，控制合理的膘情，促使其正常的繁殖产仔。空怀母猪的膘情鉴定如图 5-2 所示。

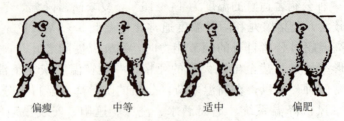

图 5-2 空怀母猪膘情比较

（1）体况消瘦的母猪。有些母猪特别是泌乳力高的个体，泌乳期间营养消耗多，减重大，到断奶前已经相当消瘦，奶量不多，一般不会发生乳房炎，断奶时可不减料，干乳后适当增喂营养丰富的易消化饲料，以尽快恢复体力，及时发情配种。

（2）体况肥胖的母猪。过于肥胖的空怀母猪，往往贪吃、贪睡，发情不正常，要少喂精料，多喂青绿饲料，加强运动，使其尽快恢复适度膘情，以便及时发情配种。

2. 合理给料　经产母猪从断奶到再次配种这一段时期，称为空怀期。母猪断奶时应保持七八成膘，以确保断奶后 3～10d 再次发情配种，开始进入下一个繁殖周期。饲养空怀母猪的主要任务是保证母猪正常发情，并多排卵。生产中由于空怀母猪既不妊娠，也不带仔，人们在饲养上往往不重视，因而常出现发情推迟或不发情等问题。为了促使其发情排卵，按时组织配种并成功受胎，空怀母猪应合理给料。空怀母猪的给料方法如图 5-3 所示。

图 5-3 空怀母猪的给料方法

3. 适时干奶　如果断奶前母猪仍能分泌大量的乳汁，特别是早期断奶的母猪，为了防止乳房炎的发生，断奶前后要少喂精料，多喂青、粗饲料，使母猪尽快干奶。

4. 小群管理　小群管理是将同期断奶的母猪 3～5 头饲养在同一栏（圈）内，让其自由活动，有舍外运动场的栏（圈）舍，扩大运动范围。当群内出现发情母猪后，由于爬跨和外激素的刺激，便可引诱其他空怀母猪发情。母猪从分娩舍转来之前，固定于限位栏内饲养，活动范围小，缺乏运动。生产实践中，转入空怀舍的母猪应小群饲养在宽敞的圈舍环境中，以利于运动、光照和发情。

（二）妊娠母猪的饲养管理

妊娠母猪是由配种车间转来的妊娠 21d 左右的母猪。管理者的主要任务是根据母猪的膘情，按照饲养标准，对不同体况的母猪给予不同的饲养方法，维持中上等膘情，并做好母猪的安宫保胎和泌乳储备等工作。

妊娠母猪处于"妊娠合成代谢"状态，体重增加迅速。研究表明，母猪妊娠期的采食量与泌乳期的采食量呈反比例关系，如表 5-6 所示，这一研究结果很重要，因为母猪在哺乳期的采食量与产奶量的高低有密切关系，如表 5-7 所示。

表 5-6　妊娠期母猪饲料摄入量对哺乳期饲料摄入量的影响

单位：kg

妊娠期饲料日摄入量	0.9	1.4	1.9	2.4	3.0
妊娠期体重的增加	5.9	30.3	51.2	62.8	74.4
哺乳期饲料日摄入量	4.3	4.3	4.4	3.9	3.4
哺乳期体重的变化	6.1	0.9	−4.4	−7.6	−8.5

表 5-7　泌乳期母猪饲料日摄入量对产奶量的影响

单位：kg

饲料摄入量	4.5	5.3	6.0	6.8
第一胎日产奶量	5.9	5.4	6.7	6.1
第二胎日产奶量	5.4	6.0	6.8	6.6
第三胎日产奶量	5.5	6.8	7.3	8.0

在泌乳期间，通过增加饲料摄入量，可使产奶量达到一个较高水平。若妊娠期间，母猪营养水平过高，会使母猪过于肥胖，这会造成饲料浪费，即饲料中营养物质经猪体消化吸收后变成脂肪等贮藏于体内的代谢过程，会损失一部分营养物质；泌乳时再由体脂肪转化为母乳营养的代谢过程，又会损失一部分营养物质，两次的营养损失超过泌乳母猪将饲料中的营养物质直接转化为猪乳的一次性损失。另外，妊娠母猪过于肥胖，常常发生难产、奶水不足、食欲不振、产后易压死仔猪和不发情等现象。因此，妊娠母猪采用适度限制饲养，既可以节约饲料，还有利于分娩和泌乳。

1. 饲养方式　妊娠母猪的饲养方式应在限制饲养的基础上，根据其营养状况、膘情和胎儿的生长发育规律合理确定。

（1）抓两头带中间。适用于断奶后膘情很差的经产母猪。具体做法是在配种前 10d 和配种后 20d 的一个月内，提高营养水平，日平均采食量在妊娠前期饲养标准的基础上增加 15%～20%，有利于体况恢复和受精卵着床。体况恢复后改为妊娠中期的基础日粮。妊娠 80d 后再次提高营养水平，即日平均采食量在妊娠前期饲养标准的基础上增加 25%～30%，这种饲喂模式符合"高→低→高"的饲养方式。

（2）步步登高。适用于初产母猪和繁殖力特别高的经产母猪。具体做法是在整个妊娠期，根据胎儿体重的增加，逐渐提高日粮的营养水平，到分娩前的一个月达到高峰，但在分娩前一周左右，采取减料饲养。

（3）前粗后精。适用于配种前体况良好的经产母猪。具体做法是妊娠初期不增加营养，到妊娠后期，胎儿发育迅速，增加营养供给，但不能把母猪养得过肥。

分娩前 5～7d，体况良好的母猪，减少日粮中 10%～20% 的精料，以防母猪产后乳房炎和仔猪下痢；体况较差的母猪，日粮中添加一些富含蛋白质的饲料。分娩当天，可少喂或停喂，并提供少量的麸皮盐水汤或麸皮红糖水。

2. 管理要求

（1）单栏或小群饲养。单栏饲养是母猪从受孕妊娠到分娩产仔前，均饲养在限位栏内。这种饲养方式的特点是采食均匀，管理方便，但母猪不能自由运动，肢蹄病较多。小群饲养时可将配种期相近、体重大少和性情相近的 3~5 头母猪，圈在同一栏（圈）内饲养，母猪可以自由运动，采食时因相互争抢可增进食欲，如果分群不合理，同栏个别母猪会因胆小而影响其采食与休息。

（2）保证饲料质量和卫生。严禁饲喂霉变、腐败、冰冻、有毒有害的饲料。饲料体积不宜太大，适当提高日粮中粗纤维水平，以防母猪便秘。喂料时最好采用粉料湿拌的饲喂方式。

（3）做好预产期推算。做好产房和接产准备，并做好记录。

（4）防止流产。饲养员对待妊娠母猪态度温和，不能惊吓、打骂母猪，经常抚摸母猪的腹部，为将来接产提供便利条件。另外，应每天观察母猪的采食、饮水、粪尿和精神状态的变化，预防疾病发生，减少机械刺激，如挤、斗、咬、跌、骚动等，防止流产。

3. 母猪胚胎死亡的原因及防止措施 胚胎在妊娠早期死亡后被子宫吸收称为化胎。胚胎在妊娠中、后期死亡不能被母猪吸收而形成干尸，称为木乃伊胎。胚胎在分娩前死亡，分娩时随仔猪一起产出称为死胎。母猪在妊娠过程中胎盘失去功能使妊娠中断，将胎儿排出体外称为流产。

（1）胚胎死亡时间。化胎、死胎、木乃伊胎和流产都是胚胎死亡。母猪每个发情期排出的卵子大约有 10% 不能受精，有 20%~30% 的受精卵在胚胎发育过程中死亡，出生仔猪数只占排卵数的 60% 左右。猪胚胎死亡有三个高峰期：第一个高峰是受精后的 9~13d，这时的受精卵附着在子宫壁上还没形成胎盘，易受各种因素的影响而死亡；第二个高峰是受精后的第三周，处于组织器官形成阶段，胎儿往往因营养供给不足，发育受阻而死亡，这两个时期的胚胎死亡占受精卵总数的 30%~40%；第三个高峰是受精后的 60~70d，这时胎儿生长加快而胎盘停止生长，每个胎儿得到的营养不均，体弱胎儿容易死亡。

（2）胚胎死亡原因。

①精子或卵子活力低，虽然能受精但受精卵的生活力低，容易导致早期死亡而被母体吸收，形成化胎。

②高度近亲繁殖使胚胎生活力降低，形成死胎或畸形胎。

③母猪饲料营养不全，特别是缺乏蛋白质、维生素 A、维生素 D 和维生素 E、钙和磷等营养物质，容易引起死胎。

④饲喂发霉变质、有毒有害的饲料，容易引发流产。

⑤母猪喂养过肥，容易形成死胎。

⑥母猪管理不当，如鞭打、急追猛赶、母猪相互咬架或进出窄小的圈门时互相拥挤等，都可造成母猪流产。

⑦某些疾病如乙型脑炎、细小病毒、蓝耳病等可引起死胎或流产。

（3）防止胚胎死亡的措施。

①饲料全价而均衡，尤其注意供给充足的蛋白质、维生素和矿物质，不能把母猪养的过肥。

②严禁饲喂发霉变质、有毒有害、有刺激性和冰冻的饲料。

③妊娠后期少喂勤添，每次给量不宜过多，避免胃肠内容物过多而挤压胎儿，产前应给母猪减料。

④防止母猪咬架、跌倒和滑倒等，不能强迫或鞭打母猪。

⑤制订配种计划,掌握母猪发情规律,做到适时配种,防止近亲繁殖。
⑥夏季防暑降温,冬季防寒保暖,注意圈舍卫生,防止疾病发生。

(三)泌乳母猪的饲养管理

泌乳期的母猪因泌乳量多,体力消耗大,体重下降快,带仔数超过 10 头的母猪,体重减轻和掉膘很明显。如果到哺乳期结束,能够很好地控制母猪体重下降幅度不超过 15%～20%,一般认为比较理想,若体重下降幅度过大,且不足以维持七八成膘情,常会推迟断奶后的发情配种时间,给生产带来损失。因此,泌乳期母猪应以满足维持需要和泌乳需要为标准,实行科学饲养管理。

1. 饲养方法

(1) 提供营养全价的日粮。母猪的乳汁含有丰富的营养物质,直接关系到哺乳仔猪生长发育的好坏。为了保证母猪多产乳,产好乳,避免少乳、无乳现象发生,应根据母猪的体重大小、带仔多少,给母猪提供营养丰富而全价的日粮,自由采食,饮水充足。泌乳母猪日粮中各种营养物质的浓度应满足:每千克饲料中含有消化能 13.8MJ,粗蛋白质 17.5%～18.5%,钙 0.77%,有效磷 0.36%,钠 0.21%,氯 0.16%,赖氨酸 0.88%～0.94%。如果采用限量饲喂,日喂量应控制在 5.5～6.5kg,每日饲喂 4 次。夏季气候炎热,母猪食欲下降,可多喂青绿饲料,冬季舍内温度达不到 15～20℃,可在日粮中添加 3%～5% 的动物脂肪或植物油,促进母猪提高泌乳量。

(2) 不限量饲喂。泌乳母猪因产乳营养消耗大,即使充分饲养,体重的减轻和消瘦也是不可避免的。为了保证母猪断乳后正常发情排卵和维持配种膘情,应采用自由采食的方法饲喂泌乳母猪。产前 3d 开始减料,减至正常饲喂量的 1/2～1/3,产后 3d 恢复正常,然后自由采食至断奶前的 3d。

(3) 合理饲养。母猪分娩后,处于极度疲劳状态,消化机能差。开始应喂给稀粥料,2～3d 后,改喂湿拌料,并逐渐增加,5～7d 后,达到正常饲喂量。产前、产后日粮中加 0.75%～1.50% 的电解质、轻泻剂(碳酸氢钠或硫酸钠)以预防产后便秘、消化不良、食欲不振等,夏季日粮中添加 1.2% 的碳酸氢钠可提高采食量。

2. 管理要求

(1) 哺乳期内保持环境安静、圈舍清洁干燥,做到冬暖夏凉。随时观察母猪的采食量和泌乳量的变化,以便根据具体情况采取相应的措施。

(2) 产房内设置自动饮水器,保证母猪随时饮水。

(3) 培养母猪交替躺卧哺乳。母猪乳腺的发育与仔猪吮吸有关,特别是初产母猪一定要均匀利用所有的乳头。泌乳期间加强训练母猪交替躺卧哺乳的习惯,保护好母猪的乳房和乳头。

(4) 冬季防寒保暖,夏季防暑降温。

3. 提高母猪泌乳量的措施 母猪的泌乳量受多种因素的影响,如营养水平、管理、带仔数、胎次、品种等。就胎次而言,初产母猪的泌乳量低于经产母猪,第二胎开始上升,并保持一定水平,到 6～7 胎以后,逐渐下降。

(1) 母猪泌乳量不足的原因。

①营养方面。母猪在妊娠期间能量水平过高或过低,使得母猪偏胖或偏瘦,造成母猪产后无乳或泌乳性能不佳;泌乳母猪蛋白质水平偏低或蛋白质品质不好,日粮中严重缺钙、缺

磷，或钙磷比例不适宜、饮水不足等都会出现无乳或乳量不足。

②疾病方面。母猪患有乳房炎、链球菌病、感冒发烧、肿瘤等，都会出现无乳或乳量不足。

③其他方面。高温，低温，高湿，环境应激，母猪年龄过小、过大等，都会出现无乳或乳量不足。

(2) 提高母猪泌乳量的措施。根据饲养标准科学配合日粮，满足母猪所需要的各种营养，特别是封闭式饲养的母猪，更应注意各种营养物质的合理供给，在确认无病、无饲养管理过失，但仍出现泌乳量不足的情况时，可用下列方法进行催乳：

①将胎衣洗净煮沸 20～30min，去掉血腥味，然后切碎，连同其汤一起拌在饲料中，分 2～3 次饲喂无乳或乳量不足的母猪，严禁生吃，以免出现消化不良。

②产后 2～3d 内无乳或乳量不足，可给母猪肌内注射催产素，剂量为每 100kg 体重 10IU。

③用淡水鱼或猪内脏、猪蹄、白条鸡等煎汤拌在饲料中饲喂。

④适当饲喂一些青绿多汁饲料，可以避免母猪无乳或乳量不足，但要防止饲喂过多而影响混合精料的采食和消化吸收，导致母猪出现过度消瘦的营养不良现象。

⑤中药催乳法。王不留行 36g、漏芦 25g、天花粉 36g、僵蚕 18g、猪蹄 2 对，水煎分两次拌在饲料中喂饲。

4. 断乳时间控制 目前我国母猪的泌乳期大多执行 28～35 日龄断奶。母猪在何时断乳，要根据母猪的失重情况、断奶后的发情、年产仔窝数、仔猪断乳应激等因素确定。通常情况下，在 35～45 日龄断乳是比较合适的选择。

三、种猪舍饲养管理技术操作规程

(一) 配种妊娠舍饲养管理技术操作规程

1. 工作目标

(1) 按计划完成每周配种任务，保证全年均衡生产。

(2) 保证母猪情期受胎率 85% 以上。

(3) 保证后备母猪合格率在 90% 以上（以转入基础群为准）。

2. 工作日程

7：30～9：00　　发情检查、配种
9：00～9：30　　饲喂
9：30～10：30　　观察猪群、治疗
10：30～11：30　　清洁卫生、其他工作
14：00～15：30　　冲洗猪栏猪体、其他工作
15：30～17：00　　发情检查、配种
17：00～17：30　　饲喂

3. 技术规范

(1) 发情鉴定与组织配种。发情鉴定的最佳时间是在母猪喂料后 0.5h，表现安静时进行（由于与喂料时间冲突，主要用于鉴定困难的母猪），每天进行两次发情鉴定，上、下午各一次，采用人工查情与公猪试情相结合的方法。鉴定好的发情母猪，按照合理的组织程序

安排配种。

①选择大、小合适的公猪，把公、母猪赶到圈内宽敞处，防止地面打滑。一旦公猪开始爬跨，立即给予帮助。必要时，用腿顶住交配的公、母猪，防止公猪抽动过猛，母猪承受不住而中止交配。配种员站在公猪后面辅助阴茎插入阴道，要求使用消毒手套，将公猪阴茎对准母猪阴门，使其插入，注意不要让阴茎打弯。

②观察交配过程，保证配种质量。公、母猪的交配过程不得人为干扰或粗暴对待，保证公猪爬跨到位，射精充分。配种结束后，母猪赶回原圈，填写公猪配种卡和母猪记录卡。

③高温季节宜在上午8时前，下午5时后进行配种，最好饲喂前空腹配种。

④做好发情检查及配种记录。发现发情母猪，及时登记耳号、栏号及发情时间。

⑤公猪配种后不宜马上洗澡和剧烈运动，也不宜马上饮水。如饲喂后配种，必须间隔0.5h以上。

⑥严格执行NY/T 636—2002《猪人工授精技术规程》。

(2) 公猪的饲养管理。

①饲养原则。提供所需的营养以使精液的品质最佳，数量最多。为了交配方便，延长使用年限，公猪不应太大，并执行限制饲养的方法。一般情况下，公猪日喂2次，每头每天喂2.5～3.0kg。配种期每天补喂一枚鸡蛋（喂料前），每次不要喂得过饱，以免饱食贪睡，不愿运动而造成过肥。按免疫程序做好各种疫苗的免疫接种工作，预防烈性传染病的发生。

②单栏饲养。保持圈舍与猪体清洁，合理运动。有条件时每周安排2～3次驱赶运动。

③调教公猪。后备公猪达8月龄，体重达120kg，膘情良好时即可开始调教。将后备猪赶到配种能力较强的种公猪附近隔栏观摩、学习配种方法，第一次配种时，公、母大小比例要合理，母猪发情状态要好，不让母猪爬跨新公猪，以免影响公猪配种的主动性，正在交配时不能推压公猪，更不能鞭打或惊吓公猪。

④注意安全。工作时保持与公猪的距离，不要背对公猪。公猪试情时，需要将正在爬跨的公猪从母猪背上推下，这时要特别小心，不要推其肩、头部，以防遭受攻击。严禁粗暴对待公猪。

⑤公猪使用方法。后备公猪9月龄开始使用，使用前先进行配种调教和精液质量检查，初配体重应达到130kg以上。9～12月龄公猪每周配种1～2次，13月龄以上公猪每周配种3～4次。健康公猪休息时间不得超过2周，以免发生配种障碍。若公猪患病，1个月内不准使用。

⑥本交公猪每月须检查精液品质1次，夏季每月2次，若3次精检不合格或连续两次精检不合格，且伴有睾丸肿大、萎缩、性欲低下、跛行等疾病时，必须淘汰。各生产线应根据精液品质检查结果，合理安排好公猪的使用强度。

⑦防止公猪热应激，做好防暑降温工作。天气炎热时应选择在早、晚较凉爽时配种，并适当减少使用次数。

⑧经常刷拭冲洗猪体，及时驱虫，注意保护公猪肢蹄。

⑨性欲低下的公猪，加强营养供应和运动锻炼，及时诊断和治疗。

(3) 断奶母猪的饲养管理。

①断奶母猪的膘情至关重要，要做好哺乳后期的饲养管理，使其断奶时保持较好的膘情。

②哺乳后期不要过多削减母猪喂料量,抓好仔猪的补饲,减少母猪泌乳的营养消耗,适当提前断奶。

③断奶前后1周内适当减少哺乳次数,减少喂料量,以防发生乳房炎。

④有计划地淘汰7胎以上或生产性能低下的母猪,确定淘汰猪最好在母猪断奶时进行。

⑤母猪断奶后一般在3~7d开始发情,此时注意做好母猪的发情鉴定和公猪的试情工作。母猪发情稳定后才可配种,不要强配。

⑥断奶母猪可喂哺乳料,正常日喂量2.5~3.0kg,推迟发情的断奶母猪优饲,日喂量3~4kg。

⑦返情母猪饲养管理。配种后21d左右,用公猪对母猪做返情检查,以后每月做一次妊娠诊断。妊娠检查空怀母猪赶到观察区,及时复配,转入配种区要重新建立母猪卡。母猪每头每日喂料3kg左右,日喂2次,过肥过瘦的要调整喂料量,膘情恢复正常再配。长期空怀、发情不正常母猪要集中饲养,栏内每天放进公猪,追逐10min或在运动场公母猪混群运动,并及时观察发情情况;体质健康、饲养正常而不发情的母猪,先采取饲养管理综合措施,后采取激素治疗;不发情或屡配不孕的母猪,可对症使用前列腺素、孕马血清促性腺激素、人绒毛膜促性腺激素、促卵泡素、氯前列烯醇等外源性激素处理;长期病弱或空怀2个情期以上的,应及时淘汰。

⑧按免疫程序做好各种疫苗的免疫接种工作,预防烈性传染病的发生。

(4)妊娠母猪的饲养管理。

①所有母猪配种后,按配种时间(周次)在妊娠定位栏编组排列。怀孕料分两阶段按标准饲喂。

②根据母猪的膘情调整投料量,每次投放饲料要准、快,以减少应激,要给每头猪足够的时间吃料。

③不喂发霉变质饲料,防止中毒。

④减少应激,防止流产,做好保胎。

⑤妊娠诊断。在正常情况下,配种后21d左右不再发情的母猪,即可确定为妊娠,其表现为:贪睡、食欲旺盛、易上膘、皮毛光润、性情温驯、行动稳重、阴门缩成一条线等。同时做好配种后18~65d内的重复发情检查工作。

⑥膘情评估。按妊娠阶段分三段进行饲喂和管理。妊娠前期一个月内的喂料量为每头1.8~2.2kg/d,妊娠中期两个月内的喂料量为每头2.0~2.5kg/d,妊娠后期最后1个月的喂料量为每头2.8~3.5kg/d,产前1周开始饲喂哺乳料,并适当减料。

⑦防止机械性流产,预防中暑。

⑧按免疫程序做好各种疫苗的免疫接种工作,预防烈性传染病的发生。

⑨妊娠母猪临产前一周转入产房,转入前冲洗消毒,并同时驱除体内外寄生虫。

(二)分娩舍饲养管理技术操作规程

1. 工作目标

(1)保证母猪分娩率96%以上。

(2)保证母猪年产仔窝数达到2.1窝,每窝平均产活仔数在10.5头以上,哺乳期仔猪成活率92%以上。

(3)仔猪28日龄断奶,断奶时平均体重7.0kg以上。

2. 工作日程

7：30～8：30　　　母猪、仔猪饲喂
8：30～9：30　　　治疗、打耳号、剪牙、断尾、补铁等工作
9：30～11：30　　 清洁卫生、其他工作
14：30～16：00　　清洁卫生、其他工作
16：00～17：00　　治疗、报表
17：00～17：30　　母猪、仔猪饲喂

3. 技术规范

（1）产前准备。

①空栏彻底清洗，检修产房设备，之后用来苏儿、新洁尔灭等消毒药，连续消毒两次，晾干后备用。第二次消毒最好采用火焰消毒或熏蒸消毒。

②产房温度最好控制在25℃左右，湿度65%～75%，分娩栏饮水器安装滴水装置，夏季滴水降温。

③准确判定预产期，母猪的妊娠期平均为114d。

④产前产后3d母猪减料，以后自由采食。产前3d开始投喂维力康或碳酸氢钠、硫酸钠，连喂1周，分娩前检查乳房是否有乳汁流出，以便做好接产准备。

⑤准备好5%碘酊、0.1%高锰酸钾消毒水、抗生素、催产素、保温灯等药品及用具。

⑥分娩前用0.1%高锰酸钾消毒水，清洗母猪的外阴和乳房部。

⑦临产母猪提前1周上产床，上产床前清洗消毒，驱除体内、外寄生虫1次。

⑧产前肌内注射长效土霉素5mL。

⑨产前产后母猪料添加1～2周的强力霉素等，以防产后仔猪下痢。

（2）判断分娩。

①外生殖器红肿，频频排尿。

②骨盆韧带松弛，尾根两侧塌陷。

③乳房有光泽、两侧乳房外张，用手挤压有乳汁排出，初乳出现后12～24h内分娩。

（3）接产。

①要求专人看管，接产时每次离开时间不得超过0.5h。

②仔猪出生后，应立即将其口鼻黏液清除、擦净，用抹布将猪体抹干，发现假死仔猪及时抢救，产后检查胎衣是否全部排出，如胎衣不下或胎衣不全，可肌内注射催产素。

③断脐后用5%碘酊消毒。

④把初生仔猪放入保温箱，保持箱内温度30℃以上。

⑤帮助仔猪吃上初乳，固定乳头，初生重小的放在前面，大的放在后面。仔猪吃初乳前，每个乳头的最初几滴奶要挤掉。

⑥有羊水排出、强烈努责后1h仍无仔猪排出，或产仔间隔超过1h，即视为难产，需要人工助产。

（4）难产处理。

①有难产史的母猪临产前1d，肌内注射律胎素或氯前列烯醇，或预产期当日注射缩宫素。

②临产母猪子宫收缩无力，或产仔间隔超过0.5h者，可注射缩宫素，但要注意在子宫

③注射催产素仍无效或由于胎儿过大、胎位不正、骨盆狭窄等原因造成的难产,应立即人工助产。

④人工助产时,要剪平指甲,润滑手、臂并消毒,然后随着子宫收缩节律慢慢伸入阴道内,手掌心向上,五指并拢,抓仔猪的两后腿或下颌部,母猪子宫扩张时,开始向外拉仔猪,努责收缩时停下,动作要轻,拉出仔猪后应帮助仔猪呼吸,假死仔猪及时处理。

⑤产后阴道内注入抗生素,同时肌内注射抗生素一个疗程,以防发生子宫炎、阴道炎。

⑥对难产的母猪,应在母猪卡上注明发生难产的原因,方便下一产次的正确处理或作为淘汰鉴定的依据。

(5) 产后护理和饲养。

①哺乳母猪每天喂 2~3 次,产前 3d 开始减料,渐减至日常量的 1/2~1/3,产后 3d 恢复正常,自由采食直至断奶前 3d。喂料时若母猪不愿站立吃料应赶起。产前产后日粮中加 0.75%~1.50% 的电解质、轻泻剂(维力康、碳酸氢钠或硫酸钠),以预防产后便秘、消化不良、食欲不振。夏季日粮中添加 1.2% 的碳酸氢钠可提高采食量。

②哺乳期内注意环境安静、圈舍清洁干燥,做到冬暖夏凉。随时观察母猪的采食量和泌乳量的变化,以便针对具体情况采取相应措施。

③仔猪初生后 2d 内注射富血力(右旋糖酐铁、亚硒酸钠、维生素 B_{12})、牲血素(右旋糖酐铁)等铁剂 1mL,预防贫血;注射亚硒酸钠维生素 E 0.5mL,以预防白肌病,同时也能提高仔猪对疾病的抵抗力;如果猪场呼吸道病严重时,鼻腔喷雾卡那霉素加以预防;无乳母猪采用催乳中药拌料或口服。

④新生仔猪要在 24h 内称重、打耳号、剪牙、断尾。断脐以留下 3cm 为宜,断端用 5% 碘酊消毒;有必要打耳号时,尽量避开血管处,缺口处用 5% 碘酊消毒;剪牙钳用 5% 碘酊消毒后,剪掉上、下两侧犬齿,弱仔不剪牙;断尾时,尾根部留下 3cm 处剪断,用 5% 碘酊消毒。

⑤仔猪吃过初乳后适当过哺或寄养调整,尽量使仔猪数与母猪的有效乳头数相等,防止未使用的乳头萎缩,从而影响下一胎的泌乳性能。寄养时,产仔日龄间隔相差不超过 3d,大的仔猪寄出去。寄出时用寄母的奶汁擦抹待寄仔猪的全身即可。3~7 日龄非留种小公猪去势,去势时要彻底,切口不宜太大,术后用 5% 碘酊消毒。

⑥产房温度适宜:分娩后 1 周 27℃,2 周 26℃,3 周 24℃,4 周 22℃。保温箱温度:初生时 36℃,体重 2kg 时 30℃,体重 4kg 时 29℃,体重 6kg 时 28℃,体重 6kg 以上至断奶 27℃,断奶后 3 周 24~26℃。产房保持干燥,预防仔猪下痢。产栏内只要有小猪,便不能用水冲洗。

⑦仔猪出生后 5~7 日龄开食补料,保持料槽清洁,饲料新鲜,勤添少添,晚间要补添一次料。每天补料次数为 4~5 次。

⑧仔猪平均 28~35 日龄一次性断奶,不换圈,不换料。断奶前后仔猪饲料中加入抗应激药物,如葡萄糖盐水、维生素 C 等添加剂,以防应激。

⑨断奶后一周,逐渐过渡饲料,断奶后 1~3d 注意限料,以防消化不良引起下痢。

⑩在哺乳期因失重过多而瘦弱的母猪,要适当提前断奶,断奶前 3d 需适当限料。产房人员不得擅自离岗,不得已离岗时控制在 1h 以内。

任务5　猪常见传染病的防治

一、猪瘟

猪瘟俗名烂肠瘟，美国称为猪霍乱，英国称为猪热病，是由猪瘟病毒引起的一种急性、热性、高度传染性和致死性传染病。

1. 症状　潜伏期平均 5～7d，按病程分最急性、急性、慢性和温和型等类型。

（1）最急性型。多发生在流行之初或新流行地区，突然发病，体温 41～42℃，皮肤和黏膜发绀和出血，全身肌肉痉挛，四肢抽搐，倒地死亡，病程一般不超过 3d，死亡率达 100%。有的病猪无明显症状，突然死亡。

（2）急性型。最常见，体温稽留在 40.5～42.0℃，病猪表现困倦、行动缓慢、头尾下垂、拱背、寒战、伏卧一隅或钻入垫草内嗜睡。病猪早期眼结膜发炎，眼角有脓性分泌物，严重时上、下眼睑粘连。在耳、嘴唇、腹部、四肢内侧及外阴等处，皮肤出现紫红色斑点，指压不褪色。病初便秘，粪便带有黏液和血丝，短期后呈腹泻，排出灰黄色稀粪，恶臭。公猪阴囊积尿，用手挤压，流出混浊恶臭尿液。后期有的病猪出现神经症状，表现痉挛、运动失调、反应迟钝或亢奋，倒地四肢乱动，最后因衰竭而死，病程一般 15d 左右。

（3）慢性型。多由急性转来，症状不规则，体温时高时低，食欲时好时坏，便秘与腹泻交替发生，但以腹泻为主。病猪消瘦，精神委顿，后肢无力，行走不稳，被毛粗乱，皮肤发疹、结痂，耳、尾、肢端等发生坏死。病程可拖 1 个月以上，最长可达 3 个月左右。耐过此病的猪多发育受阻，成为僵猪。妊娠母猪可造成流产、死胎或产弱仔。

（4）温和型。由毒力较弱的毒株引起，病程发展缓慢，体温 40℃ 左右，呈稽留热。症状、病变不典型，有时见到腹下皮肤有出血点。粪便时干时稀，食量减小，逐渐消瘦。发病率和死亡率低，大猪多能耐过，但生长发育差，仔猪可致死。

2. 病理变化　全身皮肤、浆膜、黏膜等处有出血斑或出血点，淋巴结肿大呈暗红色，切面呈弥漫性出血或周边出血，红白相间呈大理石状，多见于腹股沟淋巴结和颌下淋巴结，肾色淡，表面有出血点，脾脏边缘常可见紫黑色突起，即出血性梗死，这是猪瘟的特征性病变，回肠末端和盲肠黏膜形成纽扣状溃疡。

3. 诊断　根据流行病学、症状和病理变化可做出初步诊断。确诊需将病死猪的脾和淋巴结采集、包装后送实验室检验。常用确诊试验有荧光抗体试验、免疫酶联吸附试验、间接血凝试验，兔体交互免疫试验等。

4. 预防　控制和消灭猪瘟要坚持"预防为主"的原则，采取综合性防疫措施。

（1）猪瘟不安全地区或种猪场，仔猪在 20～25 日龄按常规接种猪瘟兔化弱毒苗一次，3d 后即可获得可靠的免疫力，60 日龄左右第二次免疫。正常地区仔猪断乳 15d，用猪瘟、猪丹毒二联疫苗或猪瘟、猪丹毒、猪肺疫三联疫苗免疫注射，免疫期可达 8 个月。对种公、母猪春、秋两季各注射二联苗或三联苗一次。

（2）坚持自繁自养，加强管理，保持环境卫生。引进猪须隔离观察 3 周以上，确定无病后才可混入猪群。

（3）若已发生猪瘟，按照扑灭传染病规范，立即做好紧急防疫以及隔离、封锁、扑杀和消毒等工作。

5. 治疗 目前尚无有效药物，对有利用价值的病猪，早期用抗猪瘟高免血清治疗有一定疗效，用量为每千克体重 1mL，肌内注射。

二、仔猪大肠杆菌病

本病是由不同血清型的致病性大肠杆菌引起，常见有仔猪白痢、黄痢和猪水肿病。仔猪表现肠炎、败血症或组织器官炎症，生长发育受阻或死亡，对猪生产造成经济损失。

1. 症状

（1）仔猪黄痢。潜伏期短的 12h 内即可发病，病猪排出黄色或灰黄色黏液样腥臭的稀粪，严重的病猪肛门松弛呈红色，粪便失禁，口渴脱水，很快消瘦，最后衰竭而死。病程 1～3d，治疗不及时，死亡率可达 100%。

（2）仔猪白痢。以下痢为主，排出灰白色糊状稀粪，有特异腥臭味，黏附于肛门及后肢，体温一般正常，因脱水逐渐消瘦，拱背、被毛粗乱无光泽，身体发抖，饮水次数增多，吃乳减少。应及时治疗，否则死亡率增高。

（3）仔猪水肿病。在一窝或一群仔猪中，体大膘好的一头或几头突然死亡，以后陆续出现。病猪精神沉郁，食欲不振，体温正常或稍高，步态不稳，盲目行走或转圈，随病情的加重，口吐白沫，叫声嘶哑，倒地抽搐，四肢游泳状划动，前肢跪地，后肢直立或后肢麻痹不能站立，在昏迷状态中死亡。病程数小时或 1～2d，慢者可达数天。

2. 病理变化

（1）仔猪黄痢。严重脱水，最显著病变是胃肠急性卡他性炎症，以十二指肠最严重，空肠、回肠次之。肠腔扩张，内容物黄色、有气味，肠系膜淋巴结充血、水肿，肝、肾常有小的坏死灶。

（2）仔猪白痢。剖检无特殊变化，肠内有少量糊状内容物，味酸臭，肠管空虚，充满气体，肠黏膜充血，肠壁变薄，肠系膜淋巴结水肿。

（3）猪水肿病。全身多处组织水肿。最具特征的病变是胃壁水肿，水肿部位显著增厚，切开水肿的胃壁，流出清亮无色或茶色液体，有的呈胶冻状，全身淋巴结、眼睑、头颈部、皮下，均可见到不同程度的水肿，肺水肿、充血，心包、胸腔和腹腔有程度不等的积液；脑膜充血，脑实质水肿或出血，是引起中枢神经系统机能紊乱的原因。

3. 诊断 本病症状明显，根据流行特点、症状和病理变化不难诊断。确诊须采取肠道内容物进行细菌分离鉴定，但注意与以下疾病相区别。

（1）仔猪红痢。病原是 C 型产气荚膜梭菌。主要发生于 1 周龄内的仔猪，开始排灰黄色或灰绿色稀粪，后变为红色糊状，粪便中含有坏死组织碎片。主要病变在空肠，黏膜层和黏膜下层弥漫性出血，呈暗红色，内容物是深红色含血液体，肠系膜淋巴结鲜红色。病程长的病例，以坏死性肠炎为主，心肌苍白，心外膜和肾皮质部有出血点。

（2）猪痢疾。病原为密螺旋体，各种年龄的猪均易感，以 7～12 周龄多发，多为黏液性出血性下痢，粪便中常含有组织碎片，恶臭。主要病变是盲肠、结肠和直肠充血、出血、水肿，黏膜纤维性坏死，形成伪膜，外观呈麸皮或豆腐渣状。

（3）猪传染性胃肠炎。病原为病毒，大、小猪均可感染，2 周龄以内的仔猪发病率和死亡率最高。临床特征为呕吐、水泻。耐过本病的母猪，所产仔猪可获得坚强免疫力，初产母猪所产仔猪，被感染的常在 2～3d 内全部死亡。病变主要是胃肠发炎。

4. 预防

(1) 保持猪舍清洁干燥、防寒保暖，勤换垫草，饲养用具定期洗刷、消毒。母猪孕期饲料调配要合理，为防止营养不足，要及时给仔猪补料，保持母猪乳房清洁卫生。哺食初乳前，用0.1%高锰酸钾溶液洗净乳头，挤掉几滴初乳后，再让仔猪吃到足够初乳。

(2) 断奶后最好喂配合饲料，添加青绿饲料，注意补硒和维生素E。

(3) 产前15~25d母猪耳根皮下注射猪大肠杆菌基因工程苗，哺乳仔猪可获得母源抗体，对预防仔猪黄痢、白痢有一定的积极作用。

5. 治疗 仔猪黄痢、白痢的治疗方法相似。恩诺沙星每千克体重2~5mg，内服，每日2次，连用3~5d；调痢生每千克体重100mg，内服，每日一次，连用2~3d；庆大霉素每千克体重1~1.5mg，肌内注射。另外，仔猪黄痢可用磺胺嘧啶片每千克体重100mg，内服，每日2次。由于大肠杆菌易产生抗药性，故应交替使用药物。猪水肿病用链霉素每千克体重10~20mg、维生素B_{12} 200mg，一次肌内注射；0.1%亚硒酸钠注射液每5kg体重1mL，肌内注射，每天2次。

三、猪口蹄疫

本病是由口蹄疫病毒引起的偶蹄动物的一种急性、热性和高度接触性传染病。该病的特征为口腔黏膜、蹄部和乳房皮肤发生水疱和溃烂。

1. 症状 潜伏期1~2d，病初体温升高至40~42℃，精神不振，食欲减少或废绝。病猪蹄冠、蹄叉、蹄踵出现局部发炎、微热、敏感等症状，不久形成水疱，并逐渐融合呈白色环带状，水疱破裂形成出血性烂斑，如无细菌继发感染，1周左右结痂愈合，如有继发感染，则局部化脓、坏死、蹄壳脱落，不能着地，病猪常跛行、卧地不起，部分个体鼻镜、舌、唇、齿龈和哺乳母猪的乳房，也有水疱或烂斑。吃奶仔猪患病时，很少见到水疱和烂斑，通常呈急性胃肠炎和心肌炎而突然死亡，死亡率可达60%以上。

2. 病理变化 除在口腔、蹄部见到水疱和烂斑外，在咽喉、气管、支气管和胃黏膜，有时也出现烂斑和溃疡。心包膜有弥散性出血点，心肌切面有灰白色、淡黄色斑点或条纹，似老虎身上的斑纹，即所谓"虎斑心"，这对猪口蹄疫的诊断有重要意义。

3. 诊断 根据本病流行特点和典型症状及病变可作出初步诊断。确诊则需要采集水疱皮和水疱液进行实验室检验。由于猪水疱病的症状与本病极为相似，故应与猪水疱病加以区别，猪水疱病只感染猪，不感染牛和羊。另外口蹄疫病毒对小鼠的致病力比猪水疱病病毒强，因此可用小鼠接种试验进行鉴别，方法是将病料用青霉素、链霉素处理后，接种2日龄和7~9日龄乳鼠，观察7d，如2日龄和7~9日龄乳鼠都发病死亡，可诊断为口蹄疫，如2日龄乳鼠死亡，7~9日龄乳鼠存活，可诊断为猪水疱病。

4. 预防 一旦发生疫情，应立即向上级有关部门报告，按"早、快、严、小"原则，采取封锁隔离、检疫、消毒等综合措施，组织人力进行扑灭，严格处理尸体和畜产品，建立防疫带，防止疫情扩大。当最后一头病猪痊愈或处理后14d再无新病例发生，经全面终末消毒，方可解除封锁。同时注意做好个人防护。

发病时，对健康猪立即用口蹄疫灭活疫苗进行紧急预防接种，每头5mL，颈部皮下注射，14d后可产生免疫力，免疫期2个月。紧急情况下可用康复动物血清进行免疫，每千克体重1mL，皮下注射，免疫期为2周。

四、猪丹毒

猪丹毒是猪的一种急性、热性传染病。特征为高热和皮肤上形成大小不等、形状不一的紫红色疹块，俗称"打火印"。慢性病例主要表现为心内膜炎及关节炎。

1. 症状　潜伏期一般3～5d，最短的1d，长的可达7d，临床上分为3种类型。

（1）急性型（败血型）。多见于流行初期，是常见的一种类型。突然发病，体温升高到42℃以上，呈稽留热。病猪精神沉郁、怕冷、不食、呕吐、粪便干硬而附有黏液，卧地，不愿走动，眼结膜充血，呼吸加快，黏膜发绀，耳、颈、腹、股内侧等处皮肤，出现大小不一的红色疹块，指压暂时褪色。病程3～4d，死亡率可达80%，死亡快的可能见不到皮肤变化，不死者转为亚急性型或慢性型。仔猪发病时，往往有神经症状，表现为抽搐，角弓反张。

（2）亚急性型（疹块型）。经过比较缓慢，病猪食欲减退，精神不振，体温略有升高，特征是在颈、背、胸、腹、股外侧皮肤上出现方形、菱形或不规则紫红色疹块，指压褪色。一般疹块出现后，体温开始下降，病情减轻，经数日疹块逐渐消退而形成干痂后自愈。少数病猪可转为败血型或慢性型。黑猪不易观察，但手能摸到疹块，宰杀刮毛后才能发现。

（3）慢性型。一般由急性型和亚急性型转变而来。常见腕关节和跗关节肿胀、疼痛、跛行、喜卧或不能行走，食欲时好时坏，体温正常或稍高，生长发育缓慢，体质虚弱，消瘦。发生心内膜炎时，呼吸困难，可视黏膜发绀，心跳加快，身体部分皮肤坏死发黑，变成干硬厚痂，难以脱落。病程可拖延数周，最后因衰弱或后肢麻痹而死。

2. 病理变化

（1）急性型。胃底部黏膜弥漫性出血，十二指肠和回肠有不同程度充血、出血。全身淋巴结肿胀，显著充血和出血，切面多汁。脾肿大，呈樱桃红色，肾肿大呈暗红色，肺充血或水肿，肝充血呈红棕色，心脏内、外膜有出血点，心包积液。

（2）亚急性型。主要病变为皮肤有坏死性疹块，疹块皮下血管扩张充血，内脏病变不明显。

（3）慢性型。四肢一个或多个关节肿胀，为增生性、非化脓性关节炎，关节囊增厚，内含黏液性和纤维性渗出物。心脏左房室瓣有溃疡性心内膜炎，形成疣状团块，似花椰菜状。病变有时也能蔓延到右房室瓣。

3. 诊断　根据流行特点、临床症状和病理变化可作出初步诊断。确诊则需采取心脏、脾、肝、肾、淋巴结、关节液等病料，送实验室做细菌学检查和动物接种试验。

4. 预防和治疗

（1）坚持预防注射，每年春、秋两季用猪丹毒氢氧化铝甲醛疫苗、冻干猪丹毒弱毒菌苗或猪瘟、猪丹毒、猪肺疫三联苗各注射一次。

（2）青霉素是治疗本病的首选药物，发病早期应用疗效更好。每千克体重1万～2万IU，静脉注射，同时肌内注射常规剂量，每天两次，病猪体温、食欲恢复正常后，再注射2d。某些病猪可能对青霉素有抗药性，可改用四环素每千克体重7～15mg，肌内注射，每天一次。此外土霉素、洁霉素、诺氟沙星（氟哌酸）、磺胺类药物对本病也有较好疗效。

（3）采取综合性防疫措施，同时加强检疫，及早检出病猪或带菌猪，迅速隔离治疗，消灭传染源。由于猪丹毒杆菌对外界的抵抗力较强，对被其污染的场地要全面消毒，死猪尸体要妥善处理。

五、猪肺疫

猪肺疫是多杀性巴氏杆菌引起的一种急性、热性、败血性传染病，故又称猪巴氏杆菌病或猪出血性败血症。俗名"锁喉疯"。

1. 症状 潜伏期1～3d，有时5～12d不等，临床上可分三种类型。

（1）最急性型。呈败血病经过，常突然发病死亡。病情发展稍慢的病猪，体温升高到41～42℃，食欲废绝，呼吸困难，心跳加快，黏膜发绀，耳根、颈部及腹部等处皮肤有出血性红斑。最为特征的是咽喉肿胀、坚硬而热，严重的可蔓延至耳根和颈，病猪呼吸高度困难，呈犬坐姿势，张口呼吸，口鼻流出白沫，常因窒息而死，病程1～3d。

（2）急性型。表现为胸膜肺炎症状，体温升高至41℃左右，发出短、干的痉挛性咳嗽，呼吸困难、流鼻涕、气喘，有黏液性或脓性结膜炎，皮肤有出血性紫斑，初便秘，后下痢，胸部触诊有痛感。病程4～6d，不死者转为慢性。

（3）慢性型。病猪表现为持续咳嗽和呼吸困难，持续或间歇性腹泻，皮肤出现痂状湿疹，逐渐消瘦，被毛粗乱，行动无力，有时关节发生肿胀，最后衰竭而死。病程可达2周以上，不死者多成为"僵猪"。

2. 病理变化

（1）最急性型。表现为败血症变化，皮肤、皮下组织、浆膜、心内膜有大量出血点，在咽喉部水肿，周围组织发生出血性浆液浸润，下颌、咽及颈部淋巴结肿胀、出血，肺瘀血、出血、水肿。

（2）急性型。表现为纤维性胸膜肺炎变化。肺气肿、水肿、出血和有红色肝变区，病程长的肝变区内有坏死灶，切面成大理石纹状，胸膜有纤维性渗出物，严重者胸膜与肺粘连；支气管淋巴结肿大、出血，胃肠道有卡他性炎性或出血性炎性变化。

（3）慢性型。肺有多处坏死灶，内含干酪样物质。胸膜及心包有纤维素样絮状物附着，胸膜增厚、粗糙或与病肺粘连。支气管淋巴结和肠系膜淋巴结干酪样变化。

3. 诊断 根据流行特点、临床症状、病理变化不难诊断。确诊时可采取心、肝、肺、脾及体腔病变部位渗出液等病料，送实验室进行细菌学检查。临床上最急性型和急性型猪肺疫，要与猪瘟、猪丹毒、猪气喘病相区别。

（1）与猪瘟区别。单纯猪瘟死亡的猪，胃有出血点，脾不肿大，呈出血性梗死，淋巴结周边也出血，大肠有扣状出血。但猪肺疫往往与猪瘟并发或继发，必要时作猪瘟诊断。

（2）与猪丹毒区别。猪丹毒无咽喉肿胀，皮肤出现红色疹块，指压褪色。脾肿大，心内膜有时有菜花样赘生物。

（3）与猪气喘病区别。猪气喘病体温不升高，无败血性变化，咽喉部位不见炎性水肿。

4. 预防

（1）改善饲养管理条件，消除降低猪抵抗力的一切因素，对猪场周围及设施定期消毒。

（2）定期用猪肺疫氢氧化铝甲醛疫苗皮下注射5mL，14d后产生免疫力；猪肺疫弱毒苗口服，7d后产生免疫力；仔猪断乳后15d注射猪瘟、猪肺疫、猪丹毒三联苗。免疫期均为6个月。

5. 治疗 早期用青霉素、链霉素联合治疗。青霉素每千克体重1万U、链霉素每千体重 20mg，肌内注射，待体温下降后再用 2d，若配用复方氨基比林效果更好。10%磺胺嘧啶钠溶液，小猪 20mL、大猪 40mL，肌内注射，直至体温下降，食欲恢复。或复方磺胺-5-甲氧嘧啶溶液，每千克体重 0.1～0.2mL，肌内注射，每天 2 次，连用 3d（对慢性型效果稍差）。必要时，可用新砷凡纳明每千克体重 15mg，溶于蒸馏水后，静脉注射，一般一次即见效。另外，甲磺酸培氟沙星饮水，对本病也有一定疗效。

六、猪沙门氏菌病

猪沙门氏菌病又称仔猪副伤寒，是仔猪常见的一种消化道传染病。主要特征是肠道发生坏死性肠炎，呈现严重下痢。

1. 症状　潜伏期 3～30d，临床可分为急性型和慢性型。

（1）急性型。来势迅猛，体温升高至 41～42℃，精神不振，食欲减少或废绝，先便秘后下痢，粪便呈淡黄色、恶臭、有时带血，有腹痛症状。病猪后期结膜发炎，耳、颈、胸、腹及四肢等处皮肤呈紫红色，后变为青紫色，体温下降，呼吸困难，偶有咳嗽，肛门、尾及后肢有黏稠粪便附着。病程 4～10d，终因心力衰竭而死亡，不死者转为慢性。

（2）慢性型。呈周期性腹泻。粪便淡黄色或淡绿色，有恶臭，混有血液或黏液，病猪精神不振，食欲减退，体温略升高或正常，皮肤出现痂状湿疹，尤其耳尖、四肢、胸腹部皮肤变成暗红色；部分猪出现慢性肺炎，持续咳嗽。病程可延续数周，最后衰竭而死或成僵猪。

2. 病理变化

（1）急性型。呈败血症变化。脾显著肿大，呈蓝紫色，淋巴结肿大、充血、出血，肾脏、肝脏有出血点或散在坏死灶。全身浆膜和黏膜充血、出血。肠管充盈，肠壁变薄，弹性降低，盲肠、结肠严重出血。

（2）慢性型。盲肠、结肠和回肠黏膜出现坏死性肠炎变化。肠壁增厚，表面附一层柔软糠麸样伪膜，除去伪膜，可见到大面积弥漫性溃疡，肠系膜淋巴结肿胀呈灰白色，切面有坏死灶，肝脏变性、肿大，常见有灰黄色结节性病变，胆囊黏膜坏死。肺下缘多见紫红色融合性肺炎。

3. 诊断　根据本病流行特点、症状和典型病变可作出初步诊断。但要注意与猪瘟、猪丹毒、猪肺疫、猪传染性胃肠炎相区别。确诊时，可采取病猪粪便、血液或死猪实质性器官、病变肠管等病料送检，做细菌分离培养鉴定。

4. 预防和治疗

（1）加强仔猪饲养管理，搞好卫生与消毒。发病后隔离治疗，严格处理死尸。

（2）在本病常发地区，用仔猪副伤寒冻干菌苗预防注射，1 个月以上的健康仔猪耳根部肌内注射 1mL，免疫期 9 个月，注射 1～2d 内，有些猪可能有不良反应，但无不良后果，随后恢复正常。

（3）药物治疗。土霉素按每千克体重 10～30mg，肌内注射，每天 1～2 次，连用 3～5d 后，剂量减半，继续用药 4～7d；复方磺胺甲基异噁唑或复方磺胺-5-甲氧嘧啶 5～10mL 肌内注射，每天 2 次，连用 2d；或用 5～25g 大蒜泥内服，每天 3 次，连服 3～5d。

七、猪气喘病

猪气喘病又称猪支原体肺炎，是猪的一种慢性接触性传染病。主要特征是咳嗽和气喘，病理变化为融合性支气管肺炎。本病广泛分布世界各地，对养猪业发展危害严重。

1. 症状 潜伏期最短的3～5d，一般为11～16d，甚至更长。主要表现咳嗽、气喘，体温一般不升高。临床上分为三种类型。

（1）急性型。常见于新疫区流行初期，突然发病。病猪精神沉郁，呼吸加快，每分钟可达60～100次，呈腹式呼吸。严重者张口喘气，呈犬坐式，发出似拉风箱的喘鸣声，口鼻流出泡沫，咳嗽次数少而低沉。体温基本正常，食欲减退，逐渐消瘦，常因窒息而死亡。病程1～2周。

（2）慢性型。多见于老疫区猪群或由急性转来。病初长期咳嗽、气喘，初期咳嗽次数少而轻，随病情发展，次数逐渐增加，严重时出现痉挛性咳嗽，甚至引起呕吐，进食或运动后更明显。气喘时重时轻，与气候变化，饲养管理不当有关。病猪常流黏性或脓性鼻汁，食欲、体温正常，但逐渐消瘦，生长发育受阻。病程可达2～3月，甚至半年以上，若出现继发感染，则死亡率升高。

（3）隐性型。症状不明显，偶见咳嗽和气喘，X射线检查可见肺部有肺炎病灶。若饲养管理条件良好，仍能正常生长发育。

2. 病理变化 急性病例，肺高度气肿，病程长的呈融合性支气管肺炎，其中以心叶最为显著，尖叶、间叶和膈叶的前下部次之，病变常呈两侧对称。病变部位与正常组织，界限明显，呈灰红色，似鲜嫩的肌肉，外观似胰脏，故称"肉变"或"胰变"。病变组织切面多汁，可从小支气管内挤出灰白色、黏稠液体。肺门淋巴结肿大，切面隆起，呈黄白色，淋巴组织增生。

3. 诊断 根据流行特点、临床症状及病变可作出初步诊断，但要与猪流行性感冒、猪肺疫加以区别。

（1）与猪流行性感冒区别。猪流感突然发病，传播迅速，2～3d可使全群发病，体温升高，病程短，经一周左右恢复，死亡率低。

（2）与猪肺疫区别。猪肺疫体温升高，剖检时可见败血症和纤维素性胸膜肺炎变化，在肝变区可见到大小不一的化脓灶或坏死灶。

4. 预防和治疗

（1）加强饲养管理，坚持"自繁自养"，严格检疫。向外购猪时，应隔离观察，确认无病后方可并群。

（2）目前已研制出猪气喘病弱毒苗，在一定范围内试用，但还未推广应用。其用法是：用生理盐水将疫苗稀释10倍，每头猪右侧胸腔内注射5mL，免疫期8个月以上。

（3）药物治疗。土霉素碱油剂（土霉素20mg加入100mL花生油或豆油混合均匀）每次小猪1～2mL，中猪3～5mL，大猪5～8mL，进行深部肌肉分点注射，每3d一次，连用5～6次，一般效果良好；硫酸卡那霉素注射液每千克体重3万～4万U，肌内注射，每天一次，5d为一个疗程；泰乐菌素每千克体重5～13mg，肌内注射，每天两次，连用7d；特效米先注射液每10kg体重2mL，肌内注射，一次即可，严重者，3～5d后再注射一次；洁霉素每千克体重50mg，肌内注射，每天两次，5d为一个疗程。

八、猪传染性胃肠炎

猪传染性胃肠炎是由猪传染性胃肠炎病毒引起的一种急性、高度接触性的肠道传染病。

主要特征是腹泻、呕吐和新生仔猪死亡率高。

1. 症状 潜伏期很短,一般为12~48h。仔猪突然发病,首先出现呕吐,随后剧烈腹泻,粪便灰白色或黄绿色,常含有未消化的乳凝块或混有血液。病猪迅速脱水,极度口渴,体重减轻,一般2~7d内死亡,日龄越小,病程越短,死亡率越高。1周龄以内的仔猪死亡率可达100%,随日龄增大,死亡率降低。耐过本病的仔猪大多生长发育不良,常成为僵猪。架子猪、肥猪和母猪的症状较轻,表现食欲减退,腹泻、体重减轻,有的呕吐,泌乳停止等,极少死亡,一般经1周左右康复。

2. 病理变化 主要病变在胃肠。胃内充满乳凝块,胃底黏膜充血,局部溃疡;小肠充血,肠壁松弛、变薄,绒毛缩短,肠管扩张,肠内充满黄绿色或灰白色液体,含有泡沫和未消化的乳凝块;肠系膜淋巴结充血肿胀;肾充血呈黑红色,皮质和髓质界限不清;有的病例除尸体脱水,肠内充满液体外,看不到其他病变。

3. 诊断 本病主要发生于寒冷季节,传播快,潜伏期短,各年龄猪都可发病。病猪呕吐和水样腹泻,仔猪死亡率高,成年猪呈良性经过及胃肠病变,据此可作初步诊断。由于与猪流行性腹泻无法区别,可考虑是两者之一,但应与猪大肠杆菌病,仔猪红痢和猪痢疾进行鉴别,要点参考猪大肠杆菌病部分。确诊要进行病毒分离、接种试验和血清学试验。

4. 预防和治疗

(1) 不从有病地区引进猪只,以免传入本病。一旦发生本病,立即隔离病猪,用3%氢氧化钠溶液或20%石灰水消毒。未发病的猪,应隔离至安全地区饲养,限制人员和动物出入。

(2) 由于耐过本病的猪可产生坚强的免疫力,新生仔猪口服康复猪的抗凝血或高免血清,每天10mL,连用3d,有一定防治效果。

(3) 本病目前尚无有效治疗药物,使用四环素类、磺胺类药物,可防止继发感染,缩短病程,促进痊愈。失水过多的猪,供给清洁饮水,必要时,静脉注射葡萄糖生理盐水及5%碳酸氢钠溶液补液。

(4) 迄今尚无一种较理想的疫苗。目前,已有的猪传染性胃肠炎弱毒苗,可免疫怀孕母猪,新生仔猪通过母乳获得免疫,也可试用免疫其他日龄猪。

九、猪流行性腹泻

猪流行性腹泻是由猪流行性腹泻病毒引起的一种急性、高度接触性肠道传染病。主要特征是腹泻、呕吐和新生仔猪死亡率高。

1. 症状 与猪传染性胃肠炎很相似,潜伏期短。病猪表现呕吐,迅速出现水泻,新生仔猪受害最严重,常因严重失水而死亡,病猪死亡率可达50%。断奶猪和育肥猪表现厌食及水泻,体重减轻。经过4~6d后,大多数病猪可康复,但生长发育受影响。母猪表现精神不振,厌食和持续下痢。

2. 病理变化 小肠充血,肠壁变薄发亮,充满黄色液体。肠系膜充血且淋巴结肿大,显微镜检查可见小肠绒毛缩短。

3. 诊断 临床诊断往往不能与猪传染性胃肠炎相区别。相对而言,本病的死亡率较低,2周龄时感染的仔猪很少死亡,病毒在猪群中传播相对较慢。确诊方法参考猪传染性胃肠炎。

4. 预防和治疗　参考猪传染性胃肠炎的防治方法。

十、猪细小病毒病

猪细小病毒病可引起猪的繁殖障碍，故又称猪繁殖障碍病。其主要特征是受感染的母猪，特别是初产母猪产生死胎、畸形胎、木乃伊及病弱仔猪，母猪本身无明显症状。

1. 症状　猪感染细小病毒后，仅妊娠母猪出现症状，成年猪不出现明显的临床症状，但体内许多组织器官（尤其是淋巴组织）中均有病毒存在。母猪感染时，主要表现为繁殖障碍，如多次发情而不受孕，或产出死胎、木乃伊胎，或只产出少数仔猪等。在怀孕早期感染时，胎儿死亡而被吸收，使母猪不孕或无规则地反复发情。妊娠中期感染时，胎儿死亡后，逐渐木乃伊化，产出木乃伊化程度不同的胎儿和虚弱的活胎儿。妊娠后期感染时，大多数胎儿能存活下来，并且外观正常，但可长期带毒排毒。若将这些猪作为种猪，则可使本病在猪群中长期扎根，难以清除。

多数初产母猪感染后可获得很强的免疫力，甚至可持续终生。细小病毒感染对公猪的性欲和受精率无明显影响。

2. 病理变化　怀孕母猪感染后未见有明显的病变。受感染的胎儿表现不同程度的发育障碍和生长不良，可见到胎儿有充血、水肿、出血、体腔积液、脱水（木乃伊化）等病变。

3. 诊断　猪场中多数母猪发生流产、死胎、胎儿发育异常，而母猪却无异常变化，尤其母猪产出数个木乃伊胎，应考虑本病存在的可能性。若要进一步确诊，应进行实验室诊断。

4. 预防和治疗　目前对本病尚无有效治疗措施，只能采取预防措施。为控制本病传入，尽量不要从外地引进猪种。若引进种猪时，最好进行猪细小病毒血凝抑制试验，阴性猪方可引进。

本病污染的猪场可采用两种免疫方法：一种是在配种前通过自然感染的方法使母猪获得免疫。即在一群阴性的初产母猪中放进一些血清学阳性的老母猪，通过老母猪排毒，使初产母猪群受到感染，这种方法只适用于本病流行地区，因为将细小病毒引进一个清净的猪群，将会后患无穷。因此，非疫区禁用此法。另一种是采用人工自动免疫使猪获得免疫力。目前我国应用的疫苗有灭活疫苗和弱毒病苗，初产母猪在配种前 2～4 周之间接种，肌内注射 4mL；种公猪在 8 月龄时（性成熟）接种，剂量同母猪，免疫期达 5 个月以上，每年注射两次，可预防本病。

十一、猪伪狂犬病

伪狂犬病是由伪狂犬病毒引起的一种急性传染病。主要特征是发热、奇痒和脊髓炎症状，死亡率较高。

1. 症状　潜伏期一般为 3～6d，个别达 10d，年龄不同，症状有很大差异。成年猪多为隐性感染，多不出现临床症状，个别猪出现症状，只是轻微发热、腹泻等，且很快恢复。妊娠母猪一旦感染本病，可发生流产、死胎或产出木乃伊胎。新生仔猪和 4 周龄以内仔猪常突然发病，体温升高 41℃ 以上，精神高度沉郁，不食，间有呕吐和腹泻。当中枢神经受到侵害时，则出现神经症状，身体各部位肌肉呈痉挛性收缩，病猪兴奋不安，步态僵硬，站立不稳，运动失调，前肢呈"八"字样开张，鼻镜歪向一侧，口角、眼睑等头部皮肤擦伤，口腔水疱增多，站立不稳，四肢开张或摇晃，最后体温下降，昏迷死亡。病程较短，一般 1～2d。死亡率较高，可达 60% 以上，刚出生的仔猪死亡率高达 95% 以上。

2. 病理变化 病猪体表尤其是口、唇及耳部有较多的外伤。皮下有时出现浆液性渗出物浸润，脑膜充血及脑脊髓液增多，扁桃体充血、坏死，有化脓灶，肾肿大，表面有散在的细小出血点，胸膜和胃肠黏膜充血或小点出血，肝脾有粟粒大坏死结节，肺充血水肿并有小出血点。组织学检查，有非化脓性脑膜炎及神经炎的变化。

3. 诊断 根据流行特点、临床症状和剖检变化可作出初步诊断。确认可采取病猪血清及大脑组织作病毒分离及血清学试验。

本病最简单而又可行的诊断方法是动物接种试验。采取病猪脑组织磨碎后，加生理盐水，制成 10% 灭菌生理盐水混悬液，取 2mL 分别用皮下或肌肉接种方法接种家兔或猫，如病料中含有伪狂犬病毒，接种 2～3d 后，接种部位皮肤呈现剧烈瘙痒并有抓咬伤痕，发痒后 1～2d 死亡。

4. 预防和治疗 成年猪发病较轻，常不治自愈。仔猪发病，目前尚无特效药，但在病猪出现神经症状之前，注射高免血清或病愈猪血清，有一定的治疗效果，对于长期携带病毒的猪，应隔离饲养或扑杀。圈舍用 2%～3% 的氢氧化钠或 20% 石灰乳彻底消毒，对疑似病猪应进行严格隔离，并对场内所有猪只进行紧急预防接种。目前国内多采用引进的 K 61 弱毒株研制的伪狂犬冻干苗，哺乳仔猪肌内注射 0.5mL，断奶后再注射 1mL，连续注射 3 年。平时要加强饲养管理，禁止野外动物窜入猪舍，消灭鼠类和蚊蝇。对圈舍地面、设备、用具、围栏等每周消毒一次。

十二、猪繁殖及呼吸综合征

猪繁殖及呼吸综合征又称为"猪蓝耳病"，由于我国近年来大量引进种猪和进口猪肉产品，增加了带进本病的可能性。

1. 症状 自然感染潜伏期一般为 2 周左右。发病之初症状与感冒相似，发热，体温升高一般至 40℃ 左右，精神沉郁、嗜睡，食欲不振，有时咳嗽。部分病猪在鼻盘、耳尖、腹部、外阴、四肢末端、尾巴、乳头等部位呈现蓝紫色，这种特殊症状多发生在一般症状出现后的 5～7d，以耳尖变蓝最为常见。这种局部皮肤颜色发生，时间短暂，有时仅持续数小时。仔猪和育肥猪常表现为呼吸急促、困难，呈腹式呼吸或有鼻炎等呼吸系统症状。发病中期，妊娠母猪发生早产、流产，早产胎儿可比正常分娩提早 6 周左右，流产死胎有不少为木乃伊胎，另外产弱仔数量增多。因本病使哺乳母猪泌乳困难，耐过母猪虽可重新怀孕，但窝产仔数和仔猪存活率均下降。公猪表现为倦怠，嗜睡，精液质量下降。

2. 诊断 根据流行特点、临床症状和病理变化可作初步诊断。在诊断过程中应注意与猪细小病毒病、猪伪狂犬病和猪乙型脑炎相区别。必要时采取病猪鼻黏膜、肺及脾组织、流产胎儿等病料送有关实验室，采用间接荧光抗体法和酶抗体法对病毒进行鉴定。在死胎、弱胎的血清和体液中可检出抗体，对本病的确诊有较高的价值。

3. 预防和治疗 本病是一种新的病毒性接触性传染病，传染性很强，能在短期内感染猪场内所有的猪，危害性大，严重威胁着养猪业的发展。目前尚无有效的疫苗和特殊的药物防止该病的发生和流行，只能采取综合性的防治措施。首先在猪场建立监测制度，对新购入的猪要隔离检疫，观察 8 周后，确定为本病阴性猪时方可入群；其次要搞好猪舍环境卫生，及时清扫粪便和消毒，减少饲养密度。断奶仔猪隔离饲养，育肥猪、育成猪采取全进全出的原则饲养；同时对种公猪要进行本病的血清学诊断，以防本病阳性的种公猪通过精液传播本病。加强猪只的饲养管理，以提高其抗病能力。加强进口猪只及其肉制品的检疫和免疫监测，以防本病传入。一旦发现携带本病的阳性猪或可疑猪，应迅速上报，采取封锁、隔离、消毒、扑杀病猪等措施，争取将该病消灭在萌芽状态。

十三、猪传染性萎缩性鼻炎

本病是一种慢性接触性传染病，以鼻炎、鼻梁变形、鼻甲骨的下卷曲发生萎缩和生长迟缓为特征。本病常见于2~5月龄的幼猪。

1. 症状 幼猪发病初期，时常摇头打喷嚏，特别在饲喂或运动时更为明显，有鼻塞音，鼻流脓性分泌物。病猪表现不安，拱地或拱槽，或用前肢扒搔鼻孔周围，摇头，奔跑，体温不正常，病程稍长，3~4周后鼻孔皮肤形成皱褶。病情进一步发展，鼻腔软骨组织和面骨萎缩，呈现畸形。一旦气候变冷，还易发生感冒与肺炎。

2. 病理变化 特征病变是鼻腔软骨和鼻甲骨软化、萎缩。鼻腔常有大量的黏脓性及干酪样渗出物，急性时渗出物内含有脱落的上皮碎屑。慢性时鼻黏膜一般苍白，轻度水肿。

3. 诊断 病猪打喷嚏，不断在周围器物上擦鼻，从鼻孔流出黏性脓液，不断流泪。鼻面部皮肤红肿皱褶，鼻梁变形。无本病的猪场一旦有可疑时，为了及时确诊可试宰几头，进行病理解剖学检查。若为本病，一般在鼻黏膜、鼻甲骨等处可发现典型的病理变化。

4. 预防和治疗 加强检疫，杜绝病原。对已存在的病猪和可疑病猪，应立即宰杀，头、肺进行高温处理，其余可加以利用。为了预防幼猪感染此病，可按饲料量的0.02%加喂土霉素。治疗时，病初可用0.1%高锰酸钾溶液，或1%~2%硼酸水，冲洗鼻腔，每日1次。同时每千克体重肌内注射链霉素10mg。鼻部已出现严重病变的种猪必须坚决淘汰。

任务6 猪常见寄生虫病的防治

一、猪蛔虫病

猪蛔虫病是由猪蛔虫寄生在猪体内而引起的一种寄生虫病。流行较广，严重危害3~6月龄的仔猪，不仅影响其生长、发育，甚至引起死亡。

1. 症状 感染猪蛔虫的发病情况，随猪年龄大小、体质强弱、感染强度及蛔虫所处的发育阶段不同而有所不同。一般营养良好、体壮的猪不表现明显症状。仔猪因幼虫在体内移行而引起肺炎症状，表现咳嗽，体温升高，逐渐出现精神不振，呼吸及心跳加快，食欲不振，异食癖，生长发育受阻；成虫大量寄生小肠内，可引起肠炎、肠梗阻或肠破裂，出现腹痛；若虫体钻入胆管，还可引起黄疸等。蛔虫产生的毒素能引起仔猪皮疹、痉挛等神经症状。

2. 病理变化 大量幼虫在肝、肺移行时，可引起肝出血、坏死，肝表面出现大小不等的白色斑纹，肺叶成暗红色，小肠蛔虫多时，肠黏膜出现卡他性炎症，有出血斑。成虫大量扭结时，可见肠管阻塞，若虫体阻塞胆管可引起黄疸。

3. 诊断 感染不严重时，一般无特殊症状，除非在猪粪便或尸体的肠道内发现虫体。通常2月龄以上的猪，取粪便用饱和盐水漂浮后，进行虫卵检查。2月龄以内的仔猪体内还没有成熟的蛔虫，粪便检查不能发现虫卵，可取尸体的肺或肝脏，用幼虫分离法分离幼虫，以求确诊。

4. 预防 定期驱虫，2～6月龄的猪每2个月驱虫一次，母猪怀孕初期驱虫一次；猪舍及周围环境定期消毒，粪便与垫草等堆积发酵处理。

5. 治疗 左旋咪唑每千克体重10mg，一次口服或拌入少量饲料喂服，也可配成5%的溶液，肌内注射或皮下注射；丙硫苯咪唑每千克体重5mg，拌料一次喂服；噻嘧啶每千克体重15～25mg，拌料一次喂服；精制敌百虫每千克体重0.1g（总量不超过7g），拌料空腹喂服。

二、猪囊虫病

猪囊虫病也称猪囊尾蚴病，是由寄生于人体内的有钩绦虫的幼虫（猪囊尾蚴）寄生于猪体内而引起。猪囊虫病是人畜共患的蠕虫病之一，不仅给养猪业带来损失，也威胁着人体健康。

1. 症状 猪感染本病后一般无明显症状，只有在严重感染或某个器官受到损害时才表现出症状。囊尾蚴寄生于呼吸肌、肺、咽喉、心肌等处时，病猪表现呼吸困难，声音嘶哑、吞咽困难、心律不齐；寄生于脑则表现癫痫发作；若寄生于眼部可产生视觉障碍。

2. 病理变化 猪囊尾蚴寄生部位的肌肉呈苍白色，在心肌、脑及肺部可形成半透明、黄豆大的囊泡。

3. 诊断 生前诊断较困难，感染严重时，触摸舌两侧和舌下系带部位，有豆状肿胀结节，则可确诊。但一般只有屠宰后，在猪的肌肉组织或其他脏器内，发现猪囊尾蚴方可确诊。实验室诊断常用间接血凝试验、酶联免疫吸附试验等。

4. 预防和治疗

（1）加强肉品卫生检验工作，发现猪肉中有猪囊尾蚴时，应按规定处理：在每40cm^2的切面上，若有3个以上囊尾蚴时，严禁出售；切面上囊尾蚴在3个以内时，经过煮熟后可食用。

（2）大力宣传科普知识，使广大群众了解猪囊尾蚴的发生、发展规律，对人、猪的危害性及防治方法。加强卫生工作，厕所与猪圈要分开，发现病人，立即药物驱虫，杜绝传染来源。

（3）药物治疗。丙硫苯咪唑每千克体重肌内注射60mg，每隔48h注射一次，共注射3次；吡喹酮每千克体重30～60mg，每天口服一次，连服3次，吡喹酮价格较贵，且杀死的囊虫多钙化，会影响猪肉的销售。

三、猪疥螨病

猪疥螨病是由猪疥螨寄生在猪的皮内而引起。病猪以皮炎和奇痒为特征，各年龄猪均可感染，俗称"猪癞"，属接触性传染。

1. 症状 主要表现皮肤发炎、脱毛、奇痒和消瘦。病初先是毛少皮薄部位，如眼周、头部、耳根、腹部遭感染，进一步蔓延到颈、背、躯干两侧及后肢内侧等部位。患部皮肤奇痒，常在墙壁、栏柱等粗糙物上擦痒，使皮肤出现丘疹、水疱，破溃后结痂脱毛，增厚，形成皱褶和皲裂。感染严重的病猪可出现食欲不振、生长缓慢、消瘦和贫血等全身症状。

2. 病理变化 主要病变在皮肤。

3. 诊断 根据临床症状及皮肤炎症不难诊断。确诊可取患部皮肤上痂皮病料，加适量50％甘油水溶液镜检，见到活螨即可确诊。

4. 预防和治疗

（1）猪舍保持通风、干燥、清洁，定期消毒。新引进的猪隔离观察，无病后方可合群。

（2）药物治疗。0.5％～1.0％的敌百虫水溶液涂擦或喷洒患部，每周一次，连用2～3次；伊维菌素每千克体重0.3mg，颈部皮下注射，连用2次，间隔5d；0.005％溴氰菊酯水溶液喷洒患部，连用2～3次，间隔5d。

四、猪弓形虫病

猪的弓形虫病是弓形虫寄生在猪、牛、羊、犬、猫和人体内而引起的一种人畜共患的寄生原虫病。

1. 症状 潜伏期3～7d，病初体温升高至40.5～42.0℃稽留，精神不振，食欲减退或废绝，多数便秘，有时腹泻，眼结膜充血，呼吸困难，咳嗽，耳、腹下、胸下等处皮肤出现红斑、发绀，体表淋巴结肿大，有的四肢及全身肌肉僵直，行走困难，少数病猪出现呕吐。病程10～15d，不死者逐渐康复。妊娠母猪可发生流产或死胎。

2. 病理变化 全身淋巴结肿大，切面有坏死灶和出血点，肺、肝、脾、肾有不同程度的坏死灶和出血点，胃肠黏膜肿胀、充血、出血，胸腹腔渗出液增多。

3. 诊断 本病易与急性猪瘟混淆，确诊须进行实验室诊断。可采取猪脏器、淋巴结或胸腹腔渗出液，涂片、染色、镜检虫体，还可进行动物接种和血清学诊断。

4. 预防和治疗

（1）猪场内禁止养猫，严格灭鼠，猪饲料不要被猫粪污染。对发病地区的猪进行弓形虫检疫，对隐性感染猪治疗或淘汰，消灭传染源。

（2）药物治疗。磺胺嘧啶加甲氧苄啶每千克体重50～100mg，肌内注射，每天一次，连用3～4d；或磺胺甲氧吡嗪每千克体重30mg、甲氧苄啶每千克体重10mg，混合后内服，每天一次，连用4d。

五、猪肺丝虫病

猪肺丝虫病是由后圆线虫寄生在猪的呼吸道而引起，主要危害仔猪，严重时可以引起肺炎。

1. 症状 轻度感染猪的症状不明显，只是生长发育受阻。严重感染时，表现阵发性咳嗽和气喘，特别是早、晚更明显，有时鼻孔流出鼻液，甚至出现呼吸困难，贫血，病猪逐渐消瘦，最后导致死亡。

2. 病理变化 主要是支气管炎和肺炎。肺脏表面可见灰白色隆起呈肌肉样硬变的病灶，局部气肿，支气管增厚、扩张，管内有多量黏液和虫体。

3. 诊断 可用硫酸镁或亚硫酸钠饱和溶液，也可用饱和食盐水加等量甘油，做漂浮集卵检查。剖检时发现丝虫，并有肺部病变时可确诊。

4. 预防和治疗

（1）搞好猪舍内、外环境卫生，勤打扫，粪便堆积发酵处理，加强饲料管理，改善饲养条件，不让猪与蚯蚓有接触的机会。对流行地区猪群要进行预防性驱虫。

（2）药物治疗。左旋咪唑每千克体重 8mg，拌料或饮水一次口服；丙硫苯咪唑每千克体重 5mg，拌料口服；伊维菌素每千克体重 0.3mg，皮下注射。

六、猪旋毛虫病

猪旋毛虫病是旋毛虫的幼虫，寄生于猪的横纹肌内而引起。除猪外，其他许多动物如猫、犬、鼠等和人都可感染，是人兽共患的蠕虫病之一。

1. 症状 轻度感染一般无明显症状，严重感染时可出现体温升高、肠炎、腹泻、消瘦、肌肉疼痛或僵硬，有时出现面部浮肿、叫声嘶哑、吞咽困难等症状，但极少死亡。

2. 病理变化 肠旋毛虫可引起肠炎，肠黏膜充血、出血；肌旋毛虫可使寄生部位肌纤维肿胀变粗。包囊肉眼不易看到，钙化后包囊有时可见到灰色的小结节。

3. 诊断 生前诊断较困难，一般取屠体两侧膈肌各一小块，重 30~50g，顺肌纤维方向剪取 24 小块米粒大小的肉块，均匀放在玻片上，用另一玻片压成薄片，在低倍显微镜下检查。目前正在推广的酶联免疫吸附试验，简便快速，敏感性和特异性较强，可用于生前诊断。

4. 预防和治疗

（1）加强屠宰卫生检疫，猪圈养，猪场要防鼠、灭鼠，防止饲料被鼠污染，不用生废肉屑喂猪，发现疫情，应进行调查，制订防制措施。

（2）药物治疗。每千克饲料加入 0.3g 丙硫苯咪唑，连喂 10d；噻咪唑每千克体重 50~150mg，拌料喂服；伊维菌素每千克体重 0.3mg，皮下注射。

任务 7　猪常见普通病的防治

一、消化不良

消化不良是猪胃肠消化机能障碍的统称，多发生于 1 月龄以内的哺乳仔猪，通常分为单纯性消化不良和中毒性消化不良两种，不具传染性，但仔猪生长发育受阻，易引起死亡。

1. 病因 妊娠母猪的饲料营养不全，影响胎儿在母体内的发育，使初生仔猪先天不足及母乳质量低劣，导致仔猪消化不良。哺乳母猪和仔猪的饲养管理不当，卫生条件不好，易导致仔猪消化不良的发生。少数断奶母猪消化不良，主要由饲料的突然改变引起。中毒性消化不良，多数是单纯性消化不良治疗不及时或治疗不当，造成肠内异常发酵出现有害物质及其毒素，对机体发生作用而形成。此外，遗传因素和应激因素对仔猪消化不良的发生，也起一定作用。

2. 症状 主要特征是腹泻，仔猪常在出生后 3~4d 开始发病。

（1）单纯性消化不良。仔猪精神不振、喜卧，初期吸乳正常，随后减少或拒乳。体温一般正常，发生呕吐和腹泻，排出黄色黏性稀粪，含有气泡和未消化的乳凝块，有酸臭气味。日龄较大的仔猪，开始排出灰色黏性或水样粪便，以后可转为灰色或黄色条状，最后为球状而痊愈。若持续腹泻，病猪出现脱水时，被毛蓬乱失去光泽，眼球凹陷，站立不稳，全身战栗，粪便呈酸性反应。

（2）中毒性消化不良。病猪精神沉郁，食欲废绝，全身衰弱无力，喜钻草窝，对刺激反应减弱。严重腹泻，排出水样稀粪，甚至排便失禁。

3. 诊断　根据病史、临床症状及肠道微生物的检查进行诊断。对母猪乳汁特别是初乳的质量分析，也有助于本病的诊断。本病还应与猪传染性胃肠炎、仔猪白痢、寄生虫性胃肠炎加以区别。

4. 防治

（1）加强妊娠母猪及哺乳母猪的饲养管理，改善卫生条件，保护仔猪机体功能。

（2）及时治疗。病初可限制饲喂，喂给人工乳、生理盐水或温茶水。药物治疗可采用人工胃液（盐酸5mL，胃蛋白酶10g，常水1 000mL，添加适量B族维生素和维生素C），每天3次，每次10～30mL灌服；嗜酸菌乳，每天3～4次，每次5～10mL，口服；碘淀粉（5%碘酊5～8mL，淀粉10g，凉开水200mL混合），2～10日龄每次2～4mL，10～30日龄，每次4～6mL，每天2次灌服或涂于母猪奶头上，让仔猪吮吸；为防继发感染可用硫酸新霉素0.5g口服；严重脱水时，可用生理盐水灌肠。

二、胃肠炎

胃肠炎是胃肠黏膜及其深层组织发生炎症变化，引起胃肠机能紊乱的一种疾病。

1. 病因　引起胃肠炎的原因较多，主要是饲养管理不当，喂给霉烂变质、质量低劣、冷冻饲料，不清洁的饮水，或误食含有毒物质的饲料等。也可继发于某些传染病（如猪瘟、猪副伤寒、大肠杆菌病等）或寄生虫病。

2. 症状　多突然出现剧烈而持续的腹泻，排出恶臭稀粪，并混有血液、黏液、有时还混有脓液。病猪精神沉郁，食欲减少或消失，饮水减少，以后由于腹泻而脱水，饮水量增加，喜卧，偶有腹痛而表现不安，有时出现呕吐，体温升高至40～41℃。重症猪，肛门松弛，排便失禁或呈里急后重现象。

全身症状较明显，眼结膜发红，有时伴有黄疸，舌苔厚，口干臭，皮温不整，耳鼻四肢发凉。随病情的恶化，病猪眼窝下陷，四肢无力，步态不稳，呼吸快而浅，脉搏微弱，体温下降（低于正常体温），严重脱水，血液浓缩，尿量减少，全身肌肉震颤，出汗，有的出现兴奋、痉挛或昏迷等神经症状，终因衰竭而死亡。

3. 诊断　本病应及早诊断，如过晚，常可造成死亡。根据全身症状，食欲变化，舌苔变化，腹泻及粪便中所含黏液、血液、脱落组织等，不难作出正确诊断。若进行流行病调查和血、粪、尿的化验，对单纯性胃肠炎、传染病和寄生虫病的继发性胃肠炎，可进行鉴别诊断。

4. 防治

（1）合理饲养，不喂发霉、变质、不洁饲料，保证水源卫生。饲料搭配合理，不能突然更换饲料。猪舍保持清洁，做好通风保暖工作。

（2）一旦发生胃肠炎要及早治疗，本病的治疗原则是以抑菌消炎、补液解毒为主，辅以清理胃肠、止泻、强心等。诺氟沙星、黄连素、庆大霉素等口服，同时注意补充维生素B_1和维生素C。根据具体情况，可用人工盐、硫酸钠、液态石蜡等缓泻，用药用炭、鞣酸蛋白和次碳酸铋等止泻。严重脱水、自体中毒、心力衰竭等病例要施行补液、解毒、强心等措施，可选用5%葡萄糖生理盐水、复方氯化钠注射液、5%碳酸氢钠注射液等，用量依脱水、中毒程度确定，心力衰竭可用安钠咖静脉注射。若出现腹痛不安或呕吐现象时，内服颠茄制剂和安乃近有一定的效果。

三、便秘

便秘以粪便干硬、停滞肠间难以排出为特征，是一种常见的消化道疾病。各种年龄猪都有发生。

1. 病因 原发性便秘的诱因主要有：长期饲喂含粗纤维过多的饲料（如粗稻糠、谷壳、花生壳、秸秆等）；缺乏青绿多汁饲料；饮水、运动不足；突然改变饲料；或饲料不清洁，混有多量泥沙等。

上述原因都可降低猪的胃肠道运动和分泌机能，妊娠后期、分娩不久的母猪及断奶仔猪易发生。某些传染病、热性病和肠道寄生虫病等发病过程中，也常呈现便秘。

2. 症状 病猪采食减少，饮水增加，腹围逐渐增大，喜卧，腹痛不安，常做排便动作。开始时可排出少量干硬、颗粒状的粪球，粪球表面附有黏液或少许血液，肛突、常见红肿，随后排便停止，直肠大量积粪。病猪腹围明显增大、呼吸加快、尿黄而少，甚至尿闭。有时还能少量饮食，用手触压腹侧，可摸到腹腔中有一条屈曲的圆柱状的肠管或串珠状的坚硬的粪球。原发性便秘体温一般不高或低于正常。

3. 诊断 通常依据临床症状即可确诊。

4. 防治

（1）加强饲养管理，科学搭配饲料，不饲喂过多粗糙和不洁饲料，供给充足的青绿多汁饲料和饮水，加强运动。

（2）首先去除病因，禁食、供给充足饮水。泻药治疗，如硫酸钠（镁）30～80g、液态石蜡 50～100mL、大黄末 50～80g、加水 300～1 000mL 灌服，有较好下泻作用；温肥皂水反复深部灌肠，将肥皂水通过胶皮管送到深部肠管，控制好压力，随液体的流入，深部粪便得到软化，将胶管撤出后，滞留肠管的粪便就逐渐排出；发病过程出现腹痛症状时，可用 20% 安乃近注射液 3～5mL 肌内注射；肠道疏通后，喂给青绿多汁饲料，促进病猪痊愈。

四、佝偻病

佝偻病是仔猪由于维生素 D 缺乏及钙、磷代谢障碍所致。临床特征是消化紊乱，异食癖、跛行及骨骼变形。

1. 病因 由于饲料配合不科学，致使维生素 D 不足和钙、磷比例失调或钙磷缺乏；猪舍光照不足，降低了维生素 D 原（7-脱氢胆固醇）转化成维生素 D 的能力；某些慢性病、消化道疾病等使肠道对钙、磷的吸收减少，排出增多。

2. 症状 早期食欲减退，精神不振，消化不良。然后出现严重异食癖（舔食泥沙、砖头、粪便、污秽的垫草等），生长缓慢，喜卧，不愿站立和运动，突然卧地，阵发性肌痉挛，跛行，前肢呈下跪姿势以腕关节爬行。后期出现硬腭肿胀，口腔闭合困难，关节肿胀，骨端粗厚，四肢骨明显变形、弯曲等症状。

3. 诊断 根据发病年龄、饲养管理条件、慢性经过、生长迟缓、异食癖和骨骼变化等，不难诊断。骨的 X 射线及骨的组织学检查，可帮助确诊。

4. 预防 科学调配饲料，供给含钙、磷多的饲料及青饲料，尤其是豆科饲料，并注意钙、磷比例［钙、磷比例应维持在 (1.2～2)：1 范围内］，改善条件，使猪舍光照充足，饲料按维生素 D 的需要量给予补充。

5. 治疗 乳酸钙 1g、磷酸钙 5g、拌料一次喂给，每日两次，连用 7d；维生素 A、维生素 D 肌内注射 1～4mL 或维丁胶性钙肌内注射 2～4mL，隔日一次，连用 3 次；鱼肝油 10～15mL 拌料喂服，每日 1 次，连用 10d；选用贝壳粉、蛋壳粉、鱼粉等 50～100g，一天分 2 次，拌料喂服。

五、仔猪贫血

贫血是指单位容积血液中，红细胞数和血红蛋白的量低于正常水平。贫血的原因是多方面的，这里只介绍仔猪营养性贫血。仔猪营养性贫血主要是仔猪所需的铁缺乏或不足，而引起造血机能障碍所致，又称仔猪缺铁性贫血，多发生于冬、春两季及圈养的 2 月龄以内的仔猪。

1. 病因 主要是母猪乳汁或饲料中缺乏铁、铜、钴等微量元素所引起。缺铁就会影响到血红蛋白的生成，而缺铜会导致红细胞数量减少。新生仔猪体内铁、铜的贮存非常有限，仔猪出生后生长迅速，体内贮存的铁很快被消耗，从母乳中得到的铁又很少，满足不了仔猪生长发育的需要。此时若得不到外源性的铁补充，就造成仔猪缺铁，影响血红蛋白的生成，出现贫血。长期在水泥地面猪舍内饲养的仔猪，不能与含铁等微量元素的土壤接触，仔猪补料不足或所补精料质量不佳，缺乏铁、铜、钴等，均会导致贫血。

2. 症状 精神不振，易于疲劳，呼吸加快，心跳快而弱，眼结膜、鼻端及四肢内侧皮肤等处苍白，被毛粗乱无光，干燥易断，皮肤弹性降低，有的病猪出现水肿、消化不良、消瘦、腹泻，血液稀薄，血红蛋白和红细胞降低，红细胞形态异常，大小不均。

3. 诊断 除根据仔猪环境条件及日龄大小等特点外，还根据临床表现及血液学变化等特征，如血红蛋白量显著减少，随后红细胞数量也下降，不难诊断。

4. 预防 加强母猪和初生仔猪的饲养管理。母猪妊娠后期和哺乳期保证全价饲料，仔猪要适时补料，加强运动，保证有与新鲜土壤接触的机会，仔猪出生后 2～3d 内投服铁的化合物，如补喂铁铜合剂。

5. 治疗 牲血素（右旋糖酐铁）或富血力（右旋糖酐铁、亚硒酸钠、维生素 B_{12}）注射液肌内注射；肌内注射葡萄糖亚铁注射液 2～4mL，每天 1 次；0.1%硫酸亚铁和 0.1%硫酸铜混合水溶液供仔猪饮水；肌内注射维生素 B_{12} 注射液 2～4mL，每天 1 次，连用 7～10d。

六、维生素 A 缺乏症

维生素 A 缺乏症是由于维生素 A 缺乏所引起的以生长发育不良、视觉障碍和器官黏膜损害为特征的营养代谢病。青绿饲料不足的初春、冬季和秋末最易发生，多见于仔猪。

1. 病因 维生素 A 缺乏主要影响视色素的正常代谢、骨骼的生长和上皮组织的健康。严重缺乏的母猪，可影响胎儿正常发育。当长期饲喂缺乏维生素 A 原（胡萝卜素）的饲料时，可发生本病。此外维生素 A 原是在肠上皮中转变为维生素 A，主要在肝脏中贮存，所以当患肠道疾病或肝病时，可继发维生素 A 缺乏症。

2. 症状 病猪头常偏向一侧和脊柱弯曲，步行不稳，后躯无力软瘫。有时病猪眼有浆液性分泌物，随后角膜角化。严重缺乏维生素 A 时，可发生"夜盲症"，母猪可发生流产、死胎及产出无眼或小眼等畸形仔猪。仔猪发病后，生活力下降，易于感染。

3. 诊断 根据饲养管理和临床症状可做出初步诊断，确诊须检查血浆和肝脏中维生素

A 和维生素 A 原的水平。

4. 预防 多供给母猪富含维生素 A 及维生素 A 原的饲料，减少发病率。

5. 治疗 鱼肝油 5～10mL 分点皮下注射；维生素 A 2.5 万～5 万 IU 肌内注射；鱼肝油 10～15mL 内服。

七、硒-维生素 E 缺乏症

本病是猪体缺乏硒和维生素 E 而引起肌肉变性、肝坏死和肝脏营养不良及心肌纤维变性为特征的一种营养代谢病。我国部分地区发生过，常见于仔猪。

1. 病因 硒、维生素 E 是动物机体物质代谢所必需的重要营养物质，具有抗氧化作用，可使组织免受体内过氧化物的损害，对细胞正常功能起保护作用。一旦缺乏，可使骨骼肌、心肌、肝和血管内皮等高度需氧组织的细胞发生变性、萎缩和坏死。

硒缺乏主要是因为饲料中的硒含量不足，而饲料硒含量不足，又与土壤中可利用的硒水平有关。一般碱性土壤中的可溶性硒含量较高，易被植物吸收，而酸性土壤中的硒不易被植物吸收。维生素 E 在各种植物种子的胚乳中及青绿植物中含量丰富，但由于化学性质不稳定，易被氧化，故若饲喂品质不好的饲料及冬、春季缺少青绿饲料时，常促成本病的发生。

2. 症状

（1）白肌病。仔猪常营养状况良好，但突然发病，尤其体壮的猪发病，表现精神不振，呼吸急促，突然死亡。病程稍长的猪，表现颈部水肿，站立困难，常前肢跪下或犬坐姿势。随病情发展，四肢麻痹，行走摇晃，部分猪原地转圈，心律不齐，最后衰竭而死亡。

（2）肝营养不良和桑葚心。急性病例多见于营养良好、生长迅速的仔猪，常突然死亡。病程稍长者，可出现精神不振，食欲减退及腹泻、呕吐、呼吸困难，胸腹皮肤发绀，或四肢内侧出现紫红色斑点等症状。

3. 病理变化 白肌病主要病变是骨骼肌和心肌颜色变淡，发亮有泡，皮下水肿处呈胶冻状，骨骼肌横切面有灰白色的坏死斑纹，肌肉含水量增高，又称"水猪肉"。肝营养不良主要病变是肝脏色黄质脆，呈紫黑色、瘀血、肿大、边缘钝圆、切面外翻、表面粗糙、有大小不等的坏死灶。桑葚心主要病变是心脏色淡、松软，外表面呈紫红色的草莓或桑葚状，冠状沟脂肪胶样变性，心外膜和心内膜有出血点，心肌有白色条纹及斑点状出血，两心室容积增大，肺水肿，胸膜腔内有胶冻状渗出液。

4. 诊断 目前尚缺乏有效特异性诊断方法。根据临床症状、病理变化、测定病猪饲料及组织中的硒水平，可作出诊断。本病应注意与猪水肿病区别。水肿病水肿主要表现在眼睑和头额，并能从肿大的肠系膜淋巴结中分离培养出大肠杆菌。

5. 预防和治疗 增加青绿饲料与富含硒及维生素 E 的饲料。仔猪出生后 7d 内、断乳时和断乳后 1 个月，用亚硒酸钠溶液每千克体重 0.13mg 和维生素 E 每千克体重 10 万～15 万 IU，各注射 1 次；日粮注意添加亚硒酸钠-维生素 E 添加剂。治疗方法可用亚硒酸钠维生素 E 注射液 1～3mL 肌内注射或 0.1% 亚硒酸钠 2～4mL 皮下注射或肌内注射。

八、中毒性疾病

（一）食盐中毒

食盐是动物生理上不可缺少的成分，适量的食盐能增加饲料的适口性，增进食欲，但采食过量则会发生中毒，甚至死亡。

1. 病因　饲喂含盐量过高的加工副产品和腌制品的剩水，或饲料中添加了过量食盐等而引起中毒。猪的食盐致死量为125～250g，平均每千克体重3.7g。

2. 症状　中毒初期表现极度口渴，眼和口腔黏膜充血、发红，呕吐，口角流出泡沫，不断咀嚼。随后大多数病猪出现神经症状，表现兴奋不安，盲目行走，转圈，前冲后撞，肌肉痉挛，身体震颤。严重的瞳孔扩大，呼吸困难，四肢瘫痪不能站立，最后倒地昏迷。常于发病后1～2d内死亡。

3. 诊断　主要根据有采食过量食盐的病史和临床神经症状可作出诊断。

4. 预防　日粮中添加食盐要适量，控制在0.2%～0.5%，并拌匀；利用含盐量高的残渣废水时，要限制用量，并与其他饲料混合饲喂；保证猪有充足的饮水。

5. 治疗　立即停喂含盐量高的饲料。轻度中毒猪可供给大量饮水或灌服大量糖水，急性中毒开始阶段，应严格控制饮水，以防食盐吸收和扩散，使症状加剧。可采用0.1%～1.0%鞣酸洗胃，再用0.5～1.0g硫酸铜内服催吐，或内服植物油50～100mL导泻；静脉注射5%葡萄糖酸钙200～400mL，或10%氯化钙10～30mL加入葡萄糖溶液，静脉注射；为缓和兴奋和痉挛发作，用40%硫酸镁10mL或氯丙嗪、地西泮等镇静药，肌内注射。

（二）发霉饲料中毒

1. 黄曲霉毒素中毒

（1）病因。黄曲霉菌常寄生于作物种子中，如花生、玉米、黄豆、棉籽等，在适宜的温度、湿度条件下，迅速生长繁殖并产生毒素，当猪采食了被感染的种子，加工的饲料及其副产品后，就会发生中毒。作物收获季节，如果天气不好，阴雨连绵，作物种子难以晒干，或堆放饲料的地点阴暗潮湿，堆放时间过长，常发生本病。

（2）症状。病猪在采食发霉饲料后5～15d出现症状。急性中毒猪可在运动中死亡，病猪精神委顿，不食，走路不稳，黏膜苍白，粪便干燥、带血，有时出现神经症状，间歇性抽搐，角弓反张，或站立一隅，头抵墙下。慢性病例表现食欲降低，精神不振，口渴，异食癖，生长迟缓，有的皮肤充血、出血，后期红细胞大幅减少，凝血时间延长，白细胞总数增加。

（3）病理变化。急性病例主要是贫血、出血，胸膜腔大出血、肌肉出血，胃肠道出血。慢性病例主要是肝硬化、坏死，胸膜腔积液，肾苍白，肿大。

（4）诊断。根据病史、饲料样品检查、临床症状、病理变化等，做出初步诊断，确诊可做真菌分离培养。

（5）防治。目前尚无特效解毒药，应以预防为主。①严格禁止使用霉变饲料喂猪，做好饲料的防霉工作，收获的作物籽实要充分晒干，贮存在低温、干燥处。②对已中毒的病例，用0.1%的高锰酸钾溶液、清水或弱碱溶液进行灌肠、洗胃，再用健胃缓泻剂，同时停喂精料，只喂给青绿饲料，待症状好转后再逐渐增加精料。

2. 赤霉菌毒素中毒

（1）病因。赤霉菌能感染小麦、大麦、燕麦、玉米以及其他禾本科植物，在适宜温度和湿度条件下，大量繁殖，并产生毒素，猪采食了感染此菌的茎叶或种子后，可引起中毒。

（2）症状。猪急性中毒时，于采食30min后不断发生呕吐，拒食，消化不良，腹泻。慢性中毒可引起性机能紊乱，母猪阴户肿大，乳腺增大，子宫增生，阴户、阴道内部黏膜肿胀、充血、发炎；公猪包皮水肿、发炎和乳腺肥大。

(3) 病理变化。胃肠道黏膜、肝、肾和肺等坏死性损害和出血，阴道、子宫颈黏膜水肿、增生、出血和变形。

(4) 诊断。根据饲喂发霉饲料的病史、临床症状和病理变化可作出初步诊断。

(5) 防治。目前还没有特效治疗药物，应预防为主。禁止用受赤霉菌感染的植物作为饲料；做好植物赤霉病的预防工作；对轻微感染赤霉病的饲料，用10%石灰水溶液浸泡，反复换水3~4次后，取出晒干可作饲料，或在日粮中搭配其他饲料。

九、感冒与风湿病

(一) 感冒

1. 病因 气候突然变化，猪舍潮湿，保温条件差，贼风侵袭，长途运输，猪体受风寒刺激等易引起发病。

2. 症状 病猪体温升高，精神不振，食欲减退，眼结膜潮红，鼻黏膜充血、肿胀，流鼻涕，咳嗽，畏寒怕冷，喜钻垫草，皮温不均，耳尖及四肢发凉。有的病猪出现下痢或便秘，行走无力，拱背垂尾。若不及时治疗，可继发支气管炎或肺炎等。

3. 防治

(1) 做好防寒保温工作，猪舍保持清洁干燥。

(2) 病初应解热镇痛，防止并发病的发生。10%复方氨基比林5~10mL，或30%安乃近5~10mL肌内注射，每日1~2次。为防继发感染，用青霉素40万~80万U肌内注射，每日2次；银翘解毒丸2~3丸（小猪酌减），开水冲化，候温灌服，每日2~3次。

(二) 风湿病

风湿病是背、腰、四肢的肌肉和关节发生病变的全身性疾病，在寒湿地区和冬、春季节发病较高。

1. 病因 本病的发病原因迄今尚不十分清楚。在寒冷、潮湿的天气，猪舍保温条件差，猪遭受风寒侵袭，或受冰雪雨淋，久卧湿地等，都易发生本病。

2. 症状 突然发病，先发生在后肢，随后扩展到腰背部。触诊患部肌肉，疼痛、温热、表面坚硬、不平滑，慢性病例肌肉萎缩，因疼痛为转移性，故四肢交替跛行。病猪拱腰、喜卧、消瘦，若多数肌肉或关节发病，则呈现全身症状，精神不振，体温升高，食欲减少，运动困难，卧地不起。经数日或1~2周后，症状消失，但易复发。

3. 防治

(1) 加强饲养管理，冬季防寒保暖，避免感冒，猪舍保持清洁干燥。

(2) 可选用下列疗法：2.5%醋酸可的松注射液3~10mL肌内注射，或0.5%氢化可的松注射液2~10mL肌内注射；复方水杨酸钠注射液10~20mL静脉注射；风湿宁注射液5~10mL，前肢抢风、后肢百会等穴位注射，隔日1次，3~4次为一疗程。

十、猪应激综合征 (PSS)

1. 病因 猪应激综合征是指猪在应激因子（应激原）的作用下，如追捕、运输、驱赶、混群、高温、电击、拥挤、咬斗、注射、麻醉、手术保定、环境突变、日粮中维生素和微量元素缺乏等，致使下丘脑兴奋，产生一系列非特异性应答反应。猪体内的ATP和肌酸迅速降低，肌糖原酵解成大量乳酸，体温骤然升高至 42～45℃。应激易感猪为常染色体隐性基因遗传，据调查，部分或全部关禁饲养，并加强遗传选择后，肌肉生长得最丰满的猪，发病率高。

2. 症状 猪在应激时产生恶性高热。应激反应的早期，病猪肌肉和尾巴震颤，进一步呈现不规则呼吸和呼吸困难，体温迅速升高，心跳加速，皮肤、黏膜发绀，肌肉僵直，特别是后肢僵直，眼球突出，站立不稳。发病严重的猪未见症状突然猝死。

3. 病理变化 猝死猪剖检一般无特殊的病变，主要是死亡后立即发生尸僵，随时间延长，肌肉僵硬程度加剧。大部分应激易感猪死亡或宰杀后，肌肉苍白、柔软、汁液渗出增多（PSE 肉），由于酸中毒、肌肉 pH 降低，肉质低劣，营养性和适口性降低。

4. 防治

（1）选育抗应激猪种，改进饲养管理，降低应激反应的发生。出栏前对已知的应激易感猪，用氯丙嗪预防注射，防止发生应激反应。

（2）选用氯丙嗪每千克体重 1～2mg，肌内注射 1 次；肾上腺皮质激素，每次每头猪注射 20～80mg。

任务 8　工厂化养猪生产

工厂化养猪就像工业生产一样，以生产线的形式，实行流水作业，按照固定周期节奏（一般以周为单位），连续均衡地进行生产。生产过程包括配种、妊娠、分娩、哺乳、保育、育成、育肥等七大环节。工厂化养猪就是将上述七个环节组成一条生产线进行流水式生产，这样进行养猪生产，分工明确具体，设备操作熟悉，饲料使用规范，能够达到较高的技术要求。

一、工艺特点

1. 饲养规模集约化　随着社会经济的迅速发展，土地资源将越来越紧缺，养猪业的竞争将更加激烈。为了降低土地成本，追求规模效益，提高猪场抗风险能力，高密度、大规模的饲养模式将是工厂化养猪业的明显标志。

2. 生产产品规格化　工厂化养猪生产，每个车间必须在规定的周期内完成某一生产工艺，每个车间工艺完成后，要求提供的产品高度整齐一致。每个工艺阶段产品规格指标如表 5-8 所示。

表 5-8　工厂化四段饲养瘦肉型育肥猪增重指标

饲养期	平均增重（kg）	阶段结束体重（kg）	平均日增重（g）	饲养时间（周）
初生重	1.5			
哺乳期	5.5	≥7	196.4	4
保育期	14.5	≥20	414.3	5
生长期	25.5	≥40	607.1	6
育肥期	65.5	≥90	935.7	10
全期	90		514.3	25

注：育肥猪出栏日龄，可按 175、168、161、154、147 日龄灵活设计。

3. 生产工艺流程化　工厂化养猪一般以1d、3d或1周为生产节律，执行"全进全出、批量生产"的流程化生产工艺。以引进自美国一套养猪生产线为例，这套养猪生产线按照猪的配种→妊娠→分娩→保育→育成→育肥等生产环节，严格执行流水式生产。整套生产线可饲养母猪500头，每头母猪年产2.2胎，每胎断奶育成猪9头，年产断奶仔猪数达9 900头。这套生产线是以1周为单位组织生产，每周有25头母猪配种，分娩率为80%，每周分娩20窝，窝平均产仔数9.5头，每周产仔190头，哺育率94.7%，每周断奶仔猪数180头，每周上市育肥猪170~176头。一年按52周计算，平均每周出栏商品育肥猪170~176头，这样就实现了养猪全年均衡稳定生产。

4. 生产技术现代化　为了不断提高养猪生产水平，在广大养猪同仁的共同努力下，养猪技术不断推陈出新。通过实行全进全出制，减少或杜绝疾病的传播，从而降低猪场猪病的发生率和死亡率；仔猪实行早期断奶或超早期断奶，缩短母猪的生产周期，提高母猪的生产水平；肉猪由传统的分餐喂料过渡到完全自由采食，大大缩短了肉猪的生长周期，提高了肉猪的出栏率和商品率。

工厂化养猪配备各种先进的养猪设施设备，采用先进的科学管理技术，建立高水平高素质的经营管理团队，确保养猪企业高效有序生产。

5. 粪污处理无害化　工厂化养猪带来了高效益，同时也带来了诸多问题，如没有被利用的生物资源形成了大量的污染源；大量土壤需要有机肥改造，而工厂化猪场的有机废物却成为负担；能源紧张而工厂化猪场的资源却需要能源来处理等。因此，工厂化猪场的粪污必须净化处理，才能取得环境保护、资源利用、还肥于田的综合效益。工厂化猪场粪污处理时应遵循以下原则：第一，不会污染周围环境，即污染物排放达标；第二，粪污处理后作为农肥或高效肥、专用肥；第三，资源综合利用，例如沼气可作为生产生活用电，排放水回收用作生产用水，最终实现猪场有害物的零排放。

6. 劳动生产高效化　在人力养猪条件下，一个人最多只能饲养250~300头肉猪或20~30头母猪，而且工作量大，劳动繁重。从美国引进的某畜牧设备公司生产的万头养猪生产线，常年存栏母猪500头，公猪20头，肉猪4 500~4 700头，在美国仅由3人管理整套生产线，我国则由7人管理。当前，我国设计的万头猪场一人每年平均可生产肉猪1 000头以上。工厂化猪场由于供水、供料、冲洗猪栏均采用机械操作，工人的主要职责是观察猪的采食、发情，组织配种和接产，健康检查，栏内辅助清扫，控制及检查机器，调整猪群和称重记录等工作，若以一人一年养1 000头猪计，一人一年的劳动总时间为2 920h，即平均每3h就可以养一头猪。

二、工艺流程

工厂化养猪把生产过程中的配种、妊娠、分娩、哺乳、保育、育成和育肥等生产环节，划分成一定时段，按照全进全出、流水作业的生产方式，对猪群实行分段饲养，进而合理周转，这样的生产程序即工艺流程。养猪生产工艺流程如图5-4所示。

1. 三段饲养工艺　是指将猪的生产工艺划分为配种妊娠期→泌乳期→育成育肥期三个时段。这是比较简单的饲养工艺流程，猪群周转次数少，猪舍类型单一，节约维修费用，管理较为方便。但仔猪从断奶到出栏划分为一个时段，其营养供应和环境控制等显得较为粗放，不利于仔猪生长潜力的充分发挥。

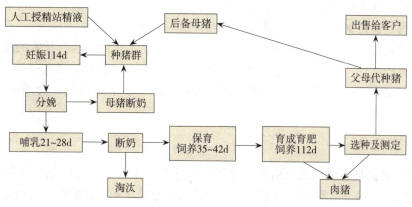

图 5-4　养猪生产工艺流程

2. 四段饲养工艺　是指将猪的生产工艺划分为配种妊娠期→泌乳期→保育期→育成育肥期四个时段。这种工艺的主要特点是在三段饲养工艺的基础上，将断奶后的仔猪以保育期（4～5周）的形式独立出来，待体重达18～20kg，再转入育成育肥舍饲养14～16周，体重达90～110kg出栏销售。这样便于根据仔猪的生长发育特点，采取合理的饲养管理措施，满足断奶仔猪对环境条件要求高的特点，有利于提高成活率，但转群增加1次，应激增多，影响仔猪的生长。

3. 五段饲养工艺　是指将猪的生产工艺划分为配种期→妊娠期→泌乳期→保育期→育成育肥期五个时段。这种工艺的主要特点是在四段饲养工艺的基础上，将空怀待配母猪和妊娠母猪分开，单独饲养。空怀母猪经1～2周的配种期和3周左右的妊娠鉴定期，转入妊娠舍饲养12周，提前1周转入分娩哺乳舍。这种安排有利于断奶母猪恢复膘情、及时发情鉴定及配种，而且能防止母猪之间争斗引发的流产，也便于根据母猪妊娠后的膘情采取适宜的饲养方法，但转群多、应激多，应预防机械性流产的发生。

4. 六段饲养工艺　是指将猪的生产工艺划分为配种期→妊娠期→泌乳期→保育期→育成期→育肥期六个时段。这种工艺的主要特点是在五段饲养工艺的基础上，将猪的育成育肥期划分为育成期和育肥期，各饲养7～8周。这种安排可以根据猪的不同生理阶段特点，最大限度满足其生长发育的营养需要和环境要求，有利于生长潜力的充分发挥，但转群增多，应激增加，影响猪的生长，延长了育成育肥期。

5. 多点饲养工艺　是指将猪的生产工艺划分为不同类型的猪场，实行"多点式"饲养，即猪的饲养工艺及猪场布局以场为单位实行全进全出。多点饲养工艺流程如图5-5所示。

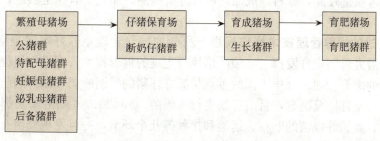

图 5-5　多点饲养工艺流程

这种工艺以场为单位实行全进全出,有利于防疫和管理,可以避免猪场过于集中给环境控制和废弃物处理带来的负担,但最大的缺点是猪场造价成本高。

在现代养猪生产中,设施设备的配置、饲料的供应、人员的安排、技术的应用等都是预先按照工艺流程设计。因此,工艺流程设计合理与否,将直接影响养猪生产效率的高低。不同规模的猪场必须根据自身实际情况,以提高养猪生产水平为前提,合理确定饲养工艺流程。

三、生产技术

1. 选用优良品种和最佳杂交组合 采用工厂化方式养猪,首先应根据实际情况,选用生长速度、饲料利用率、胴体瘦肉率、肉质等性状优异的品种及其配套杂交组合。目前满足市场要求和适应工厂化生产的都是瘦肉型品种,如长白猪、大约克夏猪、杜洛克猪、汉普夏猪、湖北白猪、三江白猪等品种。利用这些品种杂交,生产商品代瘦肉型猪,可以取得良好的生产效果。已普遍采用的以外来品种为杂交亲本的杜×(长×大)、杜×(大×长)等商品代肉猪,与以本地品种为母本的二元杂交肉猪相比,瘦肉率高8%以上,育肥期缩短1~2个月,饲料利用率提高10%以上,经济效益显著。所以,在工厂化猪场投产之初,必须选择适合于本地、本场的最佳杂交组合。

2. 建立标准化的高产种猪群 高产种猪群的建立是提高猪场经济效益的重要措施,主要目的是最大限度地利用种猪的生产潜力,提高种猪的年产肉量和生产能力。猪场建立高产种猪群,必须在精选良种的基础上,合理选留后备母猪,之后建立高繁殖力的核心母猪群。在我国养猪生产中,对于外向型猪场,应以长白猪、大白猪及其杂种为主,建立繁殖母猪群;对于一般猪场,应以我国优良地方品种和培育品种作母本,以长白猪、大约克夏猪作父本开展杂交。为充分利用杂种一代繁殖性能方面的杂种优势,应再选用生长速度快、饲料利用率高、胴体瘦肉率高、肉质优良的种公猪(如杜洛克猪)作终端父本与其杂交,不但充分利用了繁殖力的杂种优势,而且后代的生长速度、饲料利用率、胴体瘦肉率等性状都将显著提高。

3. 使用系列化的全价配合日粮 瘦肉型猪具有增重快、胴体瘦肉率高等优点,在封闭式饲养管理的条件下,必须供给猪只全价配合日粮。瘦肉型猪的日粮营养要求全面而均衡(特别是蛋白质中氨基酸的平衡性)。如日粮营养水平过低、营养物质不平衡或某些营养不足,会影响生产潜力的充分发挥,从而导致饲料利用效益和经济效益降低。日粮中,除注意蛋白质、能量、赖氨酸配合外,还应尽量满足瘦肉型猪对各种微量元素和维生素的需要,这样才可能取得满意的饲养效果。实践证明,没有全价配合饲料,现代养猪很难获得成功。全价配合饲料要求质量较高,原料、成品均进行分析检测,而且要有稳定供应,才能满足各类猪只对各种营养的需要。

4. 执行先进的饲养管理技术操作规程 科学的饲养管理是养好瘦肉型猪的关键措施。要使猪的生产潜力得到充分发挥,必须严格执行先进的饲养技术管理操作规程,不同类别的猪群实行不同的饲养管理。这项工作的重点是抓好仔猪的早期断奶和猪群的防疫保健。断奶时间可根据生长发育情况决定,目前各场实行4周龄、5周龄或6周龄断奶都是可行的。而在猪病防治中,要抓好疫苗的贮存、运输和接种等几个环节,一旦发现疫苗有问题或出现可疑征候,必须严格按照操作规程处理。

5. 创造适宜的环境条件 养猪环境是指影响其繁殖、生长、发育的生活条件,包括猪舍内温度、湿度、空气的组成及流动状态、光照、声音、灰尘、微生物和设备等。这些环境因子通常相互关联、共同作用,其变化会影响猪只的新陈代谢,制约猪的生产力发挥。在高度集约化饲养管理和高强度利用时,环境条件对猪只健康情况、生长发育、生产力发挥影响极大。因此,必须创造一个温、湿度适宜,饲养密度合适,空气新鲜及建筑合理的群居环境。

6. 采用现代化的机械设备 在养猪生产中,饲喂、饮水、清粪是三项繁重的体力劳动,占全部工作量的 80% 左右。现代养猪从饲料运输、饲料加工、饲料配制到饲喂、饮水、除粪等各个生产环节,形成了一整套高效合理的机械化操作。猪舍内的饲喂、饮水、通风换气和调温加湿,均由专门的计算机控制。

现代机械化养猪生产效率高,饲养管理人员少,主要依靠高度的机械化和自动化完成管理。一般一个万头猪场需要 5~6 个人,加拿大和荷兰许多家庭式猪场,饲养 200~400 头母猪,主要饲管人员只有 1~2 个家庭成员,再雇用 1~2 个工人即可。

任务 9　无公害猪肉生产

一、无公害猪肉

21 世纪的农业将由数量型向质量型转变,养猪业是整个农业生产系统的重要组成部分。由于市场发展和人们消费观念的转变,对猪肉品质也提出了更高的要求,不仅要求瘦肉多、脂肪适度,而且要求猪肉中不含抗生素、激素、化肥、农药、重金属等有害物质残留。

无公害猪肉是指产地环境、生产过程和产品质量符合国家有关标准和规范要求,经认证合格获得认证证书的猪肉产品。其特点是重金属、抗生素含量低于国家无公害标准,不含"瘦肉精"或其他有害激素。目前,存在于我国动物性食品中的残留主要来源于三方面:一是来源于饲养过程;二是来源于饲料;三是来源于加工过程的残留。

化肥和农药是我国粮食(饲料)增产的主要手段。在我国养猪的主要饲料玉米和豆粕中,含有较高的化肥和农药残留。加之某些饲料和饲料添加剂生产厂家由于盲目追求利润,不顾广大人民的身体健康和人身安全,向饲料和饲料添加剂中添加各种违禁药物,如 β-兴奋剂及其人工合成产品(盐酸克伦特罗、西马特罗等)、类固醇激素(己烯雌酚)、镇静剂(氯丙嗪、利血平)、高铜、高铁、高锌、高钴和有机砷制剂,喹乙醇等,有害物质在猪肉中超标残留,对人体的生理机能造成破坏,致死、致残、致敏、致畸、致癌和致突变等严重后果时有发生。无残留、无公害、无污染的安全猪肉已成为当前新的消费时尚。发展绿色生态猪肉,应在产、供、销全过程和饲料、饲料添加剂、饮水、兽药、环境等方面实施新的安全技术措施。

二、无公害基地的要求

1. 水质 水质达到畜禽饮用水水质标准,不能有臭味、异味和肉眼可见物;化学指标中的氯化物、硫酸盐,细菌学指标中的总大肠菌数,毒理学指标中的氟化物、氰化物、总钾、总汞、铅、铬、镉、硝酸盐等均不得超过标准值;农药中的马拉硫磷、内吸磷、甲基对硫磷、乐果、林丹、甲萘威、2，4-二氯苯氧乙酸（简称 2，4-D）等不得超过限值指标，确保饮水的卫生安全。

2. 环境　畜禽养殖地、屠宰和畜禽类产品加工厂，必须选择在生态环境良好、没有或不直接受工业"三废"及农业、城镇生活、医疗废弃物污染的生产区域。选址应参照国家相关标准的规定，避开水源防护区、风景名胜区、人口密集区等环境敏感地区，符合环境保护、兽医防疫要求，场区布局合理，生产区和生活区严格分开。养殖区周围 500m 范围内、水源上游没有对产地环境构成威胁的污染源，包括工业"三废"、农业废弃物、医院污水及废弃物、城市垃圾和生活污水等污物。养殖场地应设置防渗漏、防径流、防飞扬且具一定容量的专用储存设施和场所，设置粪尿污水及畜禽病害肉尸处理设施。排放的生产和加工废水及产品无害化处理应符合有关规定。饲养和加工场地应设有与生产相适应的消毒设施、更衣室、兽医室等，并配备工作所需的仪器设备。

3. 生产　养殖场应建立严格的消毒制度，定期对场内外环境、畜禽体表、饮用水进行消毒，进出车辆和人员必须消毒；使用的消毒药应安全、高效、低毒、低残留；采用"全进全出"的养殖管理模式，生产地应设隔离区并实施灭鼠、灭蚊、灭蝇，禁止其他畜禽进入养殖场。

4. 饲料　严禁使用违禁药物和饲喂发霉变质的饲料，减少肉中药物残留；开发绿色新型饲料和饲料添加剂，如种植无公害高产青绿饲料，使用经国家畜牧部门批准的微生物制剂、酶制剂、酸化剂、中草药制剂和从天然植物中提取的制剂等，这是提高猪肉安全性的有效措施。饲料中使用的营养性饲料添加剂和一般性饲料添加剂，应是中华人民共和国农业部公布的《允许使用的饲料添加剂品种目录》所规定的品种，或取得试生产产品标准文号的新饲料添加剂品种。除目前允许使用的饲料药物添加剂及农业部批准允许使用的添加剂外，任何其他兽药产品一律不得添加到饲料中。

三、无公害猪肉生产

1. 创造良好的环境　猪舍应建在地势高燥、排水良好、易于组织防疫的地方；场址用地应符合当地土地利用规划要求；猪场周围 3km 无大型化工厂、矿厂、皮革厂、肉品加工厂、屠宰场或其他畜牧场污染源；场区净道和污道分开，互不交叉。

2. 选择优良品种　应从具有种猪经营许可证的种猪场引进优良种猪，不得从疫区引进种猪，并按照 GB 16567《种畜禽调运检疫技术规范》进行检疫。引进的种猪隔离观察 30d 以上，经兽医检查确定为健康合格者，方可供繁殖使用。育肥猪生产可选择三元杂种猪生产，也可利用配套系（迪卡猪、PIC 猪等）生产杂种仔猪育肥。

3. 保证饲料安全　禁止在饲料中添加 β-兴奋剂、镇静剂、激素类和砷制剂，不应给育肥猪使用高铜日粮。30kg 体重以下猪的配合饲料中，铜的含量不应高于每千克体重 250mg；30～60kg 体重猪的配合饲料中，铜的含量不应高于每千克体重 150mg；60kg 体重以上猪的配合饲料中，铜的含量不应高于每千克体重 25mg。

4. 科学饲养管理　日粮每次喂量要适当，少喂勤添，防止饲料污染腐败；转群实行全进全出制，并按体重大小和强弱分群，分别进行饲养；饲养密度适宜，保证猪只有充足的躺卧空间；每天清扫猪舍卫生，保持料槽、水槽等用具干净，地面清洁；经常检查饮水设备，观察猪群健康状态。

5. 加强疫病防治 坚持"预防为主"的方针，采取综合措施，减少疾病的发生及药物的使用量。定期对猪舍及周围环境进行消毒，消毒剂要选择对人和猪安全、无残留毒性、对设备没有破坏及不会在猪体内产生有害积累的消毒剂；结合当地实际情况，有选择地进行疫病的预防接种，并注意选择适宜的疫苗、免疫程序和免疫方法；对寄生虫进行控制，妊娠母猪于产前 1~4 周用 1 次抗寄生虫药，公猪每年至少用 2 次，所有仔猪在转群时用药 1 次，后备母猪在配种前用药 1 次，新进的猪驱虫 2 次（间隔 10~14d）。

6. 粪污的无害化处理

（1）建立无害化处理设施和病猪隔离区。可疑病猪、传染病猪尸体不允许将血液和浸出物散播处理。

（2）猪场废弃物处理实行减量化、无害化、资源化原则。

（3）对粪便污水实行固液分离。采用干清粪工艺，通过自然堆腐或高温堆腐，处理粪便并作农业有机肥使用，采用沉淀、曝晒、生物膜和光合细菌等方法处理污水。

（4）推荐"猪—沼—果"生态模式，就地吸收、消纳，降低污染，净化环境。

（5）在保证饮水的前提下，尽量减少水的用量，既节约水资源，又减少污水排放。

【学习评价】

一、填空题

1. 工厂化猪场常采用_____、_____、_____和_____的方法进行消毒。
2. 空猪舍的消毒，通常先用_____熏蒸_____h；再用_____对地面消毒_____次。
3. 猪体通常采用_____、_____或_____进行喷雾消毒。
4. 一般情况下，仔猪出生后适宜的环境温度为：1~3 日龄_____，4~7 日龄_____，15~30 日龄_____。
5. 仔猪生后，缺乏先天免疫力，必须通过补充_____才能获取抗体。
6. 仔猪断奶时间一般为_____d，其断奶方法有_____、_____和_____。
7. 仔猪开食训练一般在_____日龄。
8. 仔猪断奶后，一般要求留在_____或_____饲养 1 周左右方可转群。
9. 后备猪的饲喂方法，前期应采用_____，后期宜采用_____。
10. 后备猪体组织生长发育规律是_____。
11. 四段饲养工艺流程是由_____→_____→_____→_____4 个环节组成。
12. 五段饲养工艺流程是由_____→_____→_____→_____→_____5 个环节组成。

二、选择题

1. 配种时膘情较差的妊娠母猪，宜采用_____的饲养方式。
   A. 前粗后精　　　B. 抓两头带中间　　　C. 步步登高　　　D. 步步降低
2. 初产妊娠母猪，宜采用_____的饲养方式。
   A. 抓两头带中间　　　B. 前粗后精　　　C. 步步降低　　　D. 步步登高

3. 生产能力特别高的妊娠母猪，宜采用_____的饲养方式。
   A. 前粗后精　　　　B. 抓两头带中间　　　C. 步步降低　　　D. 步步登高
4. 养猪生产中，保育猪的成活率一般要求应达到_____%以上。
   A. 80　　　　　　　B. 85　　　　　　　　C. 95　　　　　　D. 98
5. 养猪生产中，育肥猪的成活率一般要求应达到_____%以上。
   A. 85　　　　　　　B. 90　　　　　　　　C. 95　　　　　　D. 98

三、判断题

1. 母猪的哺乳期过长，不利于母猪的失重控制。（　　）
2. 母猪的哺乳期越长，越有利于日后仔猪的生长发育。（　　）
3. 哺乳期母猪不可能发情。（　　）
4. 哺乳母猪年龄越大，泌乳量越高。（　　）
5. 母猪在哺乳期，随时可以挤出乳汁。（　　）
6. 母猪分娩后，应立刻喂给足够的饲料。（　　）
7. 哺乳母猪体重下降的幅度，不应影响断奶后的发情配种。（　　）
8. 母猪的胎次越大，泌乳量越高。（　　）
9. 仔猪出生后，自身体温调节能力弱，所以应加强小环境温度的控制。（　　）
10. 养猪生产中，为减少断奶仔猪的应激，转群时一般采取原窝转群的方式，不采用混群方式。（　　）

四、简答题

1. 依据当地猪场实际情况，请合理设计猪场的免疫程序。
2. 仔猪生后第一周主要做哪些工作？
3. 如何训练仔猪开食和补料？
4. 哺乳仔猪料具备哪些特点？
5. 仔猪断奶时的"两维持、三过渡"是指什么？
6. 如何调教仔猪养成三点定位的习惯？
7. 简述后备猪的饲养管理技术要点。
8. 简述种公猪的饲养管理技术要点。
9. 简述妊娠期母猪的饲养管理技术要点。
10. 简述哺乳期母猪的饲养管理技术要点。
11. 简述生长育肥猪的饲养管理技术要点。
12. 简述僵猪的形成原因及防治措施。
13. 图示工厂化养猪的生产工艺流程。
14. 说出工厂化养猪各车间的生产任务。
15. 简述无公害猪肉生产技术要点。

项目五 猪的饲养管理和兽医保健

【技能考核】

工厂化养猪饲养工艺时段的划分

一、考核题目

甘肃省兰州市榆中县某规模化养猪场以"周"为生产节律,采用工厂化养猪工艺,全过程分为配种、妊娠、分娩、保育、育肥五个生产环节。猪场饲养工艺流程如图5-6所示。

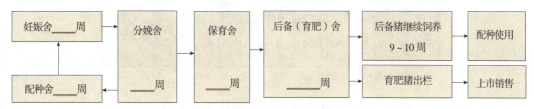

图5-6 甘肃省兰州市榆中县某规模化养猪场猪群的饲养工艺流程

图5-7显示,分娩舍转来的断奶母猪在配种舍内完成发情鉴定和适时配种,经早期妊娠诊断,怀孕的母猪转入妊娠舍饲养,临产前一周转入分娩舍饲养至哺乳期结束,然后再转入到配种舍进入第二个繁殖周期,哺乳仔猪断奶后转入保育舍进行网床培育,体重达18~20kg时转入育肥舍饲养,体重达90~100kg出栏上市,后备猪继续饲养至8~10月龄配种使用。请在图5-7横线上填写适宜的工艺时段(以周为单位设计)。

二、评价标准

猪场的工艺时段是猪群周转和生产管理的基础,只有设计合理,才能确保生产目标的顺利实现。根据前提条件,养猪饲养工艺时段的划分如图5-7所示。

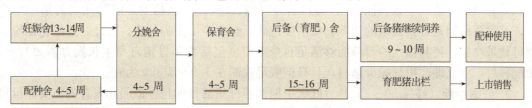

图5-7 甘肃省兰州市榆中县某规模化养猪场猪群饲养工艺时段划分

【案例与分析】

如何安排母猪的七阶段饲养方法

一、案例简介

陕西安康市某规模化猪场为了充分发挥母猪的生产潜力,将母猪的生产阶段划分为七个关键时期进行科学饲养,分别为配种~配种后30d、妊娠30~75d、妊娠75~95d、妊娠95~110d、产前5d至产后5d、产后5d至断乳、断奶至再配种,如图5-8所示。图中明确标识了母猪的生理特点、饲养方法、饲料喂量,并规定了相应的日采食量。请结合项目五相关知识,认真分析案例图示资料,指出母猪七阶段的饲养方法。

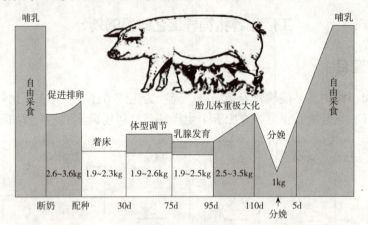

图 5-8 陕西安康市某规模化猪场母猪的七阶段饲养程序

二、案例分析

图示资料显示,母猪七阶段的生理特点、饲养方法和饲料喂量各不相同,其主要原因是母猪不同繁殖周期(胎次)之间以及同一繁殖周期内的不同阶段之间,生产效率虽然不同但却相互联系、相互影响。母猪的繁殖效率在很大程度上受遗传、环境、猪群健康、营养及饲养管理等因素的影响,如成年体重的变化、体组成的变化、泌乳能力的提高、适宜环境的要求等。因此,应采用精细化的阶段饲养方案,充分满足各阶段母猪的生理需要和生产需要,最大限度的提高繁殖效率。

1. 妊娠初期(配种至配种后 30d) 妊娠初期饲养母猪的目标是减少胚胎死亡。受精卵移动到子宫角需要 11~12d 时间,之后胚胎开始着床,大约在第 24 日结束,胚胎如不能着床,就会早期死亡,导致胚胎存活率过低,产仔数减少。妊娠初期是胚胎死亡的第一个高峰,其主要原因是母猪摄入的营养物质浓度过高,会减少孕酮的分泌。因此,妊娠初期应控制母猪采食量,使其摄入的营养能够满足自身需要(包括青年母猪自身生长发育需要)。母猪配种后,应立即改用妊娠母猪料,且日饲喂量控制在 1.9~2.3kg 为宜。

2. 妊娠中期(妊娠 30~75d) 妊娠中期饲养母猪的目标是保证胎儿发育的需要和母猪自身代谢的需要(包括青年母猪自身生长发育需要)。一般情况下,此阶段的日饲喂量控制在 1.9~2.6kg 为宜。对于偏瘦的母猪应在此基础上适当增加饲喂量,保证在此期间母猪的体况恢复至理想状态。对于体况极差的母猪不能过度饲喂,因为该阶段的过度饲喂,会导致泌乳期母猪的采食量降低。对于断乳后体况过差的母猪,建议提高饲喂量,必要时可采取自由采食,并延后一个情期配种。青年母猪第一胎妊娠期间的体增重要比经产母猪多 10% 左右,在相同的体况条件下,初产母猪的饲喂量应比经产母猪增加 10% 左右。

3. 妊娠后期(妊娠 75~95d) 妊娠 75d 以后是胎儿生长和乳腺发育较为迅速的关键时期,要增加母猪的日饲喂量,但过量摄入能量,会加快乳腺中脂肪的沉积,进而减少乳腺分泌细胞的数量,结果会导致泌乳期内泌乳量的减少。建议适当增加日饲喂量,一般控制在 1.9~2.5kg 为宜。

4. 妊娠末期(妊娠 95~110d) 妊娠末期胎儿的生长发育极为关键,在此期间胎儿的生长发育迅速加快，其中仔猪初生重的60%～70%来自产前1个月的快速生长，此阶段也是乳腺充分发育的时期，为保证胎儿快速生长及母猪乳腺发育的需要，建议日饲喂量控制在2.5～3.5kg为宜。

5. 围产期（产前5d至产后5d） 围产期母猪的饲养目标是使母猪顺利分娩，减少便秘的发生，保证母猪产后食欲的恢复。产前5d开始逐渐减料，每日减少0.5～1.0kg，产仔当天母猪不吃料或供给温热的麸皮盐水，如母猪采食，可饲喂1kg左右的饲料，母猪产后开始饲喂泌乳料，饲喂量每天增加0.5～1.0kg，至产后7d自由采食即可。

母猪产后容易出现便秘问题，为防止便秘，饲粮中可适当添加纤维或轻泻性饲料，如小麦麸、甜菜渣等，添加硫酸镁、硫酸钾等化学通便剂也是一种较好的办法。同时必须保证母猪充足的饮水，要求自由饮水，水质清洁卫生。饮水器的安装高度及水流速度，要保证母猪饮水方便。由于母猪分娩时体力消耗过大及产后喜卧嗜睡等原因，饲养人员应定时将母猪赶起，促使其饮水。

6. 泌乳旺期（产后5d至断乳） 母猪泌乳旺期的饲养目标是最大限度地增加泌乳量，同时很好地控制母猪的失重，保证母猪断奶后的体况适宜，并顺利进入下一个繁殖周期。

现代养猪生产使用的繁殖母猪，由于体重大、产仔数多、泌乳量高，产后需要给母猪提供量多质优、易于采食的饲料，但生产中经常会出现母猪产后食欲较差的问题。因此，为了保证母猪的泌乳性能，需要给母猪供给高能量、高蛋白质且二者平衡的饲粮，可采用生湿拌料、增加饲喂次数（日喂4次）等措施，增加母猪的采食量。哺乳母猪的营养摄入量和母猪的体重、产乳量、带仔数、仔猪生长速度及哺乳舍温度等有关，如果母猪摄入的营养不足（负营养平衡），母猪就会动用自身体组织中的氨基酸和脂肪用于合成乳汁，高产的泌乳母猪更是如此。这样，一方面会造成母猪体组织损失较大，体内激素失衡，导致断奶至再发情的间隔延长，长期的负营养平衡还会造成平均产仔数减少和繁殖利用年限缩短等问题；另一方面，动用自身体组织中的脂肪用于合成乳汁，会使乳汁中的长链脂肪酸增加，进而导致仔猪因消化不良而腹泻。这种状况可通过提高采食量或提高饲粮营养水平来改善。

7. 空怀待配期（断奶至再配种） 空怀待配期母猪的饲养目标是断奶后3～10d发情配种。母猪断奶后往往会出现体况较差的问题，应继续饲喂营养丰富的泌乳料。断奶当天由于受断奶应激的影响，可能不吃料，但如果母猪吃料则不能减少母猪的采食量，而应尽快增加母猪的采食量。整个空怀待配期母猪的日饲喂量应控制在2.6～3.6kg或自由采食，这样有利于母猪体况的恢复和卵泡的发育，并有助于雌激素、促卵泡素的分泌，促进母猪发情、排卵和受孕。

上述母猪七阶段饲养方案中，建议的饲喂量还应根据环境、饲养方式的变化而做相应的调整，如冬季舍温相对较低时，应增加饲喂量；小群饲养时，每头母猪的平均投料量应比个体限位饲养增加10%～15%；断奶后的母猪，为保证按时发情配种，一定要做到"因猪饲喂"，即根据母猪个体的差异，实行个性化饲养。

【信息链接】

（1）NY 5030—2006《无公害食品　畜禽饲养兽药使用准则》。
（2）NY/T 1341—2007《家畜屠宰质量管理规范》。
（3）GB/T 17824.2—2008《规模猪场生产技术规程》。
（4）GB/T 17823—2009《集约化猪场兽医防疫基本要求》。
（5）NY/T 1892—2010《绿色食品　畜禽饲养防疫准则》。

项目六 猪场的饲养规模和效益分析

学习目标

了解猪场的饲养规模和周转管理安排；熟记猪场的生产成本项目；掌握猪场的成本核算和效益分析方法。

学习任务

任务1 猪场的饲养规模和周转管理

一、猪场的饲养规模

猪场的饲养规模是指饲养种猪或育肥猪数量的多少。一个标准规模的养猪场即饲养成年母猪100头，年产商品肉猪1 400～1 800头。标准规模的养猪场通过选用优良的猪种，饲喂全价的饲料，创造适宜的环境，执行严格的防疫等措施，实行集约化养猪，最终目的是获得较高的经济效益。因此，需要有一定的资金、技术和设备等条件来保证。

（一）确定饲养规模的原则

1. 平衡原则 生产者要使猪群饲养数量与饲料供给量相平衡，避免"料多猪少"或"猪多料少"两种情况发生。具体来讲就是每个月份供应的饲料原料及饲料数量与各个月份的猪群结构及饲料需要量相平衡，避免发生季节性饲料不足现象。

2. 充分利用原则 各种生产要素都要充分地加以利用。要以最少的生产要素（猪舍、资金、劳力）消耗获得最大的经济效益，即最大限度地整合利用现有的生产资源。

3. 以销定产原则 生产目标应与销售目标相一致，生产计划应为销售计划服务，坚持以销定产，避免以产定销。要以生产为核心，以盈利为目标，以销售额为结果，统筹安排各个阶段的生产规模和生产任务。

（二）确定饲养规模的依据

一个养猪场根据实际条件在确定养猪生产经营目标之后，必须确定饲养多少头猪等具体目标，即确定饲养规模。养猪生产的规模受多种因素制约，这些因素总体分两类，一类属于经营问题，如土地面积、猪舍数量、饲料资源、资金多少、劳力情况及周围环境条件等；一类属于技术问题，如生产工艺、猪种质量、设施设备及饲养管理水平高低等。两类因素相互作用，相互影响，是猪场生产经营中不可忽视的因素。

1. 根据劳动力确定规模 从经营方面看，养猪规模对劳动力和劳动时间有着直接影响。以家庭劳力为主的小型养猪场，养猪多少应视一个劳力饲养的头数来定。在手工劳作的情况下，一个人的饲养量满负荷在250～300头肉猪或20～30头母猪。实际生产中，由于工作安排不当，缺少系统训练，工作岗位不适应，工作效率低等原因，实际的劳动消耗时间比预计需要的时间要长。不同的猪群结构和存栏数，会影响劳动力的多少和劳动时间的长短，如同样饲养规模的仔猪生产所需劳动时间就比肉猪生产时间长；存栏数的多少，直接关系到生产工序的准备时间；运输饲料、垫草、清除粪便等方面的机械化程度，也会影响劳动时间。根据劳动力确定饲养规模适合于专业户养猪和剩余劳动力养猪。

2. 根据生产资源确定规模 生产资源如土地面积的大小、生产资金的多少等，是猪饲养规模确定的决定性因素。猪的饲养规模直接体现在对资金和栏舍利用效率的高低，利用率高，则成本低，反之亦然。例如，新建猪舍每栏 $6m^2$ 造价为 360 元，可养 4 头肉猪，一年养二批共 8 头，如果折旧费、资金利息、维修费等费用按造价的 10% 计，每头猪的栏位费用为 4.5 元。如果一个猪栏只养 2 头，一年养 4 头肉猪，则一头猪的栏位费为 9 元。所以，在现有生产资源的基础上，确立合理的经营规模，提高设施、资金等的利用率和周转率，降低劳动消耗，采取科学的饲养管理技术，这是获取养猪高效益的关键。

3. 根据预期目标确定规模 这是规模化猪场饲养规模确定的主要方法。在养猪企业的生产投资中，必须加强市场调查，做好单位产品的利润测算，认真设计猪只饲养规模。由于大部分养猪企业采用贷款投资的方式，这就涉及在一定期限内用所获利润还贷的问题。因此，在投资总额确定的情况下，养猪企业应根据单位产品的预期利润和投入资金的回收年限，合理确定猪的饲养规模。工厂化养猪生产中，虽然投资大，但其生产效率高，因而可以获得较高的效益。根据工厂化猪场的有关统计资料，每个万头猪场平均年利润为 200~300 万元，需 3~4 年收回全部投资，以利用年限 10 年计，剩余 6~7 年可获得纯利润。

（三）确定饲养规模的方法

猪场的饲养规模是指在养猪生产正常运营的情况下，养猪场年出栏商品猪的头数。如千头猪场、万头猪场等多种规模，通常称 1 000~5 000 头的猪场为小型养猪场，5 000~10 000 头的猪场为中型养猪场，10 000 头以上的猪场为大型养猪场。规模超过 30 000 头时宜分场建设，以免加大疫病防治、环境控制和粪污处理等难度。研究与实践证明，猪场只有经营方向正确，饲养规模适度，才能达到资源、生产与目标的最佳配置，取得最大效益。

1. 生产资源规划法 运用生产资源规划法确定猪的最佳饲养规模时，必须掌握以下资料：一是几种有限资源的供应量；二是利用有限资源所从事的生产项目；三是某一生产方向的单位产品消耗的各种资源数量；四是单位主产品的价格、成本及收益。

【例1】2013 年某猪场投资建设时预计种猪和肉猪的直接生产成本（饲料费、防疫费、兽药费、饲养员工资等）为 120 万元，猪舍占用土地面积为 3 600m^2，生产方向为种、肉猪综合生产。按时价，每头育肥猪需资金 500 元，占用猪舍面积 0.8m^2/头；每头种猪饲养一年需资金 1 600 元，占用猪舍面积 8m^2/头（公、母一致），公、母比例为 1∶25；肉猪按年养两批计，每头肉猪可获利 80 元；母猪按年产两窝计，每头母猪获利 600 元。根据以上资料设计该猪场收益最大时的最佳饲养规模。

（1）整理归纳资料。如表 6-1 所示。

表 6-1 已知资料

项目	资金消耗	占用猪舍面积	每头猪收益
肉猪	500 元/头	0.8m^2/头	80 元/头
种猪	1 664 元/头	8.32m^2/头	600 元/头
最大资源数量	120 万元	3 600m^2	

由于种猪公、母比例为1∶25，可将公猪资金消耗及占用猪舍面积加权到母猪消耗中，即每头母猪的资金消耗为 1600+1600×1/25＝1664 元；每头母猪占用猪舍面积为 8+8×1/25＝8.32m²/头。

（2）建立目标函数和约束方程。设育肥猪饲养量为 x 头，种猪饲养量为 y 头，Z 为一年所获收益，则目标函数为：

$$Z=2\times 80x+600y$$

约束方程为：

$$500x+1664y\leqslant 1200000$$
$$0.8x+8.32y\leqslant 3600$$

因 x、y 为饲养量，只能为0或正数，故 $x\geqslant 0$，$y\geqslant 0$。

（3）用图解法解出目标函数最大时的 x 和 y 值。

①建立直角坐标系，如图6-1所示。

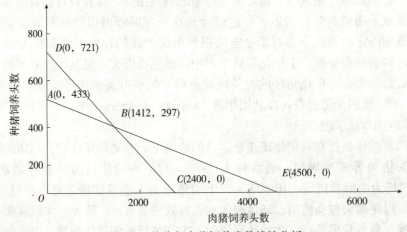

图6-1 种猪与肉猪饲养头数线性分析

②根据方程 $500x+1664y=1200000$ 作出直线 CD，如图6-1所示。

令 $x=0$，得 $y=721$，得点 D（0，721）；

令 $y=0$，得 $x=2400$，得点 C（2400，0）。

③根据方程 $0.8x+8.32y=3600$ 作出直线 AE，如图6-1所示。

令 $x=0$，得 $y=433$，得到点 A（0，433），令 $y=0$，得 $x=4500$，得到点 E（4500，0）。

（4）图形分析。由于 $x\geqslant 0$，$y\geqslant 0$，x 和 y 值应都在第一象限。在此条件下，图中满足约束方程的公共区域应是四边形 OABC，即 x 和 y 在此区域内取值。分析如下：

①在△ABD 范围内，有资金而无猪舍；②在△BCE 范围内，有猪舍而无资金；③在 D、B、E 三点以外的范围中，既无资金，又无猪舍。

以上三种情况都不能使猪场生产正常运转，只有在四边形 OABC 区域内取值，生产才能正常开展。要使目标函数 Z 最大，应取四边形上凸点的值，其中原点的 Z 值为0，A、B、C 三点处于生产状态，但三点 Z 值大小不一，取值代入方程（1），则：

A 点 Z 值为：$2\times 80\times 0+600\times 433=259800$（元）

C 点 Z 值为：$2\times 80\times 2400+600\times 0=384000$（元）

B 点 Z 值联立方程组求解：

$$\begin{cases} 500x + 1664y = 1200000 \\ 0.8x + 8.32y = 3600 \end{cases}$$

解得：$x = 1412$，$y = 297$

则 B 点 Z 值为：$2 \times 80 \times 1412 + 600 \times 297 = 404120$（元）

比较 A、B、C 三点 Z 值大小，可知 B 点 Z 值最大，即肉猪每批饲养 1 412 头，种猪饲养 297 头（含公、母猪）时，该场收益最大。公、母比例按 1:25 计，297 头种猪中应饲养种母猪 286 头，种公猪 11 头。

2. 预期目标规划法　运用预期目标规划法确定猪的饲养规模时，必须掌握以下资料：一是投入资金的多少；二是单位主产品（仔猪、育肥猪）的利润；三是采用的养猪工艺流程；四是养猪生产指标要求，如猪的生产节律，配种受胎率，分娩率，哺乳仔猪、保育仔猪和育肥猪的成活率等。

【例 2】2013 年某商品猪场投资建设时预计投入资金 300 万元，单位产品（育肥猪）的利润 200 元，预期年利润 100 万元。根据以上资料设计该猪场的饲养规模（猪群结构）。

（1）年产商品猪数＝预期年利润目标÷单位产品利润＝（100×10000）÷200＝5000（头）

（2）年产总窝数＝计划出栏头数÷（窝产仔数×从出生至出栏的成活率）＝5000÷（10×0.9×0.95×0.98）＝596.7（窝/年）

（3）每个节律转群头数。以周为节律计算。

①产仔窝数：596.7÷52＝11.5 窝（即每周分娩泌乳母猪数 11.5 头）。

②妊娠母猪数：11.5÷0.95＝12.1 头（分娩率 95%）。

③配种母猪数：12.1÷0.90＝13.4 头（情期受胎率 90%）。

④哺乳仔猪：11.5×10×0.9＝103.5 头（成活率 90%）。

⑤保育仔猪数：103.5×0.95＝98.3 头（成活率 95%）。

⑥生长育肥猪数：98.3×0.98＝96.3 头（成活率 98%）。

（4）各类猪群组数。生产以周为节律，故猪群组数等于饲养周数。

（5）猪群结构。5 000 头猪场猪群结构如表 6-2 所示。

表 6-2　5 000 头猪场猪群结构

猪群种类	饲养周数	猪群组数	每组头数	存栏头数	备注
空怀母猪群	5	5	13.4	67	配种后观察 21d
妊娠母猪群	12	12	12.1	145.2	
泌乳母猪群	6	6	11.5	69	
哺乳仔猪群	5	5	115	575	按出生头数计算
保育仔猪群	5	5	103.5	517.5	按转入的头数计算
生长肥育猪群	13	13	98.3	1 277.9	按转入的头数计算
后备母猪群	8	8	3.6	28.8	8 个月配种
公猪群	52			11.3	不转群
后备公猪群	12			3.8	9 个月使用
总存栏数				2 695.5	最大存栏头数

各猪群存栏数=每组猪群头数×猪群组数,生产母猪头数为281.2,公猪、后备猪群的计算方法如下:

①种公猪数为:281.2÷25=11.3头,公、母比例1:25。

②后备公猪数为:11.3÷3=3.8头。若半年一更新,实际养1.9头即可。

③后备母猪数为:281.2÷3÷52÷0.5=3.6头/周,留种率50%。

二、猪场的周转管理

1. 猪群结构 猪场的猪群结构是由种公猪、繁殖母猪、后备猪、哺乳仔猪、育成猪和育肥猪组成,各自所占的比例称为猪群结构,如表6-3所示。养猪场的各类猪群在有序的生产周转中要逐年进行淘汰和补充,这直接关系到猪群的迅速增殖和生产水平的提高。

表6-3 猪群结构比例控制

猪群类别	年龄	占基础母猪比例(%)
育成母猪	2~4月龄	60
后备母猪	4~8月龄	50
鉴定母猪	8月龄~1.5岁	40
基础母猪	1.5~2岁	35
	2~3岁	30
	3~4岁	20
	4~5岁	10
	5岁以上	5
核心母猪	基础群中挑选	25

2. 猪群周转 一个养猪场要保持良好的经济效益,必须随着猪群年龄和生产性能的变化,经常对猪群进行补充和淘汰,以保持猪群的高繁殖力。因此,养猪场的生产管理者,应时刻掌握猪群的年龄结构、繁殖能力、健康状态等方面的变化动态,安排好猪群的合理周转。规模化猪场猪群结构与周转安排如图6-2所示。

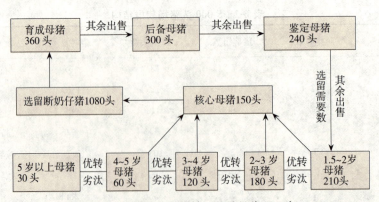

图6-2 猪群结构与周转(基础母猪600头)

图6-2中,基础母猪600头,本交情况下种公猪与母猪的比例为1:(20~30),年龄结构:1~2岁占35%,2~4岁占50%,4岁以上占15%。保育猪中选留种猪的适宜比例为3:1。

任务 2　猪场的成本核算和效益分析

一、猪场的成本核算

猪场的成本核算就是考核养猪生产中的各项消耗，分析各项消耗增减原因，从而找到降低成本的途径。成本是企业生产产品所消耗的物化劳动和活劳动的总和，是在生产中被消耗掉的价值，为了维持再生产，这种消耗必须在生产成果中予以补偿。一个养猪企业如果要增加盈利，通常有两条途径，一是通过扩大再生产，增加总收入；二是通过改善经营管理，节约各项消耗，降低生产成本。因此，猪场的经营管理者必须重视成本，分析成本项目，熟练掌握成本核算方法。

（一）成本项目

猪场的生产成本分为直接成本和间接成本。直接成本是指直接用于养猪生产的费用，主要包括饲料费、防疫费、兽药费、劳务费等；间接成本是指间接用于养猪生产的费用，主要包括管理人员工资、固定资产折旧费、种畜价值摊销费、设备维修费、贷款利息、供暖费、水电费、工具费、差旅费、招待费等。在养猪生产实践中，需要计入成本的直接费用和间接费用项目很多，概括起来主要有以下 10 种：

1. 饲料费　指直接用于各猪群的各种全价饲料、浓缩料、预混料及其他单一饲料等方面的开支。

2. 防疫费　指养猪所消耗的疫苗等能直接记入的防疫费用。

3. 兽药费　指养猪所消耗的兽药等能直接记入的医疗费用。

4. 劳务费　指直接从事某种产品生产的饲养员工资和福利开支。

5. 种畜价值摊销费　指应负担的种公猪和生产母猪的摊销费用。若是购买或转入的仔猪、后备猪，应将期初原值计入成本。

6. 固定资产折旧费　指固定资产（包括办公设施、猪舍、设备、种猪等）按照一定的使用年限所发生的折旧费用。

7. 固定资产修理费　指固定资产所发生的一切维护保养费用和修理费用。如猪舍维修费、电机修理费等。

8. 燃料和动力费　指饲养所消耗的水、电、煤、油等方面的费用。

9. 低值易耗品费　指能够直接记入的低值工具和劳保用品价值。如喷雾器、注射器、工作服、扫帚、手套等方面的费用。

10. 管理费　指猪场管理人员（如场长、副场长、会计等人员）的工资支出。

11. 其他杂费　凡不能直接列入以上各项的费用，如差旅费、招待费等。

（二）成本核算

在养猪企业的生产中，经常发生各种消耗。这些消耗，有的直接与某一种产品的生产相关（例如饲料费、兽药费、饲养员工资等），这种为生产某一种产品所支付的开支，称为直接支出，又称该产品的直接生产费用，客观上可以真实计入生产经营成本，不打折扣。而另外一些消耗（如固定资产折旧费、燃料和动力费、贷款利息、日常办公杂费等），是为了几种产品的生产所支付的开支，称为该产品的间接生产费用，又称间接支出，这些费用不是为一种产品服务，而是为几种产品服务，所以不能单独计入某种产品的生产经营成本，需要采取一定的方法,在部门内几种产品之间进行分摊,这种分摊就是分配计入。

计算猪的生产成本,需要必备的基础性资料。首先要在一个生产周期或一年内,根据成本项目记账或汇总,核算出各猪群的总费用;其次是要有各猪群的头数、活重、增重、主副产品产量等的统计资料。运用这些数据资料,才能计算出各猪群的直接成本、间接成本、单位主产品的成本,进而进行产品的经济效益分析。在养猪生产中,一般要计算猪产品成本、猪产品饲养日成本和猪产品单位成本。

1. 猪产品成本 表明猪场生产某一产品生产期内的全部成本之和(包括直接生产成本和间接生产成本),是计算产品单位成本的重要依据。其计算公式如下:

$$猪产品成本 = 直接生产成本 + 间接生产成本$$

2. 猪产品饲养日成本 表明猪场生产某一产品平均每天每头猪支出的成本(包括直接成本和间接成本),对猪场的经济核算十分重要。其计算公式如下:

$$猪产品饲养日成本 = 产品成本 \div 猪群饲养头数 \div 猪群饲养日数$$

3. 猪产品单位成本 这是经营者必须进行分析核算的重要成本指标。在产品单价一定的条件下,主产品单位成本越高,所获的盈利越少,全场的经济效益就越低。如果主产品成本超过主产品销售单价,势必发生亏损,应尽量避免这种情况的发生。

$$猪产品单位成本 = (猪产品成本 - 副产品价值) \div 猪产品产量$$

二、猪的效益分析

猪的效益分析是根据成本核算所反映的生产情况,对猪的产品产量、产品成本、盈利等进行全面系统的统计和分析,以便对猪场的经济活动作出正确评价,保证下一阶段工作顺利完成。

1. 猪的产品产量 通常是分析仔猪成活率、猪平均日增重、肉猪出栏数等指标是否完成计划指标。

$$仔猪成活率 = 断奶时成活仔猪数 \div 初生时活仔猪数 \times 100\%$$

$$猪平均日增重 = (末重 - 始重) \div 饲养天数$$

2. 产品成本的分析 猪场的主产品是仔猪和育肥猪。产品成本的分析主要根据生产成本项目统计资料计算猪的直接费用和间接费用,一般对仔猪、育肥猪计算其产品成本或单位成本进行分析,也可通过仔猪活重成本、育肥猪的总增重成本进行分析。通常饲料费占总成本 70% 左右,是影响成本的重要因素。因此,提高猪的饲料利用率,开发本地饲料资源,是降低养猪生产成本的有效途径。

3. 猪的盈利分析 在猪产品所创造的价值中,扣除支付劳动报酬、补偿生产消耗之后的余额,即养猪者的盈利,又称毛利。毛利减去税金就是利润。利润是在一定时期内以货币表现的最终经营结果,利润核算是考核养猪者生产经营好坏的重要手段。

$$利润额 = 产品销售收入 - 产品销售成本 - 销售费用 - 税金 \pm 营业外收支$$

当上式结果出现负值时即为亏损。总利润额只说明利润多少,不能反映利润水平的高低。因此,考核利润还要计算利润率,猪的利润率一般应计算成本利润率、产值利润率和投资利润率等指标。

$$成本利润率 = 利润额 \div 产品成本 \times 100\%$$

$$产值利润率 = 利润额 \div 总产值 \times 100\%$$

$$投资利润率 = 利润额 \div 投资总额 \times 100\%$$

【学习评价】

一、填空题

1. 猪场的猪群结构是由 ＿＿＿＿、＿＿＿＿、＿＿＿＿、＿＿＿＿、＿＿＿＿ 和 ＿＿＿＿ 组成，各自所占的比例称为猪群结构。
2. 某猪场猪群年产总窝数＝＿＿＿＿／（＿＿＿＿×从出生至出栏的成活率）。
3. 各饲养群猪栏组数＝＿＿＿＿＋清毒空舍时间（d）／生产节律（7d）。
4. 每组栏位数＝每组猪群头数／＿＿＿＿＋机动栏位数。
5. 各饲养群猪栏总数＝每组栏位数×＿＿＿＿。

二、简答题

1. 什么是规模化养猪和现代规模化养猪？二者有何区别？
2. 推算年出栏 8 000 头商品猪的猪场常年存栏的各类猪头数。
3. 在养猪场合理的猪群结构中各类别猪群所占的比例如何？

【技能考核】

规模化养猪场生产管理参数的分析

一、考核题目

宁夏中卫地区某猪场生产管理参数如表 6-4 所示，其中有多项指标设计不太合理，影响该猪场经济效益的提高，请仔细分析并修改完善。

表 6-4　宁夏中卫地区某猪场生产管理参数统计

项目	参数	项目	参数
妊娠期（d）	114	每头母猪年产活仔数	
哺乳期（d）	42	出生时（头）	20
保育期（d）	42	35 日龄（头）	18
断奶至受胎（d）	21	36～70 日龄	16
繁殖周期（d）	156～163	71～170 日龄	14
母猪年产胎次（窝）	1.5	平均日增重（g）	
母猪窝产仔数（头）	8	出生～35 日龄	350
窝产活仔数（头）	6	36～70 日龄	450
成活率（%）		71～160 日龄	750
哺乳仔猪	80	公、母猪年更新率（%）	30
断奶仔猪	85	母猪情期受胎率（%）	70
生长肥育猪	90	妊娠母猪分娩率（%）	75
出生至目标体重（kg）		公、母比例	1∶25
初生重	0.5	圈舍冲洗消毒时间（d）	7
35 日龄	5	生产节律（d）	7
70 日龄	10	母猪产前进产房时间（d）	14
160～170 日龄	90～100	母猪配种后观察时间（d）	42

二、评价标准

猪场生产管理指标的设计，应充分考虑猪的生理规律和猪场的生产条件。根据前提条件，某万头猪场生产管理参数的合理设计如表 6-5 所示。

表 6-5 宁夏中卫地区某猪场生产管理参数修正

项目	参数	项目	参数
妊娠期（d）	114	每头母猪年产活仔数	
哺乳期（d）	28～35	出生时（头）	22
保育期（d）	28～35	35 日龄（头）	20
断奶至受胎（d）	7～14	36～70 日龄	18
繁殖周期（d）	156～163	71～170 日龄	16
母猪年产胎次	2.2	平均日增重（g）	
母猪窝产仔数（头）	10～12	出生～35 日龄	350
窝产活仔数（头）	9～11	36～70 日龄	450
成活率（%）		71～160 日龄	750
哺乳仔猪	92	公、母猪年更新率（%）	30
断奶仔猪	95	母猪情期受胎率（%）	85
生长肥育猪	98	妊娠母猪分娩率（%）	97
出生至目标体重（kg）		公、母比例	1∶25
初生重	1.5	圈舍冲洗消毒时间（d）	7
35 日龄	8～10	生产节律	7
70 日龄	18～20	母猪产前进产房时间（d）	7
160～170 日龄	90～100	母猪配种后观察时间（d）	21

【案例与分析】

猪场的成本核算和效益分析

一、案例简介

河南省郑州地区某养猪场建于 2008 年 12 月，固定资产原值为 500.00 万元，年折旧率 5%，2012 年末账面净值为 410.00 万元。2012年该猪场猪群结构和喂料标准如表6-6、表6-7所示。

1. 2012 年猪场的猪群结构（表 6-6）

表 6-6 河南省郑州地区某养猪场猪群结构

猪群种类	饲养周数	猪群组数	每组头数	存栏头数	备注
空怀母猪群	5	5	14	70	配种后观察21d
妊娠母猪群	12	12	13	156	
泌乳母猪群	6	6	12	72	
哺乳仔猪群	5	5	115	575	期初头数
保育仔猪群	5	5	104	520	期初头数
生长肥育猪群	13	13	100	1 300	期初头数
后备母猪群	52	52	2	104	10 月龄配种
公猪群	52			12	10 月龄配种
后备公猪群	52			4	12 月龄配种
总存栏数				2 813	最大存栏头数

2. 2012年猪场各类猪群的喂料标准（表6-7）

表6-7 河南省郑州地区某养猪场猪群的喂料标准

阶段	饲喂时间（d）	饲料类型	喂料量 [kg/（头·d）]
后备母猪	230	331	2.3
空怀母猪	35	333	2.7
妊娠母猪	84	332	2.5
哺乳母猪	42	333	4.5
后备公猪	290	331	2.3
种公猪	365	335	2.7
哺乳仔猪	35	311	0.30
保育仔猪	35	312	0.60
育肥猪	110	313	2.0

经调查，2012年12月该场共有管理人员7人，饲养人员10人。生产安排采用以周为单位，全进全出、均衡生产的饲养工艺。存栏猪2 813头，母猪年产仔胎数2.2，每胎产仔数10.5头，哺乳期35d，保育期35d，育肥期110d，留种仔猪和育肥猪同期饲养至180日龄后进入后备培育期，时间为130d；猪只哺乳期、保育期和育肥期的成活率分别为90％、95％和98％，种猪的年更新率为35％；哺乳仔猪料价格0.8万元/t，保育仔猪料价格0.6万元/t，其他猪料价格0.4万元/t，兽药防疫费仔猪5元/头，育肥猪3元/头，其他猪10元/头；管理人员工资2 400元/月，饲养人员工资2 000元/月；年淘汰种猪收入10.80万元，仔猪（含种猪）粪肥价值2.35元，育肥猪粪肥价值1.13万元；根据市场价格确定仔猪（70日龄）单价为800元，育肥猪（180日龄）单价为2 200元，种猪价值2 000元，按4年使用期回收，固定资产维修费1.66万元，燃料和动力费9.73万元，低值易耗及工具费3.12万元，其他杂费9.20万元。资料显示，2012年该猪场生产运行正常，经营管理良好，并取得了预期的经济效益。

请根据项目六相关知识和要求，分析该猪场的成本和效益。

二、案例分析

（一）成本分析
1. 直接成本计算

（1）仔猪生产成本。由于种猪的主产品是仔猪，淘汰的种猪又需要后备猪及时补充。根据成本项目分配原则，种猪、后备猪的饲养成本应分摊至种猪主产品（仔猪）当中进行成本核算。

①种猪。2012年猪场常年存栏种猪310头，其中种公猪12头，基础母猪298头，年更新率35％，即该猪场2012年需要：

更新的种猪：310×0.35＝108（头）（种公猪4头，生产母猪104头）。

饲料费：按种猪生产类别分别计算。

种公猪：12×365×2.7÷1000×0.40＝4.73（万元）。

空怀母猪：14×35×2.7×52÷1000×0.40＝27.52（万元）。

妊娠母猪：13×84×2.5×52÷1000×0.40＝56.78（万元）。

哺乳母猪：12×42×4.5×52÷1000×0.40＝47.17（万元）。

饲料费合计：136.20万元。

兽药防疫费：310×10÷10000＝0.31（万元）（以10元/头计）。

劳务费：2000×12×3÷10000＝7.20（万元）（饲养员工资依据配种、妊娠、哺乳等生产环节实行分段承包，共有饲养员3人，月工资2 000元）。

2012年种猪的直接成本为143.53万元。

②后备猪（182～312日龄）。2012年猪场培育成功的后备猪108头（7～10月龄），用于种公猪和繁殖母猪的更新。

饲料费：108×2.3×130÷1000×0.40＝12.92（万元）。

兽药防疫费：108×10.00÷10000＝0.11（万元）（10元/头）。

劳务费：2000×12×1÷10000＝2.40（万元）（饲养员工资依据后备猪的育成率实行承包，共有饲养员1人，月工资2 000元）。

2012年后备猪的直接成本为15.43万元。

③仔猪（出生至70日龄）。2012年猪场存栏基础母猪298头，若年产仔胎数2.2，每窝产仔数10.5头，则全年生产仔猪数为：

哺乳仔猪：6884×90%＝6196（头）（哺乳期仔猪成活率为90%）。

保育仔猪：6196×95%＝5886（头）（保育期仔猪成活率为95%）。

2012年猪场育成70日龄仔猪数5 886头，计划销售2 886头，转入育肥舍3 000头。

饲料费：按照仔猪生产分段分别计算。

哺乳仔猪：6884×0.30×35÷1000×0.80＝57.83（万元）。

保育仔猪：6196×0.60×35÷1000×0.60＝78.07（万元）。

兽药防疫费：按照仔猪生产分段分别计算。

哺乳仔猪：6884×5÷10000＝3.44（万元）（5元/头）。

保育仔猪：6196×5÷10000＝3.10（万元）（5元/头）。

劳务费：2000×12×4÷10000＝9.60（万元）（饲养员工资依据仔猪成活率、目标体重等指标实行承包，共有饲养员4人，月工资2 000元）。

2012年仔猪（包括种猪、后备猪）的直接成本为311.00万元。

（2）育肥猪（71～181日龄）生产成本。2012年猪场转入育成舍的保育仔猪3 000头，饲养至180日龄后留种108头。若育成阶段猪的成活率为98%，则期末出栏数为：3000×98%＝2940（头）（后备留种108头，计划销售2 832头）。

饲料费：3000×2.0×110÷1000×0.40＝264.00（万元）。

兽药防疫费：3000×3.00÷10000＝0.90（万元）（3元/头）。

劳务费：2000×12×2÷10000＝4.80（万元）（饲养员工资依据育肥猪的出栏率实行承包，共有饲养员2人，月工资2 000元）。

2012年育肥猪的直接成本为269.70万元。

2. 间接成本计算

（1）管理人员工资。猪场设场长、副场长、技术员、会计各1人，其他工作人员3人，月工资平均 2 400 元,全年支出工资总额为:2400×12×7÷10000=20.16(万元)。

(2) 固定资产折旧费。猪场固定资产原值为 500.00 万元,2012 年末账面净值为 410.00 万元,年折旧率 5%,则全年提取固定资产折旧费为:410.00×5%=20.10(万元)。

(3) 种猪价值摊销费。种猪是猪场抽象的固定资产,若原值按 4 年使用期折旧,则年提取折旧费为:2000÷4×310÷10000=15.50(万元)。

(4) 固定资产维修费。办公设施、猪舍、设备等维修费 1.66 万元。

(5) 燃料和动力费。水电、供热等费用 9.73 万元。

(6) 低值易耗及工具费。办公用品、日常用品、生产耗材等费用 3.12 万元。

(7) 其他杂费。贷款利息、差旅费等费用 9.20 万元。

上述各项之总和为猪群全年饲养期间的间接成本,合计 79.47 万元。

3. 间接成本分摊 猪场的间接成本不只是为一种猪产品服务,而是为几种猪产品服务的。因此,需要采取一定的方法在几种产品之间进行分摊计入。即按照饲养头数和饲养天数将其分配计入到猪产品(仔猪和育肥猪)的成本中。具体分摊如下:

(1) 猪(产品)饲养日总和=5886×70+2832×110=723540(d)。

(2) 猪饲养日单位间接成本=79.47×10000÷723540=1.10 [元/(头·d)]。

(3) 仔猪分摊额=5886×70×1.10÷10000=45.32(万元)。

(4) 育肥猪分摊额=2832×110×1.10÷10000=34.27(万元)。

4. 猪产品成本计算

(1) 猪产品成本=直接成本+间接成本。

(2) 仔猪成本=311.00+45.32=356.32(万元)。

(3) 育肥猪成本=269.70+34.27=303.97(万元)。

(4) 产品总成本=356.32+303.97=660.29(万元)。

5. 猪产品饲养日单位成本计算

(1) 猪产品饲养日成本=猪产品成本÷猪饲养头数÷猪群饲养日数。

(2) 仔猪饲养日单位成本=356.32×10000÷5886÷70=8.65 [元/(头·d)]。

(3) 育肥猪饲养日单位成本=303.97×10000÷2832÷110=9.76 [元/(头·d)]。

6. 猪产品单位成本计算 根据成本项目分配原则,种猪和后备猪的直接生产成本因计入仔猪成本中核算,故其副产品价值应计入仔猪成本中即可。

(1) 猪产品单位成本=(猪产品成本-副产品价值)÷猪产品总产量。

2012 年该猪场仔猪副产品价值 13.15 万元,其中淘汰的种猪价值 10.80 万元,粪肥价值 2.35 元,育肥猪副产品(粪肥)价值 1.13 万元。

(2) 仔猪单位成本=(356.32-13.15)×10000÷5886=583.02(元/头)。

育肥猪单位成本=(303.97-1.13)×10000÷2832=1069.35(元/头)。

7. 产品销售成本计算 2012 年该猪场育成 70 日龄仔猪 5 886 头,其中市场销售 2 886 头,本场集中育肥 3 000 头,故产品的销售成本为:

(1) 仔猪销售成本=2886×583.02÷10000=168.26(万元)。

(2) 育肥猪销售成本=(3000×583.02+2832×1069.35)÷10000=477.75(万元)。

(3) 产品销售总成本=168.26+477.75=646.01(万元)。

（二）效益分析

1. 猪产品的销售收入　猪产品的销售收入＝产品销售产量（头）×产品单价（元/头）。根据猪产品单位成本和市场价格，2012年该猪场确定的仔猪（70日龄）单价为1 000元，育肥猪的单价为2 200元，则产品的销售收入为：

(1) 仔猪销售收入＝2886×1000÷10000＝288.60（万元）。

(2) 育肥猪销售收入＝2832×2200÷10000＝623.04（万元）。

(3) 产品销售总收入＝288.60＋623.04＝911.64（万元）。

2. 猪产品的利润额　产品总利润＝产品销售总收入－产品销售总成本－销售费用＋营业外收支。

2012年猪场产品销售总收入911.64万元，种猪淘汰费10.80万元，仔猪粪肥价值2.35万元，育肥猪粪肥价值1.13万元，产品销售总成本646.81万元，仔猪销售过程发生费用0.58万元，育肥猪销售过程发生费用1.13万元。由于近几年养殖业税金很少，可以忽略不计。据此计算产品利润则为：

(1) 产品总利润。911.64－646.01－1.71＋14.28＝278.20（万元）。

(2) 仔猪利润。288.60－168.26－0.58＋2.35＋10.80＝132.91（万元）。

(3) 育肥猪利润。623.04－477.75－1.13＋1.13＝145.29（万元）。

2012年该猪场的成本核算和效益分析，定量了仔猪和育肥猪的各种生产成本，同时得到了猪产品的利润。通过分析结果，可以知道每生产1头猪需用多少资金，耗费多少生产资源，这个结果，不但有利于决策者对现实的成本构成做出正确评价，而且还可以根据产品市场售价，随时了解猪场的盈亏状态，减少单位产品的摊销费用，从而达到提高经济效益的目的。

【信息链接】

(1) DB11/T 203.3—2013《农业企业标准体系　养殖业》。

(2) 财会〔2004〕5号《农业企业会计核算办法——生物资产和农产品》《农业企业会计核算办法——社会性收支》。

(3) GB/T 20014.9—2013《良好农业规范　第9部分：猪控制点与符合性规范》。

主 要 参 考 文 献

代广军，2006. 规模养猪精细管理及新型疫病防控技术［M］. 北京：中国农业出版社.
董修建，李铁，2007. 猪生产学［M］. 北京：中国农业科学技术出版社.
郭亮，2003. 无公害猪肉生产与质量管理［M］. 北京：中国农业科学技术出版社.
李和国，彭少忠，2009. 猪生产［M］. 北京：中国农业出版社.
李和国，2001. 猪的生产与经营［M］. 北京：中国农业出版社.
李立山，2006. 养猪与猪病防治［M］. 北京：中国农业出版社.
农业部劳动人事司，2007，农业职业技能培训教材编审委员会. 家畜饲养工［M］. 北京：中国农业出版社.
苏振环，2004. 现代养猪实用百科全书［M］. 北京：中国农业出版社.
王林云，2004. 养猪词典［M］. 北京：中国农业出版社.
杨公社，2002. 猪生产学［M］. 北京：中国农业出版社.
张永泰，1994. 高效养猪大全［M］. 北京：中国农业出版社.

图书在版编目（CIP）数据

猪生产/李和国，彭少忠主编．—3版．—北京：
中国农业出版社，2016.6（2022.5重印）
中等职业教育国家规划教材　中等职业教育农业部规
划教材
ISBN 978-7-109-21489-7

Ⅰ.①猪… Ⅱ.①李…②彭… Ⅲ.①养猪学－中等
专业学校－教材 Ⅳ.①S828

中国版本图书馆CIP数据核字（2016）第041967号

中国农业出版社出版
（北京市朝阳区麦子店街18号楼）
（邮政编码100125）
策划编辑　杨金妹
文字编辑　陈睿赜

北京通州皇家印刷厂印刷　新华书店北京发行所发行
2001年12月第1版　2016年6月第3版
2022年5月第3版北京第6次印刷

开本：787mm×1092mm 1/16　印张：11　插页：1
字数：255千字
定价：35.00元

（凡本版图书出现印刷、装订错误，请向出版社发行部调换）

杜洛克猪

皮特兰猪

汉普夏猪

大约克夏猪

三江白猪

长白猪

北京黑猪

哈尔滨白猪

新金猪

上海白猪

东北民猪

荣昌猪

两广小花猪

华中两头乌猪

香猪

内江猪

太湖猪

太湖猪母带仔